畠 山 武 道

環境リスクと
予防原則
Ⅱ 予防原則論争
〔アメリカ環境法入門 2〕

信山社

は し が き

　本書は,『環境リスクと予防原則——Ⅰ リスク評価——』(以下,本書全体をとおして「前書」という) の内容をうけつぎ, アメリカ環境法における「予防原則」の役割を議論しようとするものである。

　ところで, 予防原則については日本でもすでに多数の著書論文が公表されており, いまさらこれを論ずることにはためらいがある。しかし従来の日本の研究論文では, ヨーロッパ諸国を中心に国際法学者の論文が一般に参照されるために, 予防原則をめぐるアメリカ国内の議論の特徴が分かりにくいという問題があった。またアメリカでは, 最近, 気候変動, 遺伝子組み換え体 (GMO), ナノテクノロジーなどをめぐり, 新たに予防原則の役割を見直す動きも (多いとはいえないが) 目に付く。そこで本書は, アメリカにおける予防原則論議 (論争) の経緯と現状, およびその特色を検討することにした。以下, 執筆にあたり留意した点を記しておこう。

　第1に, 本書は取りあげる著書論文の対象領域を, 法学および政策科学などに限定した。そのために, 経済学, 社会学, 哲学・倫理学, および自然科学分野の論文は検討から除外した。さらに法律論文ではあっても, 国際環境法に分類されるものも原則除外した (ただし, いずれについても若干の例外がある)。

　第2に, 上記の文献のうち, とくにアメリカ国内の大学・研究機関に所属する研究者によるもの, およびアメリカ国内で刊行された著書や学術雑誌に登載された論文を検討対象とした。

　とはいえ, アメリカ研究者の文献にはすでにヨーロッパなどの研究者の文献が頻繁に引用されており, アメリカの研究者の主張のみを選別して紹介することにも大きな意味はない。そこで本書は, 上記の原

則によりつつ，アメリカ国外の研究者の文献のなかで，とくに引用される機会が多いものは，これを参照することにした。

第3は，文献の引用にあたっては，該当部分の前後を含め，できるだけ原文を忠実に翻訳し，引用するよう心がけた。その趣旨は，前書「はしがき」に述べたとおりである。

ただし，改めて読み直してみると，反省すべき点もおおい。というのは，予防原則をめぐっては，著者によって論点の選び方や議論の文脈がバラバラであり，その主張内容を整理し，多様な論点を照合する（突き合わせる）のに結構な時間を要した。そのために，いろいろと工夫はしてみたが，たとえばサンスティーンに関する記述のように，説明が重複したり，逆に拡散したりする箇所がいくつか目に付くことになった。これについては，みなさんのご寛容を請うしかない。

第5に，当初の予定では，予防原則のほかに，費用便益分析，実行可能性分析などを取り上げる予定であったが，予防原則だけで想定のページ数を越えてしまった。残りは続刊で扱うことにしたい。

なお，本書の執筆にあたり，二見絵里子氏（早稲田大学大学院法学研究科研究生）に文献収集の多くをお願いした。同氏のご尽力のおかげで，入手しにくい文献資料を不自由なく参照することができた。記して感謝申し上げたい。

また，本書の刊行にあたり，今回も信山社編集部の稲葉文子氏のお世話になった。改めて御礼申し上げる。

脱稿直後の9月6日，北海道胆振東部地震と大停電に遭遇した。わが家には，幸い，さほど被害がなかったが，多くの人が今も苦しんでいる。これらの人に，一日も早く平穏な日々がもどることを念じたい。

　2018年10月

　　　　　　　　　　　　　　　　　　　　　　畠 山 武 道

目　　次

はしがき (*iii*)

〈略 語 集〉(*x*)

第1章　予防原則とは何か ……………………………………… *3*

　1　予防原則に関するさまざまな定義 ……………………… *3*

　2　ドイツ環境法と事前配慮原則 …………………………… *15*

第2章　アメリカにおける予防原則の発達 ……………… *19*

　1　アメリカ環境法と予防の伝統 …………………………… *19*

　　⑴　予防原則をめぐるアメリカとヨーロッパ……………… *19*

　　⑵　アメリカは早くから予防原則のエッセンスを取り入

　　　れた……………………………………………………………… *20*

　2　予防的観点を取り入れた法律 …………………………… *22*

　　⑴　国家環境政策法……………………………………………… *22*

　　⑵　食品・医薬品・化粧品法のゼロリスク基準 ………… *23*

　　⑶　絶滅のおそれのある種の法……………………………… *24*

　　⑷　大気清浄法，水質清浄法………………………………… *28*

　　⑸　殺虫剤，有害物質などの規制…………………………… *31*

　　⑹　リスク評価の実施と予防原則…………………………… *34*

　3　予防的観点を示した判決 ………………………………… *35*

　4　中間まとめ——アメリカ環境法と予防原則の役割 ………… *66*

第3章　予防原則をめぐるアメリカとEUとの対立……… *71*

　1　国際法における予防原則の登場 ………………………… *71*

　　⑴　アメリカが野生動物保護の旗振り ……………………… *72*

v

目　次

$\quad$(2)　アメリカがオゾン層の予防的保護を先導 ················· *74*

$\quad$(3)　成長ホルモン牛肉輸入制限をめぐる決定的対立 ········ *78*

$\quad$(4)　気候変動問題をめぐり決別 ····························· *85*

$\quad$(5)　米加五大湖水質保全協定 ······························· *88*

$\quad$2　予防原則の導入に対する米国学界の（初期の）反応 ····· *89*

$\quad\quad$(1)　国際法学者による紹介がはじまる ····················· *89*

$\quad\quad$(2)　ボダンスキーの予防原則批判 ························· *94*

$\quad\quad$(3)　グラハム，クロスらのリスクトレードオフ論 ··········· *97*

$\quad\quad$(4)　ウイングスプレッド声明 ····························· *114*

$\quad$3　予防原則の導入を阻止した政治的逆風 ················· *101*

$\quad$4　グラハムの予防原則決別宣言 ························· *114*

$\quad$5　再論——アメリカは，なぜ予防原則を拒否したのか ····· *116*

$\quad\quad$(1)　ふたたびアメリカとヨーロッパの比較 ················· *116*

$\quad\quad$(2)　予防原則の導入を阻んだ2つの要因 ··················· *122*

第4章　予防原則の構成要件と分類 ···················· *125*

$\quad$1　予防原則を解析する ································· *125*

$\quad\quad$(1)　予防原則の構成要件 ································· *125*

$\quad\quad$(2)　損害（脅威）の要件 ································· *127*

$\quad\quad$(3)　不確実性の要件，適用時期 ··························· *129*

$\quad\quad$(4)　行動の要件（脅威に対する対応） ····················· *132*

$\quad\quad$(5)　強制の要件 ··· *135*

$\quad$2　弱い予防原則と強い予防原則 ························· *136*

$\quad\quad$(1)　「2つの予防原則」論の始まり ······················· *136*

$\quad\quad$(2)　二分論を拡散させたモリスの主張 ····················· *139*

$\quad\quad$(3)　スチュアートの緻密で体系的な分類 ··················· *143*

$\quad$3　弱い予防原則と強い予防原則を分ける要素 ············· *149*

　　　　　　　　　　　　　　　　　　　　　　　目　　次

　　(1)　損害の側面……………………………………………………… *149*

　　(2)　不確実性の側面………………………………………………… *153*

　　(3)　行動の側面……………………………………………………… *153*

　　(4)　強制の側面……………………………………………………… *157*

　4　EU コミュニケーションは弱い予防原則 ……………… *164*

　5　強い予防原則は実在するのか……………………………… *166*

　6　予防原則の分類…………………………………………………… *172*

第5章　予防原則をめぐる論争……………………………………… *175*

　1　予防原則に対する激しい批判 ……………………………… *175*

　2　予防原則論争の論点…………………………………………… *189*

　3　予防原則は，あいまいで漠然としている ……………… *191*

　4　予防原則には一貫性がない（規制活動にも予防原則を
　　適用せよ）…………………………………………………………… *200*

　5　予防原則は証明責任の転換と高い証明を強制する…… *205*

　6　予防原則は環境独裁主義であり，社会の発展を妨げ
　　る…………………………………………………………………………… *208*

　7　予防原則の適用は社会的損失を増大させる ……………… *210*

　8　予防原則はリスクトレードオフを無視している……… *214*

　　(1)　なぜリスクトレードオフが問題となるのか………… *214*

　　(2)　リスクトレードオフとは何か………………………… *216*

　　(3)　リスクトレードオフは実際は機能しない…………… *217*

　　(4)　すべての悪影響の評価は不可能である ……………… *221*

　　(5)　リスクトレードオフは規制の便益を無視している… *224*

　9　予防原則は費用便益分析を否定する………………………… *229*

　10　予防原則はイデオロギーであり，法の支配を否定す
　　る…………………………………………………………………………… *232*

vii

目　次

　　(1)　予防原則は科学を否定し恐怖や感情に根拠をおく…… *232*
　　(2)　予防原則はアメリカの伝統的法文化に反する……… *237*

11　サンスティーン『恐怖の法則』をめぐって……… *239*
　　(1)　弱いバージョンは問題ない……………………… *240*
　　(2)　強いバージョンは機能不全である ……………… *241*
　　(3)　人びとはなぜ予防原則を支持するのか………… *243*
　　(4)　熟議民主主義の限界，専門組織への高い信頼… *244*
　　(5)　予防原則の再構築………………………………… *246*
　　(6)　費用便益分析に対する強い確信………………… *248*
　　(7)　リバタリアン・パターナリズム………………… *251*

12　『恐怖の法則』に対する批判……………………… *252*

終章　アメリカ環境法学と予防原則 ………… *261*

1　予防原則の復活か……………………………………… *261*
　　(1)　予防原則の底流…………………………………… *261*
　　(2)　環境問題の量的・質的な変化…………………… *263*
　　(3)　従来型手法の限界………………………………… *264*

2　予防原則に対する環境法学者の関心……………… *267*
　　(1)　予防原則論争は政府規制をめぐる論争の代理戦争… *267*
　　(2)　弱いバージョンと強いバージョン …………… *268*
　　(3)　大部分の法学者は中道をめざす……………… *273*

3　予防原則の役割………………………………………… *276*
　　(1)　予防原則の法的性質……………………………… *276*
　　(2)　予防原則が担う役割……………………………… *278*

4　予防原則の適用範囲──リスクから不確実への拡大…… *283*
　　(1)　「リスク」から「不確実」へ…………………… *283*
　　(2)　「科学的不確実性」とは何か…………………… *284*

目　次

　　(3)　予防原則の適用範囲を画定する……………………………… *285*

　　(4)　カタストロフィー予防原則………………………………… *287*

5　正しい科学と予防原則……………………………………………… *291*

　　(1)　「正しい科学」とは何か ………………………………… *291*

　　(2)　予防原則とリスク評価の関係………………………………… *292*

　　(3)　予防原則と費用便益分析は和解できるのか………………… *300*

6　結語──改めて予防原則の根拠を問う………………………… *309*

〈事 項 索 引〉(*315*)

略 語 集

BAT	best available technology（利用可能な最善の技術）
CAA	Clean Air Act（大気清浄法）
CBA	cost-benefit analysis（費用便益分析）
CRS	Congressional Research Service（連邦議会調査局）
CWA	Clean Water Act（水質清浄法）→ FWPCA
EDF	Environmental Defense Fund（環境防衛基金／全国的環境 NPO。現在の ED）
EPA	Environmental Protection Agency（環境保護庁）→ U.S. EPA
ESA	Endangered Species Act（絶滅のおそれのある種の法）
FDA	Food and Drug Administration（食品医薬品局）
FFDCA	Federal Food, Drug, and Cosmetic Act（連邦食品・医薬品・化粧品法）
FIFRA	Federal Insecticide, Fungicide, and Rodenticide Act（連邦殺虫剤・殺菌剤・殺鼠剤法）
FR(Fed. Reg.)	Federal Register（連邦公報）
FWPCA	Federal Water Pollution Control Act（連邦水質汚濁防止法）→ CWA
GACT	generally available control technology（一般的に利用可能な抑制技術）
GAO	General Accounting Office, now Government Accountability Office（合衆国会計検査院）
GATT	General Agreement on Tariffs and Trade（関税及および貿易に関する一般協定）
GM	genetically modified（遺伝子組み換え（された））
GMO	genetically modified organism（遺伝子組み換え体（作物））
HSE	health, safety, and environment（健康・安全・環境）
MMPA	Marine Mammal Protection Act（海洋ほ乳動物保護法）
NAAQS	national ambient air quality standards（全国大気環境基準）

x

略 語 集

NEPA	National Environmental Policy Act（国家環境政策法）
NESHAP	national emissions standards for hazardous air pollutants（全国有害大気汚染物質排出基準）
NPDES	national pollutant discharge elimination system（全国汚染物質排出削減システム）
NRDC	Natural Resources Defense Council（自然資源防衛評議会／全国的環境 NPO）
OIRA	Office of Information and Regulatory Affairs（情報・規制問題局／OMB の内局）
OMB	Office of Management and Budget（行政管理予算局）
OSHA	Occupational Safety and Health Administration（労働安全衛生局）
OSH Act	Occupational Safety and Health Act（労働安全衛生法）
OTA	Office of Technology Assesssment（技術評価局）
QRA	quantitative risk assessment（定量的リスク評価）
RCRA	Resource Conservation and Recovery Act（資源保全回復法）
REACH	Registration, Evaluation, Authorisation and Restriction of Chemicals（化学物質の登録・評価・認可および制限／EU）
RoHS	Restriction of the Use of Certain Hazardous Substances in Electrical and Electronic Equipment（電気電子機器に含まれる特定有害物質の使用制限／EU）
SDWA	Safe Drinking Water Act（安全飲料水法）
SIP	state implementation plans（州の実施計画）
TSCA	Toxic Substances Control Act（有害物質規制法）
U.S.C.	United States Code（アメリカ合衆国法令集／編纂法令集）
U.S. EPA	United States Environmental Protection Agency（合衆国環境保護庁）→ EPA
VSD	virtually safe dose（実質安全量）
WTA	willingness to accept（受取意思額）
WTO	World Trade Organization（世界貿易機関）
WTP	willingness to pay（支払意思額）

xi

環境リスクと予防原則
II 予防原則論争
〔アメリカ環境法入門 2〕

第1章　予防原則とは何か

1　予防原則に関するさまざまな定義

　本書は，アメリカ合衆国環境法における予防原則の発展過程や，予防原則をめぐる議論（論争）の経過をたどることを目的としている。そうであれば，まず出発点として「予防原則」[(1)]の意義を説明するのが筋であろう。しかし結論を述べると，予防原則の役割や実際の効果については激しい議論がたたかわされる一方で，予防原則そのものについて，未だ大多数の者が合意するような定義は存在しない。

　たとえばヒッキー・ウォーカーは，1995頃には，各種の条約や宣

---

(1)　precaution, precautionary measure, precautionary principle は，予防，予防的措置，予防原則などと翻訳されている。しかし，日本語の「予防」は「①災害，事故，事件がおこらないよう，事前に対策を講じること。②感染または疾患に対して防御すること」（小学館日本国語辞典（第2版）⑬ 679頁（2002年））を意味し，「相当程度発生が予測される結果に対して，確実性が高い防止手段をとることを示している場合が多い」（村山武彦「環境政策における予防原則適用のための枠組みに関する一考察」環境と公害34巻2号16頁（2004年））。それに対し，英語の precaution は，注意，用心，確認，警戒，予防，対策，備え，念のため，などを意味する日常用語であり，特定の者に対して，特定の行動（対応）を促したり，強制したりするという意味合いはない。そこで研究者からは，precautionary principle を（未然防止のニュアンスの強い）予防原則ではなく事前警戒原則と翻訳すべきであるという提案がなされている（平川秀幸「遺伝子組換え作物規制における欧州の事前警戒原則の経験──不確実性をめぐる科学と政治」『環境ホルモン［文明・社会・生命］』3巻（2003-4）118頁注1）（2003年），中山竜一「予防原則と憲法の政治学」法の理論27号89頁，93頁注32（2008年））。しかし「事前警戒」という訳語も「警戒情報」などを想起させ，重装備にすぎるだろう。本書は，特定の規範的意義をもたせず，幅広いニュアンスを含んだ一般的な用語として「予防」を用いている。

3

言文書のなかに，14の異なる表現がみられたという[2]。また，サンスティーンは2011年の論稿で，予防原則について，20以上の相容れない定義があると述べている[3]。15年以上を経過しても，状況は変化しなかったようである。そこで本章は，まず「予防原則」を定義または表現した主要な条約や政府文書などをとりあげ，それらを比較することから始めたい[4]。

・自然に対する影響がありうる活動は抑制されなければならず，自然に対する重大なリスクまたはその他の悪影響を軽減する利用可能な最善の技術が用いられなければならない。とりわけ，(a)自然に対す

---

(2) James E. Hickey, Jr. & Vern R. Walker, Refining the Precautionary Principle in International Environmental Law, 14 Va. Envtl. L. J. 423, 432-36 (1995). See also Noah M. Sachs, Rescuing the Strong Precautionary Principle from Its Critics, 2011 U. Ill. L. Rev.1285, 1292 n. 28. なお，予防原則を定義した文書の大部分は，Timothy O'Riordan & James Cameron, Interpreting the Precautionary Principle 243-246, 267-272(1994); 大竹千代子・東賢一『予防原則——人と環境の保護のための基本理念』44-56頁（合同出版，2005年）に列挙されている。また，岩間徹「国際環境法上の予防原則について」ジュリスト1264号61-63頁（2004年），高村ゆかり「国際環境法におけるリスクと予防原則」思想963号64-65頁（2004年）のリストも参照されたい。

(3) Cass R. Sunstein, Precautions Against What? Perceptions, Heuristics, and Culture, in The Reality of Precaution-Comparing Risk Regulation in the United States and Europe 494(Jonathan B. Wiener et al. eds., 2011). なお，Cass R. Sunstein, Laws of Fear: Beyond the Precautionary Principle 18 (2005); キャス・サンスティーン（角松生史・内野美穂監訳『恐怖の法則予防原則を超えて』22頁（勁草書房，2015年）にも同様の記述がある。

(4) 以下は，予防原則にいくらかでも触れた条約等を網羅したものではなく，本書の記述にとって必要不可欠なもの，あるいは顕著な特色を有するものを選択し，翻訳したものである。翻訳にあたっては，地球環境法研究会編『地球環境条約集（第4版）』（中央法規，2003年），松井芳郎『国際環境法の基本原則』110-119頁（東信堂，2010年），松井芳郎ほか編集委員『国際環境条約・資料集』（東信堂，2014年），大竹・東・前掲（注2）などの逐語訳をベースに，本書における記述を統一するため，いくつかの修正をくわえた。

4

る回復不可能な損害を引きおこす可能性のある活動は回避されなけ
ればならない。(b)自然に対する重大なリスクを引きおこす可能性の
ある活動には徹底した審査が先行しなければならない。すなわち,
その提案者は,期待便益が自然に対する潜在的な損害を上回ること
を証明しなければならず,潜在的な悪影響が十分に把握できない場
合は,活動を進めるべきではない(国連総会・世界自然憲章原則11：
1982年採択)。

・事前配慮(Vorsorge)の原則は,われわれを囲む自然(われわれす
べてを取り囲むもの)に加えられた損害は,事前におよび機会と可
能性とに応じて回避されるべきであるということを命じる。さらに
事前配慮は,とりわけ原因と結果の因果関係に関する包括的で統合
された(調和のとれた)研究により,健康および環境への危険を早
期に発見することを意味する。……また事前配慮は,科学により最
終的に確認された知見が未だ利用できない場合に行動することを意
味する。事前配慮は,経済のすべての部門において,環境上の負荷,
とくに有害な物質の導入による負荷を大きく軽減する技術的工程を
開発することを意味する(大気質保護に関するドイツ連邦内務省から
連邦議会への報告書：1984年)[5]。

・海洋環境への損害は,回復不可能であり,または多くの経費と長い
期間を要してのみ治癒することができる。そして,それ故に,沿岸
国およびEECは,行動をおこすにあたり,有害な影響(結果)の
証明を待ってはならない(must not wait)(第1回北海保護に関する
国際会議・閣僚宣言(ブレーメン閣僚宣言)：1984年採択)。

・化学製品を取り扱いまたは輸入する者は,人もしくは環境に対する
損害を防止し,または最小にするために必要な措置をとり,および

---

(5) Sonja Boehmer-Christiansen, The Precautionary Principle in Germany-
Enabling Government, in O'Riordan & Cameron eds., supra note 2, at 37; 大
竹・東・前掲(注2)23頁。

そうでない場合は注意深く監視しなければならない。この措置は，より危険ではない物質が利用できるときは，化学製品を回避することを含むものとする（スウェーデン化学製品に関する法律5条：1985年制定；1990年後段を追加）[6]。

・この議定書の締約国は，……技術的および経済的考慮をはらいつつ，科学的知見の発達を基にオゾン層を破壊する物質の放出を排除することを最終的な目標として，……この物質の世界における総排出量を衡平に規制するための予防的措置をとることにより，オゾン層を保護することを決意（する）（オゾン層を破壊する物質に関するモントリオール議定書前文：1987年採択；1989年発効）。

・参加国は，北海をもっとも危険な物質により引きおこされることのある有害な影響から保護するために，因果関係が絶対的に明確な科学的証拠によって証明される前に，そのような物質の流入を抑制する行動を要求することができる予防的アプローチが必要であることを受諾する。

　利用可能な最善の技術（BAT）およびその他の適切な措置の利用により，難分解性，毒性および発生源に生物蓄積しやすい物質の有害な排出を削減することによって北海の海洋生態系を保護するという原則を受諾することに同意する。この原則は，とくに海洋生物資源に対する確かな損害または有害な影響が当該の物質によって引きおこされそうであると推測する理由があるときは，排出と影響との因果関係を証明する科学的証拠がない場合であっても適用する（"予防的行動の原則"）（第2回北海保護に関する国際会議・閣僚宣言（ロンドン閣僚宣言）：1987年採択）。

---

(6) Bo Wahlström, The Precautionary Approoach to Chemicals Management: A Swedish Perspective, in Protecting Public Health & Environment: Implementing the Precautionary Principle 52(Carolyn Raffensperger & Joel A. Tickner eds., 1999).

第1章　予防原則とは何か

・各国の政府は予防原則を適用する。それは，たとえ排出と結果の因果関係を証明するための科学的証拠がない場合であっても，難分解性，毒性および生物蓄積しやすい物質が潜在的にもっている損害の影響を回避するための行動がとられるべきであるというものである（第3回北海保護に関する国際会議・閣僚宣言（ハーグ閣僚宣言）：1990年採択）。

　持続可能な発展を達成するために，政策は予防原則に基づかなければならない。環境上の措置は，環境の悪化の原因を予知し，未然に防止し，およびこれを攻撃しなければならない。重大なまたは回復不可能な損害のおそれ（脅威）がある場合に，十分な科学的確実性のないことが，環境の悪化を未然に防止するための措置を遅らせる理由として用いられるべきではない（ECE地域における持続可能な発展に関する会議・閣僚宣言（ベルゲン閣僚宣言）：1990年採択）。

・すべての国において持続的発展を達成し，現在および将来世代のニーズを満たすために，気候変動に対応した予防的措置によって，気候変動から生じるかもしれない環境破壊の原因を予知し，未然に防止し，攻撃し，または最小限にし，およびその悪影響を緩和しなければならない。重大なまたは回復不可能な損害のおそれがある場合に，十分な科学的確実性のないことが，環境の悪化を防止するための費用対効果のある措置を遅らせる理由に用いられるべきではない。採用された措置は，相異なる社会・経済的状況を考慮するべきである」（第2回世界気候会議閣僚宣言：1990年採択）。

・環境に対する重大な損害のリスクがある場合，政府は，科学的知見が決定的でない場合であっても，見込みがある費用と便益のバランスがそれを正当化するならば，危険となりうる物質の使用または危険となりうる汚染物質の拡大を制限するために，予防的行動をとる備えをする。予防原則は，とりわけ総体的に安い費用で迅速になされた行動がその後のより費用の高い損害を回避しうるかもしれず，

7

または，もしも行動が遅れたなら回復不可能な結果が生じるかもしれないと判定する合理的根拠がある場合に適用する（英国環境省・英国環境戦略：1990年）[7]。

・予防的措置の採用：(f)締約国は，損害に関する科学的証明を待つことなく，人または環境に対する損害を生じさせうる物質の排出を（とりわけ）防止するために必要とされる汚染問題に対する未然防止的，予防的アプローチを採用し，および執行するよう努めなければならない。締約国は 同化能力仮説に基づく許容しうる排出アプローチを追求するよりは，クリーンな製造方法の適用によって汚染防止に対する予防原則を実施するための適切な措置をとることについて相互に協力しなければならない（有害廃棄物のアフリカへの輸入の禁止及びアフリカ内の有害廃棄物の越境移動及び管理の規制に関するバマコ条約4条(f)：1991年採択；1992年発効）。

・環境に関する共同体の政策は，共同体のさまざまな地域における状況の多様性を考慮しながら，高い水準の保護を目標とする。それは，予防原則，ならびに未然防止的行為がとられるべきである，環境上の損害はなによりもまず発生源において是正されるべきである，および汚染者が負担すべきであるという原則に基づかなければならない（マーストリヒト条約130r条2項（EC条約174条2項：EU運営条約191条2項）：1992年調印；1993年発効）。

・締約国は，気候変動の原因を予知し，未然に防止し，または最小限にし，およびその悪影響を緩和するために，予防的措置をとるべきである。重大なまたは回復不可能な損害のおそれがある場合には，気候変動に対処するための政策および措置は，可能な限り最小の費

---

(7) H M. Govt., This Common Inheritance: Britain's Environmental Strategy 11(Cmnd. 1200, HMSO, 1990), cited in O'Riordan & Cameron, supra note 2, at 249-250. See Joakin Zander, The Application of the Precautionary Principle 215-218(2010).

8

用によって地球的規模で利益が確保されるために費用対効果のある
ものとすべきであることを考慮しつつも，十分な科学的確実性のな
いことが，そのような措置をとることを遅らせる理由として用いら
れるべきではない（should not）。これを達成するために，そのよう
な政策や措置は，相異なる社会・経済的状況を考慮し，……すべて
の経済的部門を包摂すべきである」（気候変動枠組条約3条(3)：1992
年採択；1994年発効）。

・生物の多様性の著しい減少または喪失のおそれがある場合には，科
学的な確実性が十分ではないことが，そのようなおそれを回避し，
または最小限にするための措置をとることを遅らせる理由として用
いられるべきではない（生物多様性条約前文：1992年署名；1993年発
効）。

・環境を保護するために，各国により予防的アプローチが，各国の能
力に応じて広く適用されなければならない。重大なまたは回復不可
能な損害のおそれがある場合には，十分な科学的確実性のないこと
が，環境の悪化を防止するための費用対効果のある措置を遅らせる
理由として用いられてはならない（shall not）」（環境と開発に関する
リオ宣言原則15：1992年採択）[8]。

・締約国は，つぎの原則を適用する。(a)予防原則　この原則に基づき，
海洋環境に直接または間接に投入される物質またはエネルギーがひ
との健康に対する危険，生物資源および海洋生態系に対する損害，
アメニティに対する損害，またはその他適法な海洋の利用に対する
妨害をもたらすことがあるという懸念について合理的な理由がある

---

[8]　すでに広く知られているように，「費用対効果」のうち「費用」という文
言は，宣言の起草にむけた交渉のなかで，アメリカ合衆国代表の（文書によ
る草案ではなく）口頭による申し出によって加えられたものである。Peter
H. Sand, The Precautionary Principle: A European Perspective, 6 Human &
Ecological Risk Assessment 445, 447 & n.1 (2000).

場合には，投入と効果の間の因果関係について決定的な証拠がない
場合においても未然防止的措置がとられるべきである（北東大西洋
の海洋環境保護に関する条約（OSPAR 条約）2 条(2)：1992 年採択；
1998 年発効）。

・"証明責任"は，規制者から損害が生じうる活動に責任のある単独
もしくは複数の者に転換される。当該の者は，彼らの行動が環境に
対する損害を引きおこしていない／引きおこさないであろうことを
証明しなければならない。特定の活動の"最悪のシナリオ"が十分
に深刻なときは，当該活動の安全性に関する疑いがたとえわずかな
ものであっても，それが行われるのを阻止するのに十分である（第
1 回ヨーローロッパ"危機にある海洋"に関する会議・最終宣言：1994
年）。

・予防的アプローチの適用　(1)締約国は，海洋生物資源を保護し，お
よび海洋環境を保存するために，ストラドリング魚種および高度回
遊性魚種の保全，管理および利用に対して，予防的アプローチを広
く適用しなければならない。(2)締約国は，情報が不確実，不正確ま
たは不十分な場合には，より一層注意深くなければならない。十分
な科学的情報がないことが，保全および管理措置を遅らせ，または
措置をとらない理由として用いられてはならない（国連公海漁業実
施協定 6 条(1),(2)：1995 年採択；2001 年発効）[9]。

・有害物質の排出と使用，資源の開発および環境の物理的変更は，人
の健康と環境に重大な意図しない結果をもたらした。これらの問題
とは，地球気候変動，成層圏オゾンの枯渇，および有害物質・核物
質による世界規模の汚染などのほか，学習障害，ぜんそく，がん，
先天障害，それに種の絶滅などである。

　　われわれは，既存の環境規制や意思決定，とりわけリスク評価に

---

(9)　高村・前掲（注 2）66 頁，交告尚史ほか著『環境法入門（第 3 版）』154
　頁（有斐閣，2015 年）などにより詳しい説明がある。

第1章　予防原則とは何か

基づく意思決定は，人の健康と（人はその一部にすぎないより大きな
システムである）環境を十分に保護するのに失敗したと信じる。

　われわれは，人と広範な環境に対する損害は非常に大きく，かつ
深刻なので，人の活動を統制する新しい原則が必要であるというこ
とを知らしめる証拠があると信じる。

　なるほど，われわれは人の活動が危険をともなうことがあるとい
うことに気付いている。そこで人びとは，近年の歴史においてそう
であった以上に，より注意深く進まなければならない。法人，政府
団体，組織，地域社会，科学者，およびその他個人は，すべての人
間の活動に対して予防的アプローチを採用すべきである。

　したがって，予防原則を実施することが必要である。活動が人の
健康または環境に対するおそれを引きおこすときは，たとえある原
因と結果の因果関係が科学的に十分に証明されていなくても，予防
的措置がとられるべきである。こうした場合は，公衆ではなく活動
の提案者が証明責任を負担すべきである。

　予防原則を適用するプロセスは公開され，告知され，民主的でな
ければならず，利害関係者となりうる者を含まなければならない。
さらにそれは活動の中止（ノーアクション）を含め，広範な代替案
の検証を含まなければならない」（ウイングスプレッド声明：1998 年
採択）(10)。

・予防原則は，因果関係についてたとえ不十分または不適切な証明し
か存在しない場合でも，環境に対する損害を引きおこすであろう物

---

(10)　Carolyn Raffensperger & Joel Tickner eds., Protecting Public Health &
the Environment: Implementing the Precautionary Principle 353-354 (1999);
大竹・東・前掲（注 2）81 頁。さらに 2001 年 12 月，世界 17 カ国から約 100
名の科学者，医学者，法学者，社会学者などが，ティックナーの活動拠点で
あるマサチューセッツ大学ローウェル校にて開催された「科学と予防原則に
関する国際会議」に参集した。そこで採択されたのがローウェル宣言である
（Id. at 358）。大竹・東・同前 81 頁には，その主要部分が訳出されている。

II

質の放出の禁止を要求する（環境保護団体グリンピース）[11]。
・予防原則は，他者または将来世代の健康・環境損害に対して重大な
リスクがある場合，および損害の性質またはリスクの蓋然性につい
て科学的不確実性がある場合には，科学的証拠によって損害が生じ
ないであろうことが証明されなくても，およびそれまでの間，その
ような活動がなされるのを未然に防止するための決定がなされるべ
きことを指示する」（第107連邦議会上院歳出委員会における地球の友
理事長ブラックウェルダーの証言）[12]。
・活動に従事しもしくは措置を講じる者，またはそれを意図する者は，
活動または措置の結果生じる人もしくは環境の損傷または損失を防
止し，阻止し，または闘うために必要な保護措置を実行し，規制を
遵守し，およびその他予防策を講じなければならない。同じ理由に
より，職業上の活動に関連し，最善の可能な技術が用いられなけれ
ばならない。

　　活動または措置が人の健康もしくは環境に対する損害または損失
を引きおこすことがあるとみなす理由があるときは，これらの予防
策が直ちに講じられなければならない（スウェーデン環境法典第2章
3条：1998年）[13]。
・この議定書は，環境および開発に関するリオ宣言の原則15に規定
する予防的アプローチに従い，……十分な水準の保護を確保するこ

---

(11)　P. Horsman, Reduce It, Don't Produce It, The Real Way Forward, in
　　IPC: A Practical Guide for Managers (Timothy O'Riordan & V. Browers
　　eds., 1992), cited in Andrew Jordan & Timothy O'Riordan, The
　　Precautionary Principle in Contemporary Environmental Policy and Politics,
　　in Raffensperger & Tickner eds., supra note 6, at 25.

(12)　Cited in Cass R. Sunstein, Beyond the Precautionary Principle, 151 U.
　　Pa. L. Rev. 1003, 1013(2003).

(13)　Nicolas de Sadeleer, Implementing the Precautionary Principle:
　　Approaches from the Nordic Countries, EU and USA 126(2007).

とに寄与することを目的とする（1条）。改変された生物が輸入締約国における生物の多様性の保全および持続可能な利用におよぼす可能性のある悪影響（人の健康に対する危険も考慮したもの）の程度に関し，関連する科学的な情報および知識が不十分であるために科学的確実性のないことは，当該輸入締約国がそのような悪影響を回避しまたは最小限にするために，適当な場合には，当該の改変された生物の輸入について3に規定する決定を行うことを妨げるものではない（10条(6)。11条(8)にも同趣旨の条文あり）。科学的な知識または科学的な意見の一致がないことは，必ずしも，特定の水準のリスクがあること，リスクがないこと，またはリスクが受け入れられることを示すと解すべきではない（バイオセーフティに関するカルタヘナ議定書1条，10条(6)，付属書Ⅲ危険性の評価4項：2000年採択；2003年発効）。

・環境保護のための最善の方法として，損害を未然に防止し，および知見が限られているときは予防的アプローチを適用する。(a)科学的知見がたとえ不十分または不完全な場合であっても，重大なまたは回復不可能な環境損害の可能性を回避するために行動すること。(b)提案されている活動が重大な損害を引きおこさないであろうことを主張する者にその証明責任をおわせ，責任のある当事者に環境損害の責任をおわせること。(c)意思決定は，ひとの活動の累積的，長期的，間接的，長距離的および地球規模の結果を熟思する，ということを確保すること（ユネスコ地球憲章原則6：2000年採択）[14]。

・この条約の締約国は，予防がすべての締約国の関心の根底にあることを確認し（1条），長距離の環境上の移動によって，化学物質が世界的な行動が正当であるような重大な悪影響を人の健康および／または環境に対してもたらすおそれがあると委員会が決定した場合に

(14) The Earth Charter(2000), www.unesco.org/education/tlsf/mods/theme.../02_earthcharter.pdf (last visited Feb. 10, 2018).

は，提言を進めること。十分な科学的確実性がないことが，提言を進めることを妨げてはならない（8条(7)(a)）。B 利用可能な最善の技術：利用可能な最善の技術の概念は，ある特定の技術を定めることを目的とするものではなく，……その決定にあたっては，措置のありうる費用と便益ならびに予防および未然防止の検討に留意し，一般的または特別に，次の事項（略）を特に考慮すべきである（残留性有機汚染物質（POPs）に関するストックホルム条約1条，8条(7)(a)，付属書C第5部B：2001年採択；2004年発効）。

・人間の健康や環境に対してある活動が危害をもたらすおそれのあるときは，因果関係が科学的に十分に証明されていなくても，予防的措置が取られるべきである。こうした状況では，市民ではなくその活動の支持者が証明責任をおうべきである（貿易と環境・不確実性および予防に関するOECD合同作業パーティ：2002年）[15]。

・付属書Iまたは II の改正の提案を検討するにあたり，締約国は，予防的アプローチを尊重し，および種の現況または取引が種の保全にあたえる影響が不確実な場合に備え，懸念される種の保存にとって最善の利益となるよう行動し，種に対する予期されるリスクに比例する措置を採用しなければならない（shall）（ワシントン条約（CITES）第9回締約国会議（1994年）決議9.24を第13回締約国会議（2004年）で改正したもの）[16]。

---

(15) OECD Joint Working Party on Trade and Environment, Uncertainty and Precaution: Implications for Trade and Environment 57-58(Sept. 2002).

(16) 1994年決議は，「予防的アプローチを尊重し，および不確実な場合に備え，付属書Iまたは II の改正の提案を検討するにあたり，締約国は，種の保存にとって最善の利益となるよう行動することを承認する。付属書Iまたは II の改正の提案を検討するにあたり，締約国は予防原則を適用し，科学的不確実性を種の保存にとって最善の利益となるように行動することを回避する理由として用いるべきではないことを決議する」というものであった。しかし，この決議は途上国の批判をうけ，本文のように改正された（Barnabas Dickson, The Precautionary Principle in CITES: A Critical Assessment, 39

14

第1章　予防原則とは何か

・フランス人民は，1789 年の権利宣言により定められ，1946 年憲法
前文により確認され補完された人の権利と国民主権の権利，および
2004 年の環境憲章により定められた権利義務への愛着を厳密に宣
言する（フランス 1958 年憲法前文：2005 年修正）。損害の発生が重大
であり，および回復不可能な様態で環境に損害をあたえることがあり
うる場合は，たとえ科学的不確実性がありうるとしても，公的機関
は，予防原則を適用することにより，およびその機関に帰属す
る権限の範囲内で，リスク評価手続を実施し，ならびに損害を回避
するために一時的および比例する措置をとる義務をおう（2005 年の
環境憲章に関する憲法的法律，2004 年の環境憲章 5 条）[17]。

2　ドイツ環境法と事前配慮原則

衆目の一致するところによれば，Precautionary Principle はドイツ
語の Vorsorgeprinzip（事前配慮原則）に由来する[18]。ドイツ環境法に

Nat. Resources J. 211, 225-228(1999))。

[17]　淡路剛久「フランス環境憲章について」ジュリスト 1325 号 104 頁（2006
年），中山・前掲（注 1）77-78 頁，90 頁（注 1）参照。

[18]　ただし，ピール（メルボルン大学）は，これを（誤った）「神話」であり，
世界的に受け入れられている訳ではないと批判し，Staffan Westerlund,
Legal Antipollution Standards in Sweden, 25 Scandinavian Studies in Law
223, 231（1981）を引きながら，1969 年のスウェーデン環境保護法で強調され
た考え，すなわち規制行政機関は，ある確定的な影響が生じるということを
証明する必要がなく，単なるリスクであっても（それがあまりに小さなもの
でなければ），保護措置や活動の規制を正当化するのに十分と見なされるべ
きであるというスウェーデンの伝統こそが，予防原則の淵源であるという
（Jacqueline Peel, Precaution- A Matter of Principle, Approach or Process?,
5 Melbourne J. Int'l L. 483, 483 n.1(2004)）。また，サンド（ミュンヘン大学）
も，"環境に有害な活動" の概念に予防原則を最初に組み入れたのは，
1969 年のスウェーデン環境保護法であるとしている（Peter H. Sand, The
Precautionary Principle: A European Perspective, in Transnational
Environmental Law 133(Peter H. Sand ed., 1999)）。See also Zander, supra
note 7, at 153-156.

15

おける事前配慮原則については，それを詳しく取り上げる機会がない
ので，ここで簡単にふれておこう[19]。

Vorsorge[20]は1930年代の民主社会主義最盛期に形成されたドイツ
社会法から発展し，「良き家政術」概念の中心に位置することになっ
たもので，「社会とその存続の基礎である自然界の双方の発展をめざ
し変化を管理するための，個人，経済および国家の建設的連携」，「リ
スクの未然防止，より緩い経済的枠組みの費用対効果，自然システム
の統合性の維持に対する倫理的責務，および人の認識の誤りやすさな
どの観念を吸収したもの」，「邦と市民の日々の生活に良き政府の名目
で関与することを正当化する干渉主義的措置」などと説明されている。
したがって，それが包摂する範囲は「予防」よりは明らかに広
い[21][22]。

---

(19) ドイツ法の「事前配慮原則」については，山下龍一「西ドイツ環境法に
　　おける事前配慮原則(1)(2・完)」法学論叢129巻4号32頁，6号41頁（1991
　　年），松本和彦「環境法における予防原則の展開(1)(2)」阪大法学53巻2号
　　361頁（2003年），54巻5号1177頁（2005年），同「予防原則と環境国家」
　　石田眞・大塚直編『労働と環境』200-206頁（日本評論社，2008年），松村
　　弓彦『環境法の基礎』90-104頁（成文堂，2010年）などに詳しい説明があ
　　るので，本書はそれに触れない。また，ドイツ法の「事前配慮」とEUなど
　　の「予防原則・アプローチ」の違いについては，大塚直「環境法における予
　　防原則」城山英明・西川洋一編『法の再構築III　科学技術の発展と法』116頁
　　および注2（東京大学出版会，2007年）に詳しい説明がある。
(20) Vorsorgeは，日常的には，将来に予想される好ましくない事柄に備える
　　ことを意味し，リスが冬に備え木の実を貯蔵する，事業所が事故保険を契約
　　する，雨の日に備え一家で節約するなどは，すべてVorsorgeによる行動に
　　あたる。Boehmer-Christiansen, supra note 5, at 38; 大竹・東・前掲（注2）
　　23頁。
(21) Timothy O'Riordan & James Cameron, The History and Contemporary
　　Significance of the Precautionary Principle, in O'Riordan & Cameron eds.,
　　supra note 2, at 16.
(22) ドイツの法学者モルトケは，1987年，「環境汚染に関する英国王立委員
　　会」の依頼をうけたヨーロッパ環境法研究所に対して，「西ドイツ環境政策

16

第 1 章 予防原則とは何か

　1969 年に政権を握った社会民主党・自由民主党の連立政権は，戦災復興と経済成長を旗印に政権を支配してきた保守勢力に対抗し，環境問題への取り組みを最重要課題に定めた。そこで自由市場主義を否定し，国の経済への介入を根拠付けるイデオロギーが必要であった。その役割の担ったのが，Vorsorge であったのである。

　「Vorsorge は国家の影響のおよぶ計画策定を意味し，それ故，イデオロギー的には自由市場原理と対立する。1971 年当時，この概念は公正な社会の構築という目標の一部として環境政策の推進を決定していた社会民主党にとって，とりわけ魅力的であった。……この概念は，危険防止原則（危険や脅威に対する防衛）と密接に関連している。明らかなように，脅威が大きければ，事前配慮の必要性も明らかに大きくなり，かくして社会を守るための公的機関の権力が擁護されることになるからである」[23]。

における Vorsorge」と題する報告書をに提出した。その際，彼は「ドイツ語の Vorsorge の直訳は precaution または foresight である。しかし英単語が通常の注意（caution）以上のなにかを含意するように，Vorsorge は，ドイツの慣用法では best practice ともよばれるものを表す good husbandry の意味を含んでいる」，「Vorsorgeprinzip はしばしば prevention principle と誤訳されるが，両者は異なる」，「EC 行動計画その他で定式化されている prevention principle は経済的実行可能性の基準と注意深くリンクしているが，Vorsorgeprinzip は一義的にそのような性質を有しない」と述べている。Konrad von Moltke, The Vorsorgeprinzip in West German Environmental Policy, Royal Commission on Environmental Pollution, 12th Report, Best Practicable Environmental Option, Appendix 3, at 57, 58 (HMSO, Feb. 1988). しかし，王立委員会報告書がドイツに里帰りしたとき，precaution は Vorsorge ではなく，Vorsicht, Verhütung, Vorbeugung などと独訳されていた。そのためモルトケは，ドイツ議会が precaution と prevention を取り違えて翻訳したとの不満をもらした。Konrad von Moltke, Three Reports on German Environmental Policy, 33 Environment 29 (1991). See also Boehmer-Christiansen, supra note 5, at 39; 大竹・東・前掲（注 1）23 頁。このエピソードも，（注 1）と同じく，外国の法概念を翻訳することの難しさを物語っている。

(23)　Boehmer-Christiansen, supra note 5, at 35-36. オリオーダン・キャメロン

環境政策における事前配慮（Vorsorgeprinzip）の理念は，1970年，当時のブラント政権が，新たに大気清浄立法を起草するにあたり，最初の草案が医学で一般に使用されていた vorbeugen という単語を用い，「有害な環境上の影響の進展を防止する（vorbeugen）」という政府の意図を表記したのが始まりとされる。翌1971年，連立政権は，連邦環境プログラムを公表したが，そこには前年の草案を受け継ぎ，長期環境計画を進めるうえでの基本的事項として，事前配慮，汚染者負担，協働によるべきことが記されている[24]。

　1972年にドイツ共和国基本法が改正され，連邦政府が，大気，水質，廃棄物，騒音について立法権限を有することになった。これをうけ，1974年に連邦議会は連邦イミッシオン防止法を制定し，1976年にそれを改正したが，その間の産業界と政府との協議において，「事前配慮」を環境行政の一般的指針とすることが確認された。また，1976年の環境報告書は，1971年環境プログラムに記した3つの事項を基本原則として公認し，内容を記述している[25]。

　こうして1980年代前半，事前配慮（原則）のもつ政策的意図が企業に次第に浸透し，1984年の（非常に影響力のある）内務省報告書は，事前配慮原則を再定義し（本書5頁），その内容を確認したのである。

は，このVorsorge の二面性を指摘し，「経済，技術，道徳，社会政策における社会計画化のすべてが，予防の緩やかで無制限な解釈によって正当化されうる。それは，まさに予防を，恐怖と歓迎の両方に分裂させるものである」（O'Riordan & Cameron, supra note 21, at 16-17）と付け加えることを忘れていない。

(24)　以下の記述は，すべて Boehmer-Christiansen, supra note 5, at 36 による。

(25)　山下・前掲（注19）129巻4号35-36頁に詳しい。

第2章 アメリカにおける予防原則の発達

1 アメリカ環境法と予防の伝統

(1) 予防原則をめぐるアメリカとヨーロッパ

「約30年間，合衆国はつねに，新たな健康・安全・環境リスクを特定し，これらを防止し改善するために，広範で厳格でしばしば予防的な基準を制定した最初の国のひとつであった。"合衆国はこの分野の環境政策における明らかな世界のリーダーであった"[1]。1990年を境に，大西洋をはさみ規制政策改革の中心地とグローバルな規制の主導権が移動し始めた。アメリカの政策策定者は，従前は"新しいリスクにはより迅速に対応し，古いリスクの追跡にはより積極的"であったが，最近，新たなリスクの特定に前向きで，既存のリスクの改善に向けてより行動的であったのはヨーロッパの政策策定者である。ヨーロッパは，単に合衆国に"追いついた"だけではなく，1990年以後にEUにより制定された多数のリスク規則は，いまやアメリカ連邦政府の同類の規則よりも一層厳格で包括的である。多数の政策領域において，EUは従前は合衆国が占めていた世界のリーダーとしての役割を引き継いだのである」[2]。

このような環境規制リーダーシップの転換をもっともよく示すのが，予防原則に対する両者の姿勢である。というよりは，予防原則の扱いこそが，上記リーダーシップの転換を促した最大の要因であったのである。ヴォーゲルによれば，「EUの予防原則の採用が，大西洋をは

---

(1) この部分は，John Dryzek et al., Green States and Social Movements: Environmentalism in the United States, United Kingdom, Germany, and Norway 160 (2003) からの引用である。

(2) David Vogel, The Politics of Precaution: Regulating Health, Safety, and Environmental Risks in Europe and the United States 3-4 (2012).

さんだ緊張の主たる震源であった。予防原則はリスクを規制するための適切な基準に対するEUと合衆国の間の重要な違いを反映しており，また強くした。予防原則は，そのリスクが不確実で，未証明または異論のある商業的活動の規制を可能にすることにより，ヨーロッパの政策決定者の裁量を増加させた。この原則の適用がEUで採用された多数のより厳格な規制の根底にある。予防原則は，アメリカに足をおく組織やアメリカ政府職員から次々に強く批判されてきた。予防原則はリスク管理決定に対する案内役としての科学的リスク評価の重要性をおとしめ，公衆の恐怖に基づく，または“正しい科学”よりは“架空のリスク”に基づく規制を導きがちであると主張した」[3]のである。

　EUは予防原則を積極的に取り入れ，厳格で包括的なリスク規制の範囲を拡大したのに対し，アメリカは予防原則を拒否し，包括的リスク規制の範囲を縮小したというヴォーゲルの主張は正しいのか。

　このヴォーゲル・テーゼに対しては，本章の最後で述べるように，ウィーナーらの強い批判がある。しかし，それを議論するには，アメリカ合衆国において予防原則が法制度や環境政策にあたえた影響，予防原則の導入を左右した政治的・社会的条件（世論，議会の支持），予防原則に対する学界の反応などをひとまず整理し，理解する必要があるだろう。

(2) アメリカは早くから予防原則のエッセンスを取り入れた

ふたたびヴォーゲルを引用しよう。

　「予防原則は合衆国において法的地位を有せず，さらにアメリカの政策論議において顕著な役割を演じなかったが，重大で回復不可能な損害に対する関心と不確実な条件のもとで規制しようとする意思（意欲）は，すべて合衆国の規制立法の中にしっかりと埋め込まれている。……合衆国で制定された第一世代環境立法（1960/70年代の立法・畠

---

(3)　Id., at 9.

第2章　アメリカにおける予防原則の発達

山）の多くが，重要な予防的要素を組み込んでいた。その明確な特徴のひとつが，規制活動を認めまたは要求するにあたり，明確な損害の証明を待つことはないというものであった」[4]。

　予防原則は，しばしばイメージされる以上に合衆国に深く根ざしており，1970年代末までに制定された合衆国の環境法規は，予防法理をさまざまな形でそのなかに組み込んでいたというのが，アメリカ環境法学者の一般的な見解である[5]。キャメロン（キングズカレッジ・ロンドン）によれば，「合衆国ほど国内法の中に予防原則のエッセンスを十分に取り入れた国はなかった」[6]のである。

　ただし合衆国は，今日「予防原則」と称されるものを一般的に取り

---

(4)　Id. at 253. See also id. at 253-256.

(5)　Kerry H. Whiteside, Precautionary Politics: Principle and Practice in Confronting Environmental Risk 61(2006).「連邦議会や裁判所は，1970年代以降，合衆国国内環境法の中に予防的アプローチを暗に取り入れてきた。……合衆国は国際レベルよりは国内レベルにおける環境規制において，より多くの実質的経験を積んできた。CAA，CWA，その他の環境法規は，合衆国が予防的アプローチを（ごく控え目に）初期的な形式で手堅く利用したことの現れである」(Gregory D. Fullem, The Precautionary Principle: Environmental Protection in the Face of Scientific Uncertainty, 31 Willamette L. Rev. 495, 508-509(1995))。「合衆国において，1970年代の連邦環境立法の最初の波の根本には予防原則がある。そのもっとも"顕著な特徴"は，環境損害の"明確な証明を待ってはならないという表明"であった。……合衆国は国際的な場ではしばしば予防原則に疑問を呈しているが，合衆国国内法は多数の側面で本来予防的であった」(Daniel Bodansky, The Precautionary Principle in U.S. Environmental Law, in Interpreting the Precautionary Principle 204 (Timothy O'Riordan & James Cameron eds., 1994))。「1970年代に制定された合衆国の大部分の環境・健康法規には，暗に弱い予防原則が組み込まれていたといえる」(Noah M. Sachs, Rescuing the Strong Precautionary Principle From Critics, 2011 U. Ill. L. Rev. 1285, 1293)。

(6)　James Cameron, The Precautionary Principle, in Trade, Environment, and the Millennium 250(Gray Sampson & W. Brandnee Chambers eds., 1999).

入れたのではなく、その中の一部（エッセンス）を部分的に取り入れたにすぎない。環境法学者パーシヴァルは、それを「合衆国環境法は予防原則を明示的に包含することはなかったが、予防原則の多数の要素（element）にきわめて適合した方法で発展してきた」[7]と評価し、アップルゲートも、「いかなる現行法も明確に予防原則を引いてはおらず、予防原則をモデルにした法律は見あたらない（が）、予防原則は重要な要素または特徴を担っている」[8]と評価する。

では、多種多様なアメリカ環境法のどこに、予防原則の「要素」や「重要な要素・特徴」があるといえるのか。この問は、「予防原則」の意義を明確にしなければ回答のしようがない愚問といえなくもない。しかし、「予防原則」の内容の詳細はとりあえず後回しにし、ここでは、1970年代以後に連邦議会が「予防的転換」[9]をとげたとされる過程を、立法や判例の歴史を回顧することから明らかにしよう。

2 予防的観点を取り入れた法律

(1) 国家環境政策法

予防原則ないし予防的観点に立った立法例として、多くの論者があげるのが、国家環境政策法（National Environmental Policy Act: NEPA）および同法が礎石となった環境影響評価制度である。NEPAは、連邦政府の持続的な政策として、将来世代の環境の保護、"健康

---

(7) Robert V. Percival, Who's Afraid of the Precautionary Principle?, 23 Pace Envtl. L. Rev. 21, 36(2005-2006).「予防原則が1990年代において中心的地位をしめるより以前から、すでにいくらかの激しい批判者は、合衆国の環境政策は大衆のリスクに対する過剰な反応に対応し、不当に予防的になったと主張していたのである」(Id.)。

(8) John S. Applegate, The Precautionary Preference: An American Perspective on the Precautionary Principle, 6 Hum. & Ecological Risk Assessment 413, 420 (2000).

(9) Percival, supra note 7, at 36.

22

第2章　アメリカにおける予防原則の発達

や安全に対するリスク”，またはその他の人間活動の“望ましくない，および意図しない結果”の回避，および資源の長期的な持続性（資源利用と人口のバランス）の達成という予防原則に完全に適合する国家政策を確立したものであり（42 U.S.C. § 4331 (b)(1)～(5)），とくに 102 条(c)が定める環境影響評価手続（Id. at § 4332 (c)）は，「損害が予想され，回避または緩和措置が実施されている段階では，是正する行動を進めるよう試みるよりは，行動を延期するのがベターであるという“転ばぬ先の杖”look before you leap 原則に立脚する」[10] ものとされる。「アメリカの最初の重要な環境法である NEPA は，環境の質に悪影響をあたえることがある（might）すべての連邦の行為に対して厳格な手続的要件を課した。NEPA は，予防的に行動するよう努力するという手続的義務を用いた……実例であ（り）」[11]，「連邦政府は環境に重大な影響をあたえることがありうる（could）行動をとる前に，その影響がどのようなものかを真剣に考えることを求められるという国の予防的義務を，華やかに明確に述べた」[12] ものであった。

(2) 食品・医薬品・化粧品法のゼロリスク基準

前書で説明したように，1996 年改正前の食品・医薬品・化粧品法（FFDCA）409 条および 706 条は，発がん性が発見された添加物は，たとえその食品中への残存量が微量であっても安全とはみなさず，加

---

(10)　Applegate, supra note 8, at 421.「NEPA は，それ故環境に影響をあたえる計画を推進する際の“減速ゾーン”として作用する」(Id.)。

(11)　Vogel, supra note 2, at 254.

(12)　Sheila Jasanoff, A Living Legacy: The Precautionary Ideal in American Law, in Precaution, Environmental Science, and Preventive Public Policy 233 (Joel A. Tickner ed., 2003). なお，NEPA をめぐる最近の議論については，畠山武道「持続可能な社会と環境アセスメントの役割」大塚直責任編集『環境法研究』5 号 129 頁（信山社，2016 年）で詳しく述べた。参照いただければ幸いである。

工食品への使用を一切禁止するというものであった（前書48-49頁）。

多くの者が，予防的観点から健康保護を最優先項目と定め，100%の安全性を求めたゼロリスク基準を，予防原則を先取りしたものとして高く評価する。ジャザノフによると，「1958年のデラニー条項は本質的に予防的立法である。しかし，それは，多数の者がいうように，単に発がん性食品添加物について"ゼロリスク"基準を規定したからではなく，発がん物質に対する人の反応に関する知見のギャップを不作為の理由としてはならないという事実のなかに，デラニー条項の予防的要素が存在する」[13]からなのである。

(3) 絶滅のおそれのある種の法

合衆国における絶滅危惧種保護のための一般法は，「1966年絶滅のおそれのある種の保存法」にはじまり，「1969年絶滅のおそれのある種の保全法」を経て現在の「1973年絶滅のおそれのある種の法」（Endangered Species Act of 1973: ESA）となった。1969年保全法は，その前身である1966年保存法が政策宣言的な法律にすぎなかった欠点を是正し，保護の対象を法律に明示するとともに，違法に捕獲された野生生物をレイシー法（1900年に制定された野生動物の国内流通を規制する法律）で取り締まることなどを定めた[14]。

この1969年保全法は，のちの説明するように（本書72頁），絶滅

---

(13) Jasanoff, supra note 12, at 231. See also Bodansky, supra note 5, at 210. 「ある物質が発がん物質であるという決定は，そのポテンシー，代替製品，経済的価値，その他の評価よりははるかに容易である。そこでデラニー条項は，有害となりうると特定された物質による損害の防止をめざし，予防的禁止が命じられるという共通のまたはそれに代替するルールを例示したものである」(Applegate, supra note 8, at 421)。

(14) 畠山武道『アメリカの環境保護法』355頁（北海道大学図書刊行会，1992年），Michael J. Bean & Melanie J. Rowland, The Evolution of National Wildlife Law 196-198(3d ed. 1997).

のおそれのある野生動植物種の国際的な取引市場を封じ込めるという点では一定の前進であった[15]。しかし，合衆国では，おりから環境保護に対する世論が沸騰するなかで，1966年保存法や1969年保全法は，種の個体群の特徴に応じた柔軟な扱いや連邦政府の活動に対する規制条項を欠いており，絶滅のおそれのある種を本格的に保護するためには，より迅速で広範な努力が必要であるという意見が急速に高まってきた[16]。

ニクソン政権の環境教書

当時のニクソン大統領は，マスキー上院議員と激しく環境保護のリーダーシップを争っており，ニクソン大統領は1972年2月8日，マスキー議員のお株を奪うべく，議会に詳細な環境教書を送った。その中で，種の保存について，つぎのように述べている。

> 「その継続的生存が危険にさらされている動物種を登録し，保護する努力がなされたのは，ごく最近のことである。国の象徴であるハクトウワシから始まり，われわれは，これらの動物の絶滅への関心を拡大し，100以上の種を現在のリストに含めた。しかしわれわれは，絶滅危惧種を保護するためのもっとも最近の法律（それは1969年に発効したにすぎない）でさえ，消えゆく種を救うために十分に早期に行動するのに必要な管理手段を備えていないことをすでに承知している。……私は絶滅危惧種を早期に特定し，保護するための立法を提案する。私の新たな提案は，絶滅危惧種の捕獲を初めて連邦犯罪とし，種が激減し，回復が困難もしくは不可能になる前に保護的措置をとることを

---

(15) Patricia Birnie & Allan Boyle, International Law and the Environment 685(3d ed. 2009); バーニー・ボイル（池島大策ほか訳）『国際環境法（第2版）』711頁（慶應義塾大学出版会，2007年）。

(16) Donald C. Baur & William Robert Irvin eds., Endangered Species Act: Law, Policy, and Perspectives 13(2010). なお，おりから連邦議会では海洋哺乳動物保護法案が審議中であったが，そこでは，海洋生物を保護するためには，種が絶滅に瀕する以前の減少の段階で保護する必要があるという意見が大勢をしめた（畠山・前掲（注14）356頁）。

認めるものである」[17]。

　ニクソン大統領が，予防的取組の内容や必要性をどの程度自覚していたのかは定かでない。しかし，「予防」という用語こそ用いていないものの，「十分に早期に」，「種が激減し回復が困難もしくは不可能になる前に」などの表現に，予防の趣旨を読み込むことは十分に可能である。

　ESA の仕組みを簡単に紹介する。ESA（1973 年法）は保護の対象を「絶滅危惧種」（endangered）と「希少種」（threatened）に区分し，前者を「その生息域の全部において，または重要な部分を通して絶滅のおそれのあるすべての種」，後者を「その生息域の全部において，または重要な部分を通して，予測しうる将来において，絶滅のおそれのある種となる可能性がある（likely to become）すべての種」と定義している（ESA §§ 3 (6), (20), 16 U.S.C. §§ 1532(6), (20)）。さらに ESA4 条(b)(1)(B)(ii)は，絶滅危惧種および希少種の決定にあたり，決定の基礎として，他の行政機関によって「絶滅のおそれがあり，または予測しうる将来において絶滅のおそれのある種となる可能性があると判定された種」を考慮するものとしており（16 U.S.C. § 1533 (b)(1)(B)(ii)））と定める。

　これらの条文にみられる「絶滅のおそれ」（endangered），「脅かされている」（threatend），「予測しうる将来において，……となる可能性がある」（likely to become...within the foreseeable future）などの文言

---

(17)　Special Message to the Congress Outlining the 1972 Environmental Program, http://www.presidency.ucsb.edu/ws/index.php?pid=3731　この政府案をもとに起草された法案は時間切れで審議未了となった。しかし 1973 年，同じ内容の法案がディンゲル下院議員（民主党）を通して議会に再提出され，それが両院の圧倒的多数の支持をえて可決され，同年 12 月 28 日，ニクソン大統領の署名をえて「1973 年絶滅のおそれのある種の法」が成立した（Steven Lewis Yaffee, Prohibitive Policy: Implementing the Federal Endangered Species Act 49 (1982))。

は，将来の状態が不確定でありうることを含意しており，種の絶滅が科学的証拠によって明確になる以前に，何らかの対策を講じることを連邦行政機関に求めたものであると解することが十分可能である[18]。

同じく ESA の中で最も重要な規定のひとつである 7 条(a)(2)は，連邦行政機関は，「それらの行政機関によって授権され，資金交付され，実施されるすべての行為が，すべての絶滅危惧種または希少種の持続的生存を危険にさらす可能性がないように（not likely to jeopardize），または長官により当該の種にとって重要であると指定された生息地を破壊し，または悪化させる結果とならないように確保しなければならない」と定めているが，「危険にさらす」という不確定な結果の予測を許容した用語が ESA の運用にとって中心的な役割を果たしていることが分かる[19]。

そこでアップルゲートは，ESA は「連邦法のなかでもっとも明白な予防的成分」であり，「生存を脅かされ」，「絶滅に瀕し」，「危険にさらされた」動植物種を，その生息数や生息地が回復可能な限度をこえて減少する前に，また人による回復困難な接触がなされる前に，またはこれらの影響のある人の活動が取り返しのつかないものとなる前に特定するための科学的・規制的プロセスを確立したものである」というのである[20]。

---

(18) 「法の定義によると，種の絶滅は恒久的で回復が不可能なので，"脅かされている"（threatened）という言葉が意味する先を見越した（anticipatory）時期の選択が，法律の運用にとって本質的なものである」（Applegate, supra note 8, at 420）。

(19) これに対して，ルールは，立法者が ESA における「意思決定方法論」として予防原則や「疑わしきは種の利益に」原則を採用したかどうかは疑問であり，予防原則はあくまで「政策」にとどまるという（J.B. Ruhl, The Battle Over Endangered Species Act, 34 Envtl. L. 555, 592-599 (2004)）。

(20) Applegate, supra note 8, at 420. しかしアップルゲートは，(1)指定候補種を調査し，特定するための要件が厳格であり，指定の過程ではさほど重要でない手続的協議が実施されるにすぎない，(2)指定された種について，種

連邦最高裁判所は，史上有名なテリコダム事件判決（TVA v. Hill, 437 U.S. 153(1978)）において，「連邦議会は，エクイティ上の衡量にあたり，絶滅のおそれのある種にもっとも高い優先順位があたえられるべきことを明らかにし，そして"制度化された注意深さ"（institutionalized caution）とも称される政策を採用したことを，もっとも平易な言葉で語ったのであり，連邦議会によって明確に選択された特定の進路が賢明か賢明でないかというわれわれ（裁判官）の個人的評価は，法律を解釈する過程においては問題でない」（Id. at 194-195）と判示したが，アップルゲートによると，「制度化された注意深さ」というこの判決文は，予防原則を適切に言い換えたものである[21]。

(4) 大気清浄法，水質清浄法

大気清浄法（CAA）や水質清浄法（CWA）は，きわめて複雑で大部な法律であるが，そのなかには予防原則との関連や萌芽を示す多数

の保護に要する費用が便益を上回るときは，特定の公共事業を規制から除外する手続が設けられている，(3)付随的捕獲許可による保護生息地の破壊が認められるの3点をあげ，「ESAは，絶対的予防アプローチを提示しているようにみえる。しかしその執行は，予防的アプローチへの関わりからはほど遠い」（Id. at 433）と論断する。

「野生生物保護法の頂点に位置する法律」と称されたESAも，制定後45年を経てさまざまな問題に直面していることは疑う余地がない。ESAの現況は，畠山武道「アメリカ合衆国・種の保存法の38年」水野武夫先生古希記念論文集『行政と国民の権利』287頁（法律文化社，2011年）で詳しく検討したので，参照いただきたい。

(21)　Applegate, supra note 8, at 420. なお，テリコダム事件および最高裁判決の詳細は，畠山・前掲（注14）341-353頁に記した。その後も多数の論評が公刊されているが，もっとも重要な文献は，原告訴訟代理人であったプラター（Zygmunt J. B. Plater）教授による The Snail Darter and the Dam: How Pork-Barrel Politics Endangered a Little Fish and Killed a River（Yale University Press, 2013）である。また，Kenneth M. Murchison, The Snail Darter Case: TVA versus the Endangered Species Act（University Press of Kansas, 2007）も好著である。

第2章　アメリカにおける予防原則の発達

の規制基準が定められている。

まず，CAA112条は有害大気汚染物質について，「十分な余裕のある安全領域（マージン）」(ample margin of safety) を確保しつつ，規制基準を定めることをEPAに命じていた（前書56頁）。この「十分な余裕のある安全領域」規定は，多くの論者によって予防原則の具体例とされている[22]。

同じくCAA109条(b)(1)の「十分な安全領域」基準 (adequate margin of safety：「十分な余裕のある安全領域」基準よりは規制が緩い) についても，ジャサノフは，「この規定（CAA109条）は，多くの環境法とは違い，期待される便益に対して規制費用をバランスさせることをEPAに求めておらず，さらに規制基準の設定にあたり，おそらく行政機関の裁量により十分な安全領域を決定すべきことを求めていることで予防的規定であった」[23]と述べている（前書70頁参照）。

また，CAAやCWAが定める種々の技術ベース基準や実行可能性基準（前書62頁，74頁参照）のなかに予防原則とのつながりを見いだす者もいる。たとえばアップルゲートは，CAAが定める新規発生源に適用される厳しい規制基準（前書73頁）に注目し，「この規制実務は，より古く，汚い，非効率的な施設や自動車の継続的使用を助長すると強く批判されているが，議会は主要な法規の数次の改正を通して新規発生源に対する特別措置を維持している。それは，汚染の抑制を

───────────────

(22)　Bodansky, supra note 5, at 204; Applegate,supra note 8, at 422. この規定は，1990年に改正されたが（前書61頁），「それにもかかわらず，改正法は発がん物質の特別扱いを維持し，どちらかというと強化した」(Applegate, id.)。なお，「十分な余裕のある安全領域」という文言は，現在もFWPCA307条(a)(4)やCAA112条(d)(4)で用いられている (33 U.S.C. §1317(a)(4); 42 U.S.C. §7412(d)(4))。

(23)　Jasanoff, supra note 12, at 232. See also Frank B. Cross, Paradoxical Perils of the Precautionary Principle, 53 Wash. & Lee L. Rev. 851, 855 (1996); Bodansky, supra note 5, at 219.

29

引き続き推進し，環境損害を最小限にするために，新規技術の開発を強制するという一般的な予防目標に奉仕するからである」[24]と述べ，スチュアートは，後に触れるように，CWA が定める BAT 基準（利用可能な最善の技術基準）（前書67頁）を強い予防原則の適用例に含める（本書144頁）。クロスは，実行可能性基準を引用し，「環境法の各所にみられる実行可能性ベースの規制基準は，予防原則の考えを示している」と述べている[25]。

　さらにシュレーダーは，予防的アプローチではなく未然防止アプローチという表現をもちいつつ，1970年CAAをつぎのように総評する。

　「1970年CAA改正法は，環境質に対する未然防止アプローチを例示している。未然防止アプローチは4つの重要な要素からなる。第1に，公衆は，汚染およびその他ひと由来の有害因子に結びついた重大な健康リスクから最大限可能な範囲で自由な環境に対する正当な（裁判上の）請求権を有する。第2に，政府は，損害が生じるであろうと信じる合理的な根拠があるときは，損害が現実に生じる前に，未然防止的もしくは先行的方法で公衆の利益のために適切に行動することができる。第3に，経済成長や繁栄を十分に可能にしつつ清浄で安全な環境という目標を達成するために，技術革新が推進されるべきである。第4に，これらの原則の実施には，"切迫感"が求められる」[26]。

---

(24)　Applegate, supra note 8, at 422.

(25)　Cross, supra note 23, at 855. Kenneth M. Murchison, Environmental Law in Australia and the United States: A Comparative Approach, 22 B.C. Envtl. Aff. L. Rev. 503, 530 (1995) も，CAA，CWA，RCRA などの定める実行可能性ベースの規制基準は，予防原則に適合すると指摘する。

(26)　Christopher H. Schroeder, The Story of American Trucking: The Blockbuster Case that Misfired, in Environmental Law Stories 332(Richard J. Lazarus & Oliver A. Houck eds., 2005). シュレーダーは，とくに（彼のいう）未然防止アプローチが不法行為訴訟に及ぼす影響に言及し，「コモンロー上の不法行為原則のもとで，是正の訴えは(1)一般的に，（規制）行為は損害

第2章　アメリカにおける予防原則の発達

(5) 殺虫剤，有害物質などの規制

1960年代以前のアメリカにおいては，営業の自由を最大限に尊重するレッセ・フェールが政治・社会システムを支配し，営業活動の事前許可制自体が例外的であった。これらの事情は，日本やヨーロッパ諸国のそれとは大きく異なる。しかし，それだけにアメリカでは，たとえば医薬品，殺虫剤，化学物質など，特殊な分野に特化した事前許可制に予防原則の徴表を見いだそうとする見解が少なくない。

「予防原則の基本的要素（すなわち不確実性，リスク，および直接的な因果関係の欠如）は，公衆の健康がさまざまな技術上の源泉によって脅かされて以降，合衆国およびEU加盟国の法システムのなかで意識的または無意識的に適用されてきた。このことは，医薬品，家畜治療薬，殺虫剤，汚染物質，添加物，その他の物質の上市前の許可を要求する長年の規制システムからも知ることができる」[27]。これは，予防

が発生した，または実質的に発生したらしいという証明が確定するのをまつ必要があり，(2)たとえ損害が証明された場合でも，規制するかどうかの判定は，訴えの利益が法律遵守（コンプライアンス）のコストを上回るかどうかの評価をしばしば必要とする」という制約に服した。しかし，「未然防止アプローチは，何世紀にもわたり発達しコモンロー上の不法行為訴訟を支配した前提の大部分を今日まで反映してきた伝統的な前提に，明確に離反する」(Id.) ものであると評価する。

(27)　Theofanis Christoforou, The Precautionary Principle, Risk Assessment, and the Comparative Role of Science in the European Community and the US Legal Systems, in Green Giants? Environmental Policies of the United States and the European Union 18 (Norman J. Vig & Michael G. Faure eds., 2004). ただし，論者によって，引用する法令やその根拠は異なる。アップルゲートはFIFRAをとりあげ，「アメリカ環境法では許可制が稀である。しかし，FIFRAのもとにおける殺虫剤規制は際だった特徴を有している」(Applegate, supra note 8, at 427) と述べ，本章44頁⑦判決を引用する。ボダンスキーは，化学物質が「健康または環境に対する不合理な侵害のリスクを引きおこし，または引きおこす」であろうと「結論付ける合理的な理由」があるときにEPAが規制することを認めたTSCA6条 (15 U.S.C. § 1695(a)) や，「公衆の健康または福祉を危険にさらすと合理的に予測されうる」ガソ

31

原則の意義をもっとも広く解する例といえる。

カリフォルニア州提案 65

　TSCA が有害物質の実効的規制のための仕組みを欠いた失敗例（前書 92 頁，96 頁）とされているのに対し，「有害物質規制に対する革新的な新しいアプローチ」[28]，あるいは「州による有害化学物質暴露の規制のための（直接規制ではなく情報公開を用いた）もっとも野心的な試み」[29] と評され，かつその強すぎる効果ゆえにさまざまな議論があるのが，カリフォルニア州提案 65 である[30]。同法は，「何人も事業を遂行する中で，故意に，がんもしくは生殖毒性を引きおこすことがカリフォルニア州に知られている化学物質を，当該化学物質がいずれかの飲料水源に通じているもしくは通じるであろう場合に，水域もしく

　　リン添加物を EPA が規制することを認めた CAA211 条（42 U.S.C. § 7545 (c)(1)も，一般に損害が科学的に確実であるとはいいかねる不確実であいまいな証拠に基づく規制を認めた点で予防的規定であるという（Bodansky, supra note 5, at 214-215）。さらにサックスは，「CAA や RCRA のような法律は（未然）防止という目標を有し，損害が実際に生じるであろうという"十分な"科学的確実性がなくても，活動からのありうる損害の兆候にもとづき規制者が行動することを認めるものである」（Sachs, supra note 5, at 1293）という。しかし，日独の学説に照らすと，予防原則と未然防止原則の差異について，さらに明確な説明が必要であろう。

(28)　Precival et al., Environmental Regulation: Law, Science, and Policy 122, 330 (7th ed., 2013).

(29)　Clifford Rechtschaffen, The Warning Game: Evaluating Warnings under California's Proposition 65, 23 Ecology L.Q. 303, 306 (1996).

(30)　同法は，正式名称を「1986 年安全飲料水および有害物質執行法」（Safe Drinking Water and Toxic Enforcement Act of 1986）といい，州民発案（イニシアティヴ）により制定されたものである（See Percival et al., supra note 28, at 330-334）。同法については，北村喜宣「有毒化学物質の規制と環境リスク管理：カリフォルニア州のプロポジション 65（上）（下）」NBL498 号 29 頁，502 号 61 頁（1992 年），増沢陽子「情報手法による化学物質のリスク管理──カリフォルニア州プロポジション 65 の経験から」鳥取環境大学紀要 3 号 59 頁（2005 年）などに詳しい分析・紹介がある。

は陸地に排出または放出してはならない」、「何人も事業を遂行する中で、故意にまたは意図的に、最初に明確で合理的な警告を発することなく、がんもしくは生殖毒性を引きおこすことがカリフォルニア州に知られている化学物質を、いかなる者に対しても暴露させてはならない。ただし 25249.10. 条に定める場合を除く」(Ch.6.6 Cal. Health & Safety Code §§ 25249.5, 25249.6) と定める。

上記の原則に対してはいくつかの例外措置があるが、ここで重要なのは以下の規定である。

「25249.6 条は、以下のいずれにも適用しない。
(a)(b)略
(c) 25249.8 条(a)により化学物質を登録するための科学的根拠を構成する証拠および基準に匹敵する科学的有効性のある証拠または基準に基づき、がんを引きおこすことが州に知られている物質に問題となっているレベルで生涯暴露されたと仮定しても、暴露が重大なリスクを引きおこすことがないと責任ある者が証明することができる暴露、ならびに生殖毒性を引きおこすことが州に知られている物質に問題となっているレベルの 1000 倍で暴露されたと仮定しても観察できる影響がないであろう暴露」(Id. at § 25249.10)。

つまり(c)の規定は、州が(一般に受け入れられた原則に基づく科学的に有効な試験等によって)発がん性・生殖毒性があると指定した物質については、州が示したものと同等以上の証拠・基準によって「重大なリスクがない」[31]ことの証明などを化学物質取扱者に求めるものであり、安全性の証明がないかぎりラベル表示義務を課す(免除しな

---

(31) 発がん物質における「重大なリスク」は生涯発がん確率が 10 万分の 1 をこえる過剰リスクがあるものをいい、他の法律の定める化学物質規制基準(通常は 100 万分の 1)と比べると緩いが、生殖毒性に関する無影響量(NOEL)の 1000 分の 1 という基準は不当に厳しいとの不満の声がある。増沢・前掲(注30)61 頁、69 頁注 22。より詳しくは、Rechtschaffen, supra note 29, at 308-309 参照。

い）ことを定めた範囲で，発がん性・生殖毒性の「証明責任の転換」
を図った規定と解されている[32]。

(6) リスク評価の実施と予防原則

1983 年以降に本格化したリスク評価（手法）は，随所に保守的な仮
説（デフォルト）を設定しており（前書 216 頁），これをもって予防の
伝統と評価する場合がある[33]。

たとえば，FDA が 2000 年 3 月に OECD 食品安全特別委員会に提
出した報告書「合衆国の食品安全性意思決定における予防」は，「リ
スク評価手続が，不確実性に対する保守的な仮説を内包している」こ
とを強調し，さらに「リスク評価が，受け入れることができるリスク
のレベルを達成するためのリスク管理手段の確実性に重大な不確実性
があることを示した場合」，FDA は食品の安全性を確保するために
「リスク管理における予防策」を行使しうると主張しているのが注目
される[34]。これは，翌年のグラハムの「予防原則決別宣言」（本書 114
頁）と同じく，アメリカ合衆国連邦行政機関が，リスク評価ではなく，

---

(32) 北村・前掲（注 30）502 号 61-62 頁，Percival et al., supra note 28, at 330.
同法は，さらに，化学物質が安全か否かが（州によって）判定されてから
（事業者によって）安全性が確定されるまでの当座の期間，有害物質の使用
または放出を一時停止する義務を定めている。これは，事業者には立証責任
を負担させると同時に，有害性情報を取得し，発展させるインセンティヴを
あたえるための措置とされる（Applegate, supra note 8, at 428）。

(33) Applegate, supra note 8, at 426-427 は，「疑わしきは安全の側へ」（err
on the side of safety）の実例として NRC1983 年報告書（レッドブック：前
書 143 頁）を取り上げ，「他の例は，定量的リスク評価における保守的なデ
フォルトの価値観と仮説の使用である。リスク評価の標準的運用手続は，不
確実性を考慮するために，もし誤るのであれば，リスクを過小に評価するよ
りはおそらく過大に評価するという価値観を採用すべきものとしている」と
いう。なお，本書 55 頁および 56 頁（注 55）のベンゼン事件最高裁判決に対
するパーシヴァルの評価も参照。

(34) Whiteside, supra note 5, at 65.

リスク管理のなかに予防的アプローチ（予防原則ではない）を取り入れ，実践してきた旨を強調するものである。

　しかし全体的に見て，この程度の安全性への配慮をもって OECD を納得させることができる「予防」といえるのか[35]，さらに具体的に，リスク評価における保守的仮説（疑わしきは安全の側へ）の使用をもって，予防原則の実践といえるのかなどについては，さらに慎重な検討が必要である[36]。

3　予防的観点を示した判決

　いくつかの裁判所は，有害な可能性のある物質について，有害性の厳密な立証をまたずに，裁判による排出行為の差止め，EPA による事前規制などを容認してきた。なかでも，CWA，CAA の定める"危険にさらす"（endanger），"安全領域"（margin of safety）などの文言を手掛かりに，それらを「予防的または未然防止的法律」ととらえ，有害物質の事前規制を積極的に支持してきたのが，コロンビア特別区巡回区連邦控訴裁判所である。

　ここでは，予防原則に直接・間接に言及したとおもわれる判旨のいくつかを，簡単な「事実」の説明とともに紹介する[37]。

---

(35)　Vern R. Walker, Some Dangers of Taking Precautions Without Adopting the Precautionary Principle: A Critique of Food Safety Regulation in the United States, 31 Envtl. L. Rep. 10040, 10043-44 (2001).

(36)　Christoforou, supra note 27, at 39.

(37)　なお，前田定孝「アメリカ環境法における規制権限行使の基準」法政論集 225 号 509-516 頁（2008 年），下村英嗣「科学的不確実性下におけるリスク考慮に関する行政裁量」修道法学 31 巻 2 号 93-119 頁（2009 年），同「アメリカ合衆国における科学的不確実性下の環境規制」人間環境学研究 7 巻 19-33 頁（2009 年）が，以下に訳出した判決のいくつかをとりあげ，詳しく検討している。参照をお願いしたい。

―【コラム】連邦控訴裁判所裁判官の任命―

　アメリカでは，全土を12の巡回区に区分し，それぞれに連邦控訴裁判所（高等裁判所）が置かれている。連邦控訴裁判所の裁判官は，大統領が，管轄する地区（巡回区）で活動したことがある法曹（大学教授を含む）のなかから指名し，上院の承認を得たうえで任命する。そのため歴代の大統領がどのような裁判官を任命するかで，控訴裁判所の（政治的）色分けが違ってくる。

　伝統的に保守的とされてきたのがヴァージニア州などを管轄する第4巡回区連邦控訴裁判所であり，逆に進歩的とされてきたのがカリフォルニア州などを管轄する第9巡回区連邦控訴裁判所である。首都ワシントン（コロンビア特別区）にある連邦控訴裁判所は，CWA，CAAをはじめ，多くの連邦環境法規によって第一審管轄権をあたえられていることから，環境事件においては，同裁判所の判断が先例としてきわめて重要な意義を有する。コロンビア特別区巡回区連邦控訴裁判所裁判官の定員は11〜12名で，現在は保守派とリベラル派が拮抗しているが，1970-80年代は，バゼロン，ライト，マクガゥアン，ターム，レベンタールなどの進歩派裁判官の影響力が顕著であった。

　余談ながら，オバマ大統領は任期8年の間に，現在の定員179名の控訴裁判所裁判官のうち55名を指定し，リベラル派が多数をしめる控訴裁判所の数を1つ（第9巡回区）からは9つに変えてしまった。その代表例が第4巡回区控訴裁判所といわれる[38]。入国規制を強化するために現トランプ大統領が発した大統領命令を違憲と断じたのが，第9巡回区と第4巡回区の控訴裁判所であったことは記憶に新しい。

① Environmental Defense Fund, Inc. v. Ruckelshaus, 439 F.2d 584(D.C. Cir. 1971)（DDT 事件）

1969 年 10 月，環境保護団体が FIFRA の手続に基づき，農務長官に対して DDT を含むすべての製品の登録の撤回（キャンセル）と，

(38) Philip Wegmann, How Liberal Judges Took Control of 70% of US Appeals Courts, The Daily Signal, Sept. 4, 2016, http://dailysignal.com/2016/09/04/(last visited Feb. 12, 2018).

第2章　アメリカにおける予防原則の発達

登録の緊急一時停止を申し出たところ，農務長官は4つの利用（用途）にかぎり登録を撤回し，それ以外の利用については決定を先延ばしする決定をした。また一時停止の申し出には無回答であった。そこで環境団体が上記の決定の取消しと登録一時停止手続の開始を求めて出訴した。その後の裁判をはさみ，農務長官はDDTの安全性について懸念すべき問題があることを認めたものの，個別の利用方法の必要性と代替物に関する包括的な調査が必要であるとして，決定を変更しなかった（権限を引き継いだEPA長官も同じ）。

　農務長官は，その判断根拠となるクライテリア（基準）を示すことなく「科学的証拠は……DDTの使用が人の健康に対する切迫した危険を構成するということを証明していない」と主張したが，バゼロン裁判官ほかは，農務長官は判断の根拠を十分に説明しておらず，また設定された基準が公衆に対する「"切迫した危険を防止する"という立法目的に一致するかどうかを審査裁判所が判定するためには，長官が"一時停止クライテリア"を定め，それを個別の事案に適用する必要があると判示した。そのうえで，農務長官に対して，新たな審査基準規則を制定し，公聴会等を通して個別の判断の根拠を十分に説明することを命じた[39]。

　　「FIFRAは，1964年以前は，法律の要件に適合しないすべての農薬またはその他の製品を登録することを長官に要求していた。製品は市場に留まり，長官はあり得る起訴のために司法長官に違反を報告することになっていた。1964年，法律は登録システムを廃止し，現在の登録をキャンセルする行政メカニズムに取り替えるために改正された。

――――――――――――
(39)　本件はEnvironmental Defense Fund, Inc. v. Hardin, 428 F.2d 1093 (D.C. Cir. 1970) を引き継ぐ一連の訴訟のひとつであり，事実経過はやや複雑である。詳しくはJohn K. Markey, Case Note, Administrative Law-Reviewability of Final Orders Under the FIFRA-Limits on Administrative Discretion-Environment Defense Fund, Inc. v. Ruckelshaus, 13 B.C. L. Rev. 408 (1971) を参照されたい。

この改正の公式の目的は，長官によってその安全性または有効性が疑われるすべての製品を市場から除去することによって公衆を保護することである。立法史は，実質的安全性の問題をキャンセル通知の発布に連動させ，製品の安全性の証明責任を製造者に転嫁することを意図していたという結論を支持している」(439 F. 2d. at 593)[40]。

② Industrial Union Department, AFL-CIO v. Hodgson, 499 F.2d 467(D.C. Cir. 1974)

労働団体が，OSHA の定めた職場大気中のアスベスト粉じん許容量基準の適法性を争った事件である。控訴裁判所は労働団体の訴えの一部を認容したが，本件判決（マクガウアン，レベンタール，マッキノン裁判官）は，その的確な判示ゆえに，その後多くの判決で引用されることになった。

　「大量のしばしば矛盾する証拠から，労働長官は多数の事実認定をおこなった。これらの基準の制定に含まれるいくつかの問題は，科学的知見のフロンティア（未知の領域）にあり，結果的にそれらについては，十分な情報に基づく事実認定を行なうために現在利用できるデータは不十分である。こうした状況における意思決定は，より小さな範囲で純粋に事実の分析に依拠し，より大きな範囲で政策判断に依拠しなければならない。それゆえ基準の作成は，現在未解決の事実に関する争点にくわえ，事実に関する争点上の解決というよりは，その性質上基本的政策判断を必要とする選択を含んでいる」(499 F.2d at 474-475)。「本件では，アスベスト粉じんのさまざまな暴露レベルにおける

―――――――――

(40)　判決のこの箇所には，サリバン下院議員のつぎの発言（110 Cong. Rec. 2948-49(1964)）参照という脚注 34 が付されている。内容は，「私は，われわれにとって安全ではないことがありうる殺虫剤の上市に関連する証明責任を，連邦政府ではなく企業に負担させることを要求する（皆さんの前にある）立法を強く支持します。証明責任は政府に課されるべきではありません。なぜなら，政府が上市されるべきではない製品を除去するために必要なデータを収集している間に，より一層大きな損害が生じうるからであります」というものである（439 F. 2d. at 593 n.34)。

健康影響を正確に予測することにつき，現在利用できる確実なデータ
は存在しないことを証拠が示している。にもかかわらず，労働長官は，
ある特定の水準を最大許容暴露量として定める義務をおっていた。労
働長官は，すべての矛盾する証拠を考慮したのち，過剰な暴露から生
じうる深刻な健康被害という見知から（使用者側の強い批判をのりこ
え）相対的に低い（厳しい）制限を採用するという決定について弁明
した。被用者の健康保護がOSHAの最優先の関心事である以上，この
選択は疑いもなく正しい。しかし，その選択は事実の判定ではなく，
最終的に過大な保護と過小な保護のリスクの比較に関わる本来的に立
法的な政策判断に基づくものである」(Id. at 475)。

③ エチルコーポレーション事件：Ethyl Corporation v. EPA, 5
Envtl. L. Rep. 20096(D.C.Cir. 1975), vacated en banc, 5 Envtl.
L. Rep. 20450(D.C.Cir. 1975)（3人裁判官パネル判決）

事件の概要は前書102頁以下に記したとおりである。裁判所は，法
律は，自動車からの鉛の排出が鉛の人体への測定可能な増加に寄与し
ており，この測定可能な増加が，特定の燃料または燃料添加物が禁止
される以前の一般群集の実質的部分に対して「重大な健康上の危険を
引きおこしている」ことについて，事実に基づく厳格な水準の証明を
EPA長官に要求していると述べた（5 Envtl. L. Rep. at 20099, 20114)。
その上でEPAの主張を詳細に検討し，「因果関係の鎖のいくつかの
重大な輪が（厳格な事実の証明によって）支持されておらず，彼が下し
た結論に飛躍するためにEPA長官がなしたことは，専断的・恣意的
とのみ名付けられる」(Id. at 20109-20110) と結論付けた。ここではラ
イト裁判官反対意見の一部を引用する[41]。

---

(41) ウィルキー裁判官（ターム裁判官同意）の判決文は29頁におよぶ詳細
なものであるが，これは34頁に達するライト裁判官の反対意見の提出をうけ，
書き直したものといわれる。これに対してライト裁判官は，判決言い渡しの
3日後（1975年1月31日）に脚注105に加筆し，ふたたび多数意見を批判
した。Arnold W. Reitz, Jr., Air Pollution Control Law and Environment 328

「"危険にさらす"の意義については争いがない（ことを期待する）。判例法や辞書の定義は，危険にさらすとは現実の損害とは言いかねるなにかを意味するということで一致している。あるものが危険にさらされるならば，損害のおそれがある。現実の侵害が生じる必要はない。たとえば市街地は，未だ危険から完全に無傷で抜け出すことができても，おそれのある伝染病やハリケーンの"危険にさらされている"ということができる。危険を目の前にして規制を認める法律は，必然的に予防的法律である。おそれのある損害が生じる前に規制的行為をなすことができる。すなわち，かかる予防的立法の存在自体が，規制的行為が先行し，そして望ましきは，感知された損害を未然に防止することを要求している。明らかにされるべきは，211条(c)(1)(A)の"危険にさらすであろう"という文言が，その条項を予防的法律とするということである」(Id. at 20122)。「私が上記で主張した"危険にさらす"は，事実の証明のみに偏した基準ではない。危険はリスクであり，リスクの評価によってのみ決定されることができる。それ故211条(c)(1)(A)における事実認定要件の削除は，公衆の健康に対する危険があるという決定は，必然的にリスクの評価に基づくべき政策問題であり，事実問題に適した手続的・実体的厳格さによって拘束されるべきではないという議会の承認と解する」(Id. at 20128)。

　「もちろん，リスクは根拠なしには評価できない。リスクの評価は疑問の余地なく事実に基づく。しかし事実のみに基づくのではない。リスクは，むしろ疑いのある，しかし完全には実証されない事実関係，事実の大勢，不完全なデータからの理論的推定，または未だ"事実"であるとの確証のない試験的・中間的データから評価することができるだろう。現実の損害がなくても規制を許すことによって，議会は過小な規制よりは過大な規制に好意的な政策判断をしたのである。かかる用心深い政策は，EPA長官がリスクを評価する権限をあたえられた場合にのみ執行できる。この権限は，もちろんEPA長官に対して直感または乱暴な憶測により行動することを許すものではない。アムコ判決は，EPA長官の結論は合理的に正当化されなければならないことを，きわめて明確にした。しかし議会の命令は，EPA長官は損害を未

(2001).

然に防止するために行動するというものである。EPA長官は，彼が事実について争いのない正確さによって過去の鉛自動車廃棄物の汚染の影響を指摘できるまで，待つことはできないのである」（Id. at 20128）。

④ Society of the Plastics Industry, Inc v. OSHA, 509 F.2d 1301 （2d Cir. 1975）

労働長官（OSHA）が定めた8時間平均値で100万分の1をこえない値とする塩化ビニル労働安全規則を，塩化ビニル製造会社が争った事件。控訴裁判所は，規則制定にいたる経過を詳細に検討し，原告会社の主張をすべて否定した。

　　「本件で争われている最終的事実は科学的知見のフロンティアにある。……労働安全衛生法（OSHA）の指令のもとで，労働者を保護するために行動し，さらに現存の解析方法や研究が十分でない場合においても行動することが，労働長官の義務であることに変わりはない」。「労働長官は，MCA研究結果をマウスから人に外挿するにあたり，許容水準を検出可能なもっとも低いところまで引き下げることを選択した。当裁判所は，この点に関し誤りを認めない」（509 F.2d at 1308）。

⑤ リザーブ・マイニングカンパニー事件：Reserve Mining Company v. EPA, 514 F.2d 492（8th Cir. 1975）

　　「当裁判所は，スペリオル湖へのアスベスト繊維の継続的排出について適切な医学的関心を表明するブラウン博士の証言をやや長く引用する。〔以下，ブラウン博士の証言〕私が（文献や法廷で）見聞した科学的証拠は，スペリオル湖の水の公衆の健康上の危険という問題について，私がいずれかの結論を引き出すのを可能にするほどには完全ではないといえます。……科学は非常に高いレベルの証明を要求します。……医学者として，私はもしエラーをおかすのであれば，最大多数の者にとってベストな側に誤るべきであると考えます。私がアスベストの発がん性について当法廷に示した結論から，北湖岸の人びとの飲料水の中にアスベスト繊維は存在すべきではないという以外の結論に達

41

することができません」（514 F.2d at 518-519）。

　「本件における蓋然性を評価するにあたり，損害の蓋然性がないというよりはあるといい切ることはできない。さらに蓋然性の程度からただちに結果を予測することもできない。〔以下，前書101頁15行目に続く〕当裁判所が以下の章で論証するように，公衆に対するリスクの存在は，公衆の健康を保護するための未然防止的および予防的手段として，合理的な期間内に健康への危険の軽減することを要求する差止命令を正当化する」（514 F.2d at 520）[(42)]。

　「当裁判所は，FWPCA が意味する“危険にさらす”が，ここに証明された程度の健康への潜在的な（ありうる）損害を包摂するかどうかを判断しなければならない。……FWPCA の2つの条文は，排出行為が州の水質基準に違反し，“人の健康または福祉を危険にさらす”ときには，合衆国が州際河川内の水質汚染物質を除去するために活動する権限をあたえている。……この環境立法の文脈の中で，当裁判所は，連邦議会は“危険にさらす”という文言を，予防的または未然防止的な意味で使用しており，したがって現実の損害だけではなく潜在的な損害があるという証明も，この文言の範囲内にあると信じる」（Id. at 528）。「本件の記録は，リザーブ・マイニングカンパニーが，受け入れることができるが，論証されていない医学理論のもとで発がん性があると考えられうる物質を，スペリオル湖水へ排出していることを示している。この排出は，公衆の健康に関する合理的な医学的関心を引きおこしている。当裁判所は，リザーブ・マイニングカンパニーのスペリオル湖への排出は，FWPCA 1160条(c)(5)および(g)(1)の意味における“人の健康または福祉を危険にさらす”水の汚染に該当し，制限に服するという地方裁判所の決定を支持する」（Id. at 529）。

（42）　控訴裁判所は，操業の即時停止が企業や地域経済にあたえる経済的影響を考慮すると，地方裁判所のように即時の操業停止を命じることは適切ではなく，一定の猶予期間をおいてリザーブ・マイニングカンパニーの自主的取組を促す必要があると判断した。前書102頁参照。

第2章　アメリカにおける予防原則の発達

⑥　エチルコーポレーション事件：Ethyl Corporation v. EPA, 541 F.2d 1（D.C.Cir.1976）（en banc）

　「"危険にさらす"の意義については争いがない。判例法や辞書の定義は，危険にさらすとは現実の損害とは言いかねるなにかを意味するということで一致している。あるものが危険であるとは，損害のおそれがあるということであり，現実の侵害が生じる必要はない。……危険を目の前にして規制を認める法律が，必然的に予防的法律である。おそれのある損害が生じる前に規制的行為をなすことができる。すなわち，かかる予防的立法の存在自体が，規制的行為が先行し，そして望ましきは，感知された損害を未然に防止することを要求しているとみなされる(43)。明らかにされるべきは，211条(c)(1)(A)の"危険にさらすであろう"という文言が，その条項を予防的法律とするということである」(541 F.2d. at 13)。「リザーブ・マイニング判決で，第8巡回区控訴裁判所は，1970年FWPCA112条の"人の健康および福祉を危険にされすであろう"のフレーズの意味を明らかにしており，CAAとFWPCAは実体的環境保護立法の主要部分を構成している。……"危険にさらすであろう"基準は，その性質において予防的であり，規制が適切である以前に現実の損害の証明を要求するものではない」(Id. at 17)。

　「"危険にさらすであろう"は，事実の証明のためのみの基準ではない。危険はリスクであり，つまり事実の証明だけではなく，リスクの評価により判断されなければならない。……公衆の健康に対する危険の判断は，必然的にリスクの評価に基づくべき政策問題であり，事実問題に特有の手続的または実体的厳格さによって拘束されない。EPA長官のような規制者は柔軟性を与えられなければならない。柔軟性は，たとえ確実性が存在しない領域においても，人びとの健康と福祉の保護に好意的な特別の裁判上の利益を承認するものである。とくに環境がかかえる問題は，不確実でありがちである。技術者は，かつて経験のない，または予想されなかった方法で彼の世界を変えてきた。かかる変化の健康への影響はしばしば知られておらず，ときに知ることが

---

(43)　下線部分は，前書104頁9～11行目でも訳出したが，不正確であったので，本文のように訂正したい。

不可能である。……法律および世の常識は，規制者が損害がさもなくば不可避であることが確実であると言いかねる場合であっても，損害を防止するための規制的行動を要求している」(Id. at 24-25)。

　「科学がその真実性を確信できる限り，確実性が科学の理想であることは疑いようがない。しかし，環境医学の複雑さにおける確実性は，科学者が全体のメカニズムを，時間をかけ，かつ隔離された精査の機会をもつときにのみ，事実をまって確保しうるものである。確実性を待つことは，しばしば未然防止的規制（行為）ではなく，対処的な規制（行為）のみを許すことになるだろう。控訴人は，確実とはいいかねる一切のもの，すなわちすべての憶測は無責任であると主張する。しかし，法律が環境上のカタストロフィーの回避をめざしている場合に，たとえ不確実でも未然防止的な判断に，かかるレッテルを貼ることは正当であろうか」(Id. at 25)。

　「法律がその性質において予防的であり，それ故科学的知見のフロンティアにあるために，証拠が入手困難であり，不確実もしくは対立しており，規制が健康の保護をめざしており，そして決定が専門的行政官によってなされた場合，当裁判所は原因と結果の厳格な段階ごとの証明を要求するつもりはない。もし法律の予防的目的が追求されるべきなら，かかる証明を得ることは不可能であろう」(Id. at 28)（以下，前書104頁20行目に続く）。

⑦　**Environmental Defense Fund v. EPA, 548 F.2d 998(D.C.Cir. 1976)**（ヘプタクロル・クロルデン事件）

　1975年12月，EPAはFIFRAの関連条項に基づき，(1)殺虫剤であるヘプタクロルおよびクロルデン（殺虫剤，シロアリ駆除剤）の特定用途のための登録を（ごく例外的な少数の使用を除き）停止し，(2)トウモロコシ害虫駆除に使用する分については1976年8月まで生産を認め，(3)さらに1975年7月以前に製造され登録された分（ストック分）については引き続き販売と使用を認めるという規則を制定した。そこで，農務省（殺虫剤製造会社が参加）が(1)の違法を主張し，さらに環境保護団体EDF（現在のED）が(2)(3)の差し止めを求めて出訴した。控訴

44

第2章　アメリカにおける予防原則の発達

裁判所は(1)(2)に関わる請求を棄却し，(3)に関わる請求を認容した。なお，EPA長官は，殺虫剤の継続的使用により"切迫した危険（ハザード）"が生じると決定したときは，登録を停止する権限をあたえられている（7 U.S.C. §§ 136(1), 1136(bb), 36d(c)(1). 前書83-84頁参照）。レベンタール裁判官の法廷意見は以下のとおり。

「当裁判所の従前の判決は，EPA長官は登録を停止するために製品が安全ではないと証明することを要求されないと指摘している[44]。というのは，FIFRAは，"表示の要件に適合するために必要な製品の安全性を証明する負担を，すべての場合に申請者および被登録者"に課しているからである」（548 F.2d at 1004）。

「FIFRAは，事実を認定し，"公共の利益に関する政策を定めるにあたり"EPA長官に広範な裁量をあたえている。この広範な裁量は，より一層完全な事実の記録が登録抹消手続において明らかになるまでの間に，環境および公衆の健康および環境に対する損害のリスクから保護するために当面の措置が必要であるという暗黙の了解に基づきあたえられている。もし当裁判所が，EPA長官はなんらかの証拠の重みにより実質的可能性以上の切迫した危険を明確に証明しなければならない，というベルシコール社（唯一の殺虫剤製造会社）の主張を受け入れるなら，この保護にむけた救済の道は事実上閉じられるであろう」（Id. at 1005）。「一般的なデータへの信頼，動物試験の考慮等々は，殺虫剤の登録抹消または停止を命じるための十分な理由とされてきた。ひとたびリスクが証明されると，（農薬使用の）利益がリスクを上回ることを証明する責任は，登録の継続を主張する者にある。逆にいうと，

(44)　これに先立つ Environmental Defense Fund v. EPA, 510 F. 2d 1292, 1297, 1302(D.C. Cir. 1975)（シェル・ケミカルカンパニー事件）において，レベンタール裁判官は，「製品の安全性を証明する責任は，つねに申請者と被登録者にある。登録された農薬が"誤った表示"でありうるか，または"誤った表示"であった場合，EPA長官はキャンセル通知の発布を要求される（465 F.2d at 532)」，「便益がリスクを上回ることを証明する責任は継続的登録を主張する側にある。法律は，動物試験においてがんを発症することが知られている化学物質の継続的使用を許可するという決定について，行政官にその根拠を説明する重い負担を課している」と判示していた。

45

法律は，試験動物においてがんを発症することが知られた化学物質の継続的利用の許可を決定する EPA 長官に“重い責任”を課しているのである。当裁判所は，この原則を本件で引用された証拠に適用し，ヘプタクロルおよびクロルデンの大部分の使用を停止し，その他の使用を停止しないという EPA 長官の決定は実質的証拠によって支持されており，FIFRA のもとにおける彼の権限の合理的な行使であるとの結論を下す」(Id. at 1005)。

以下は，再審理請求の却下決定に対するレベンタール裁判官の補足意見である。

「当裁判所は，1964 年の FIFRA 改正は証明責任[45]を長官から登録申請者に転換することを特別に意図したものであると，繰り返し判示してきた」(Id. at 1015, 1013)。「当法廷は，停止聴聞のための証明責任の分配と登録または抹消手続のためのそれとの違いを制定法のなかに見いださない。停止手続が進行する間，公衆は抹消手続で考慮されるのと同じ侵害のリスクに服しており，このリスクこそ，議会をして，証明責任を最初の登録において申請者に課すこととしたものである。安全の問題にとって重要な情報は製造者が所有しており，またはそうあるべきである」(Id. at 1017)[46]。

「結論として，当裁判所は，FIFRA6 条(c)(2)のもとで実施される停止聴聞において，(EPA を)説得する責任は最終的に被登録者にあると認定する。1964 年の FIFRA 改正において，議会は，有毒物の安全性にかかわる不確実のリスクを公衆は負担すべきではないということを明確にした。同じように議会からの明確な撤回の指示がないかぎり，われわれはその負担を受け入れることを公衆に強制するつもりはな

---

(45)　ここでいう証明責任は，証拠を提出し，審理を進める責任（burden of going forward）をさしており，最終的に相手を説得する責任をいうのではないとされる（548 F. 2d at 1004, 1013）。

(46)　アップルゲートによれば，証明責任転換の目的は 2 つある。ひとつは，EPA によって安全性が疑われている殺虫剤を一時的に停止すること，もうひとつは，殺虫剤の製造者および利用者に対して適切な安全性データを整備するインセンティヴを創設することである（Applegate, supra note 8, at 428）。

第 2 章　アメリカにおける予防原則の発達

い」（Id. at 1018）。

⑧　Reserve Mining Co. v. Minnesota Pollution Control Agency, 267 N.W.2d 720（Minn. 1978）

ミネソタ州汚染規制庁（Minnesota Pollution Control Agency: PCA）がリザーブ・マイニング社と協議のすえに付与した排水許可について，同社が，許可条件とされた排水基準の上限値などが州法および⑤連邦控訴裁判所判決（本書41頁）の趣旨に違反していると主張したものである。事実審裁判所は PCA の許可は専断的・恣意的であり違法であるとしたが，ミネソタ州最高裁判所は，PCA の許可を適法とし，事実審裁判所判決を取り消した。

　　「連邦裁判所は，リザーブ・マイニング社の大気および水への排出は公衆の健康に対する潜在的な脅威を引きおこしていること，およびいかなる損害が生じたことも未だ証明されておらず，健康への危険も切迫していないが，予防的および未然防止的ステップが求められることを，繰り返し強調している。同裁判所は，リザーブの大気および水への排出は，司法的介入を正当化する危険を引きおこしていると判示している。当裁判所は，Reserve Mining Co. v. Herbst, 256 N.W.2d 808, 833 において，リザーブ施設から大気中に排出されるアスベスト繊維のレベル，およびそれが医学的に重大なレベルかどうかを，科学的または医学的正確さをもって決定することはできないと認定するなかで，これらの事実に詳しく言及した。それにもかかわらず当裁判所は，連邦裁判所の要求により，規制が行われているセントポール市の繊維レベルの基準を採用した。PCA，鉱山会社，州裁判所は，この基準を自由に修正したり取り消したりすることはできない。……当裁判所の従前の判決は，十分な緩和措置がなければ，地上処理施設の使用は，発がん性角せん石繊維を発生させると判示した。連邦裁判所および当裁判所に，この判断を覆すよう要求するものは何も示されていない」（Id. at 724-725）。「いかなる水準の水質汚染が医学的に重要なのかに関する証拠はない。それゆえ PCA は，医学的に重要な水準が科学的正確

さをもって将来決定されるまで，およびそれがない場合には，非悪化
基準を適用する自由を有する」(Id. at 726)[47]。

⑨ Environmental Defense Fund v. EPA, 598 F.2d 62 (D.C. Cir. 1978)（PCB 事件）

PCB は早くから強い毒性が指摘されていたが，当初の取組は事業
者の自主的努力に委ねられ，そのため PCB 濃度を若干薄めたうえで
大量の PCB（1974 年当時で 4000 万ポンド）が公共河川に排出され続け
た。しかし，EPA の PCB を含む有害化学物質規制は事業者の反対
（反論）で頓挫しつづけ，1976 年 7 月になって，ようやく発電・送電
装置からの PCB 排出基準を 10 億分の 1 とし，その他のすべての装置
および PCB 製造者による排出を禁止する旨の規則案を公示した。
EPA は，その後公聴会を経て，1977 年 2 月，規制をさらに強化（発
電・送電装置の製造者による排出の禁止を追加）した規則を発布した。

そこで，EDF，事業団体，スポーツ団体などが，それぞれ各地の
控訴裁判所に訴えを提起したが，各訴えはコロンビア特別区巡回区控
訴裁判所に移送され，併合された。ターム裁判官による法廷意見は，
詳細かつ理路整然とした申し分のない名文で，ここにやや長く訳出す
る十分な価値がある。

「FWPCA307 条(a)(2)は，有害物質排水基準を設定するための重要な
要素を定め，当該基準を提案するにあたり 6 つの要素を "考慮する"
ことを EPA に要求している。……これらの要素に基づき，307 条(a)(4)
は，EPA に対し "十分な余裕のある安全領域" を備えた水準の排出基

---

(47) Applegate, supra note 8, at 423 は，この判示について，ミネソタ州最高
裁判所は，飲料水中のアスベストがリスクであるというレベルを示す証拠は
ないが，行政機関が，より適切な証拠が利用可能になるまで最悪のケース基
準を適用することは自由であると判示し，PCA 許可を適法とした。これは，
より確実な証拠が新たに得られるまでの猶予期間中において，予防的に最悪
のケースを想定した規制基準の適用を認める趣旨であるとコメントする。

準を定めることを指示している[48]。両当事者は，この重要な項の意味を争っている。EPA は，この項は十分に理解されていないリスクに対する保護のために，本質的に"過剰な保護"の側に"誤る"裁量をEPA に認めていると主張している。企業当事者は不同意である。制定法の文言および立法史の検討に基づき，当裁判所は EPA に同意する。また，EPA が執行する複雑な制定法に関する（EPA の）解釈は，当然ながら尊重されるべきである」（598 F.2d at 79-80）。

　「以上の分析は，"安全領域"という用語は，"調査研究によって未だ特定されていない危険（ハザード）に対する"保護の確保を意図していることを証明している[49]。さらに公衆と環境は，最大限のリスクに類似したいかなるものにも曝されるべきではない。EPA は"安全領域"を確保するだけでは足りず，その領域（マージン）は"通常"または"十分"よりもさらに大きく，"十分な余裕のある"ものでなければならない。もし未知の危険に対する保護という EPA 長官の責任が，困難な任務をもたらすのであれば（確かに，知られていないものについての知識を要求するのは真のパラドックスである），"安全領域"という用語は，任務を遂行し，パラドックスを調和するための方法が見つけられるべしという議会の指令である。議会が，"十分な余裕のある"という気前の良い尺度を付け加えたのは，EPA がその責務を全うするためには大きな裁量を必要とするであろうことを議会が認めたからである」（Id. at 81）。「当裁判所がすでに述べたように，"十分な余裕のある安全領域"条項は，不完全にしか知られていない危険に対する防御を EPA に命じている。……"十分な余裕のある安全領域"を確保する基準の設定を EPA に要求することにより，議会は，危険の範囲が最終的に確認される前に，危険に対して保護する権限を EPA

---

(48)　北村喜宣『環境管理の制度と実態——アメリカ水環境法の実証分析』62-63 頁（弘文堂，1996 年）。この 307 条(a)の定める有害物質規制基準は，1990 年改正前の CAA112 条（前書 56-57 頁）と同じである。

(49)　この判示部分には，「有害物質の定義に関する立法史（上院報告）は，同じく，"安全領域"は"人または環境の暴露条件のもとにおける試験が存在しない場合に，潜在的毒性に関するデータの不足を反映させるために"定められるべきである，と述べている」（Id. at 81 n.72）という脚注が付されている。

49

長官にあたえ，実際はそれを命じたのである」(Id. at 83)。

　「EPA 長官は，試験動物においてがんを引きおこすことが知られている化学物質の引き続きの使用を許可する決定の理由を説明する "重い責任" をおっている。確固とした証拠が化学物質に発がん性がありうることを証明している場合，法律は公衆を保護するために，一般に介入以外の措置を EPA 長官に認めていない。他方で証拠がより強固ではなく，単に化学物質に発がん性がありうることを示している場合に，上記の "重い責任" は，行政の不作為を認めるものではない。その場合，行動するかどうかの決定は EPA 長官の裁量の範囲内にある。たとえば，リザーブ・マイニング事件で，裁判所は，多くの就業や地域経済へのありうる損失を含む大きなコストが生じうるにもかかわらず，排出は停止されるべきであるとの結論をくだした。514 F.2d at 529. 同じく Certified Color Manufacturers Association v. Mathews, 543 F.2d 284 (1976) において，当裁判所は，研究は最終的なものではなく，単に発がん性を示唆するにすぎないという FDA の科学的判断に基づき，FDA の行動を支持した。543 F. 2d at 297. 裁判所は，公衆の健康の保護（とくに，がんという敏感で恐怖にみちた問題が関わる場合）について，特別の裁判上の利益を承認してきた。予想される損害ががんである場合，裁判所はさもなくば適用されるよりは低い証明基準に基づく行動の必要を承認してきたのである」(Id. at 88)。

　「規制を支持することができる発がん性の確定的証拠を行政機関が提出する，という要求の誘惑には抗しがたいものがある。しかし，発がん性が疑われるものを抑制するための権限を行政機関に委任するかどうかの決定は，当裁判所にとって疑問をいだく余地のない議会の判断である」(Id. at 89) [50]。

---

(50)　「議会は（EPA による PCB 規制がいっこうに進捗しないことに）しびれをきらし，TSCA の中に PCB のみに向けられた特別条項を書き入れた。個別の化学物質の規制を特定した規定がほとんどないことを考慮すると，当裁判所は，この規定が現在の PCB 規制メカニズムの失敗に対する重大な所見であると解する。PCB 規制に対する現在の規制メカニズムの失敗が，TSCA の条文および FWPCA1972 年改正の有害物質条項のなかの 2 つの未然防止条項を可決した実質的な要因である」(598 F.2d at 67)。

第2章　アメリカにおける予防原則の発達

⑩　Hercules v. EPA, 598 F.2d 91 (D.C. Cir. 1978) (トキサフェ
　ン・エンドリン事件)

　エンドリンは，1950年頃より，綿，サトウキビの害虫に対する有
機塩素系殺虫剤として広く使用されてきたが，当初より有毒性を示す
多くの記録がある。1965年にはラットを用いた試験で発がん性が確
認された。1963年のミシシッピー川下流における魚の大量死は，国
内で唯一エンドリンを製造するベルシコール化学会社 (テネシー州メ
ンフィス) の製造プラントから排出されたエンドリンに原因があると
されており(51)，とくに絶滅危惧種であるブラウンペリカンへの脅威が
疑われている。EPA は1974年になってベルシコール社に NPDES 許
可をあたえたが，同社はその後許可要件に違反し罰金を科された。

　トキサフェンも同じく広く使用されてきた有機塩素系殺虫剤である。
事件当時はハーキュリーズ社が唯一の製造者で，同社の施設 (ジョー
ジア州ブルンスウィック) は廃水をブルンスウィック汽水域に流して
いた。1960-62年の野鳥の大量死はトキサフェンに汚染された魚を野
鳥が食したことが原因であるとされている。公共上水道からもしばし
ばトキサフェンが検出されている。同社はジョージア州から NPDES
許可をえて操業していた。

　エンドリンとトキサフェンはいずれも FWPCA により有害物質に
指定されていたが，例によって排出基準の策定は紆余曲折をたどり，
1977年1月になって，EPA はようやく2つの農薬の排出基準を最終
的に定める規則を制定し，公示した。そこでベルシコール社，ハー
キュリーズ社，および EDF が規則の差し止めを求めて出訴した。裁

───────────

(51)　エンドリンの毒性と農薬使用による魚の死については，Rachel Carson,
　Silent Spring 26-27, 140 (1962); レイチェル・カーソン (青樹簗一訳)『沈黙
　の春──生と死の妙薬』38-39頁，162頁 (新潮社，1974年) に詳しい説明が
　ある。カーソンは，「エンドリンにくらべると，この殺虫剤のすべてのグルー
　プの始原である DDT は，ほとんど害がないといってもよい位である」と指
　摘している。

51

判所は，EPA の決定は実質的証拠により支持されると判示した。前掲⑨判決と同じくターム裁判官が法廷意見を述べたが，とくに目新しい判示事項はない。

　　「EPA は，"十分な余裕のある安全領域" を備えた排出基準を定めなければならない。"十分な余裕のある安全領域" という指令のもとで，EPA の基準は，よく知られたリスクだけではなく，公衆の健康および環境に対する不完全にしか理解されていない危険に対して保護するものでなければならない」(Id. at 104)。「ハーキュリーズおよび EPA が勧める（いずれも異なる科学者によって提出された）相異なる代案によって，選択に伴う科学的不確実性が劇的に示されている。毒性リスクの推定に適した技術の選択は，"科学的知見のフロンティア" にある。当裁判所は，相異なる技術の科学的・行政的な相対的優位性を詳細に比較する能力を有しない。代案の決定は，EPA の裁量範囲内おける典型的な政策判断である」(598 F.2d at 107-108)。

⑪　鉛工業協会事件：Lead Industries Association v. EPA, 647 F. 2d 1130 (D.C. Cir. 1980)（3 人裁判官パネル判決）

　本判決は，⑥エチルコーポレーション事件控訴裁判所判決（全員法廷判決）（前書 102 頁）と同じくライト裁判官が法廷意見を執筆した著名な判決である。同時に，本判決は，(1) NAAQS を設定するにあたり経済的・技術的実行可能性を考慮することができないと判示したこと，(2) NAAQS 第 1 次基準の設定について，予防的・未然防止的観点を強調したことの 2 点で，コロンビア特別区巡回区連邦控訴裁判所だけではなく，その後の連邦裁判所判決全体の先例を確立したきわめて重要な判決である。判決文は判例集で 54 頁にも達する長大なものであるが，前書 70 頁（注 32）では簡単にふれるにとどめたので，ここでやや詳しく説明することにしよう。

　事件は，1970 年の設置当初から鉛排出基準の作成に携わってきた EPA が，1977 年 12 月になって，ようやく鉛の全国大気環境基準

（NAAQS）第1次基準（健康基準）を，四半期平均濃度1立法メートルあたり1.5マイクログラムなどと定める規則案を定めたところ，規則案が「公衆の健康を保護するために必要な条件（クライテリア）に基づき，および十分な安全領域（adequate margin of safety）をもって達成され，維持される」というNAAQSの要件を充足するどうかを業界団体が争ったというものである[52]。

第1の論点は，NAAQS第1次基準の「十分な安全領域をもって達成され，維持される」という要件が，経済的・技術的実行可能性の考慮をEPA長官に義務づけたのかどうかにあった。

しかし裁判所は，「法律の立法史は，大気環境基準を設定するにあたり，EPA長官は経済的・技術的実行可能性を考慮することができないということを示している。これらの要素の考慮を求める条項が一切ないというのは，アクシデントではない。健康目標を達成するためにこれらの考慮事項を下位に位置づけるというのは，議会の熟慮の結果であった」（647 F. 2d at 1149），「当裁判所は，大気環境基準を設定するにあたり経済的または技術的要素の考慮をEPA長官に要求する（ましておや許す）という連邦議会のなんらかの意図を，議会議事録中に識別することはできない」（Id. at 1150）と述べ，間然するところがなかった。

第2の論点は，EPA長官は，大気中に放出された鉛が健康被害を

---

(52) 鉛は古くから毒性が知られた物質で，1725年には印刷工として働いていたベンジャミン・フランクリンが鉛の有害性を訴える記事を書いている。しかし州や連邦政府による規制はいっこうに進まず，20世紀に入ると工場における使用量が飛躍的に増大し，さらに1921年以降アンチノック剤として4エチル鉛が本格的に使用され始めると，鉛被害が全米に拡大した（この新ガソリン添加物を製造販売するためにスタンダード石油とGMが設立したのが「エチル・コーポレーション」（③⑥事件参照）である）。しかし鉛添加ガソリンからの排出物の長期的な健康影響は判明せず，1967年大気質法が新車のための連邦排出基準項目として燃料添加物を登録したことで，ようやく規制の枠組みが完成した（Percival, supra note 7, at 37-50に詳細な説明がある）。

引きおこすということを，どの程度の厳格な証明によって立証しなければならないのかということであった。つまり，この頃より，産業界は，政府規制に抵抗するには，自己の活動を正当化するより，EPAやOSHAが規則案の根拠とした研究データ・方法に対する異論や不確実性を主張した方が効果的であることに気づき，新しい戦略に軸足を移した。本事件はその先駆といえるものである[53]。

しかし判決は，「基準が基礎をおく影響が有害であるという医学的合意があることをEPA長官は証明しなければならない」というのが鉛工業協会の主張であるとすると，それは「重大な誤りである」として，つぎのように述べた。

　「当裁判所はかつて，大気汚染の健康影響については，いくらかの不確実さが避けられないと述べ，"確実性を待つことは，しばしば未然防止的規制（行為）ではなく，対処的な規制（行為）のみを許すことになるだろう"と指摘した。Ethyl Corp. v. EPA, 541 F.2d at 25. 議会は明らかにこの見解を共有している。すなわち，議会はEPA長官に対し，調査研究によって未だ発見されない影響，およびその医学上の重要性

(53)　Robert L. Glicksman, Anatomy of Industry Resistance to Climate Change: A Familiar Litany, in Economic Thought and U.S. Climate Change Policy 86, 89 (David M. Driesen ed., 2010).「鉛工業協会は，EPAによって受け入れることができないとされた水準の人の血中鉛濃度は危険である，および燃料添加剤としての鉛の使用が不健康な血中鉛水準の原因であるという両方の事実を拒否することで，鉛汚染を制限するというEPAの取り組みを攻撃したのである」(Id. at 89)。なお，初期の産業界の主張は，被害はない（被害を証明せよ），私の責任ではない（他に原因がある），しかたがなかった（回避方法がなかった），規制の負担が大きすぎる，公正ではない（利用者の選択権を奪う）などであり，グリックスマンは，これを「規制反対論のお馴染みの連祷」と名付ける (Id. at 87-92)。この産業界の新たな戦術は，その後「正しい科学（サウンド・サイエンス）」と命名され，さらに政治的影響力を発揮することになるが，それは後の話である (David Michaels & Celeste Monforton, Manufacturing Uncertainty: Contested Science and the Protection of the Public's Health and Environment, 95 Am. J. Public Health, S39, S39, S41 (2005))。

第2章　アメリカにおける予防原則の発達

について見解が一致しない影響から保護するために，十分な安全領域を認めることを，とくに指示したのである。……（この）EPA長官に対して“十分な安全領域”のみを認めるという議会の指示は，EPA長官は，明らかに有害であることが知られた環境影響に対する保護を意図したNAAQS第1次基準を設定する権限のみをあたえられているという主張をはっきりと否定している。さらに当裁判所は，EPAが行動する前に個々の影響が健康に有害であるということを決定的に証明するまで待つようにEPAに要求することは，法律の予防的および未然防止的な方針ならびにEPA長官の法律上の責務の性質に適合しない，というEPA長官の主張に同意する。議会は，彼（EPA長官）が不確実性に直面するなかで行動することを明確に許すために，EPA長官は大気質基準の設定にあたり彼の判断を行使すべきであると定めたのである。……議会は必要な決定をするにあたり注意する側に誤る（err on the side of caution）ことをEPA長官に指示したのである。当裁判所は，鉛基準が根拠とする影響について“明らかに健康に有害である”という医学的合意があるという証明をEPA長官に要求することによって，議会の計画（スキーム）を曲げて解釈すべき理由を見いださない」（Id. at 1154-55.）。

⑫　ベンゼン事件：Industrial Union Department, AFL-CIO v. American Petroleum Institute, 448 U.S. 607（1980）

本件判決については，前書108頁以下で詳しく検討した。相対多数意見は，「ベンゼンの暴露には安全なレベルがあるということを露ほどの疑いもなく証明する責任は企業にある」という労働長官の主張を否定し，ベンゼン暴露によって健康が損傷されるという重大なリスクが「少なくともないというよりはあるということを実質的証拠に基づき立証する責任は行政機関にある」（448 U.S. at 652-653）と判示した。判決が予防原則をどのように評価しているのかは明らかではないが，パーシヴァルによれば，「最高裁判所の相対多数意見は，規制に対する予防的アプローチを全面的に否定したのではなく，むしろ不確実性のもとで予防的規制を実行できるという見解を明確に支持したのであ

55

る」[54]。また，相対多数意見がつぎのように述べ，リスク評価における保守的デフォルトの使用を是認したことも重要である。

「行政機関は，有害物質のリスク評価のために，評価の高い科学的見解を有する団体によって仮説が支持されている限度で，発がん性に関するデータの解釈において，過小保護よりは過剰保護の側に誤るというリスクのある保守的な仮定を自由に使用することができる」(Id. at 656)[55]。

⑬ **Maine v. Taylor, 477 U.S. 131 (1986)**

事件は，メイン州法が，在来種および河川環境保護のために生きた餌魚の州外からの持ち込みを禁止していたところ，それに違反し起訴された州内の餌魚販売業者が，州法の州際通商条項（合衆国憲法第1編8節3項）違反と無罪を主張したというものである。第一審は合憲有罪，第二審は違憲無罪，最高裁は州法を合憲と判断した。

「当裁判所は，餌魚寄生虫と非在来種がメイン州の漁業に対してもつ影響に関する実体的科学的不確実性の認定について，地方裁判所が明らかに誤っていると認めることはできない。さらにメイン州は，最終的には無視しうると証明されうる可能性があるにかかわらず，不完全にしか理解されていない環境リスクから防御することに正当な利益を有するという地方裁判所の判断に同意する。州際通商条項の根底にある憲法原則を，回復する可能性がない環境損害を回避するためにメイン州が行動する前に，その結果が発生するまで，またはいかなる病原生物があるのかについて科学者が合意するまで，ぼんやりと座して待つことをメイン州に要求するものと読むことはできない（585 F.Supp.

---

(54) Percival, supra note 7, at 65.

(55) 「また相対多数意見は，リスク評価における保守的デフォルト仮説の使用を（"評価の高い科学的見解を有する団体によって支持されている限度で"）支持し，所与の不確実性の範囲で定量的分析が可能でない状況では，リスク評価が定量的である必要がないということを具体的に記したのである」（Percival, supra note 7, at 65-66）。

第2章　アメリカにおける予防原則の発達

at 397)」(477 U.S. at 148)。

⑭ **Natural Resources Defense Council, Inc. v. EPA, 824 F. 2d 1146(D.C. Cir. 1987)(en banc)**(前書59-60頁，121-123頁)

　「法律（CAA）は，どこにおいても"十分な余裕のある安全領域"を定義していない。しかし，上院報告書は，CAA109条のもとにおける大気環境基準の設定に関する同類の要件を審議するなかで，"十分な余裕のある安全領域"基準の目的を，"調査研究が未だ特定していない危険（ハザード）に対する合理的な程度の保護"を十分に提供するものと説明している（強調は判決文による）。この見解は，"安全ファクターとは，不確実性や変動性を補うことを意味する"という工学における歴史的用語法に適合する。さらに当裁判所は，FWPCAで用いられている同じ文言の審理において，"十分な余裕のある安全領域"を確保する責務を全うするにあたり，EPA長官は，困難な任務（確かに，知られていないものについての知識を要求するのは真のパラドックスである）に直面しており，（しかし）……"安全領域"という用語は，任務を遂行し，パラドックスを調和するための方法が見つけられるべしという議会の指令であることを認めた（EDF v. EPA, 598 F.2d at 81)」(824 F. 2d at 1152-53)。

　「議会は，112条のなかで，なにが"安全"かの決定は，常に科学的不確実性を刻印され，それゆえEPA長官に対して"十分な余裕のある安全領域"を確保するであろう排出基準を定めるよう促したことを認めている。この文言は，EPA長官に対し，科学的不確実性を考慮し，そしてその不確実性に照らし，いかなる行動がなされるべきかを決定するために専門的裁量を行使すること許すものである。"十分な余裕のある安全領域"を確保する基準の設定をEPAに要求することにより，議会は，危険の範囲が最終的に確認される前に，危険に対して保護する権限をEPA長官にあたえ，実際はそれを命じたのである（EDF v. EPA, 598 F. 2d at 83)。"十分な余裕のある安全領域"という指令のもとで，EPAの基準は，よく知られたリスクだけではなく，公衆の健康および環境に対する不完全にしか理解されていない危険に対して保護するものでなければならない（Hercules, 598 F. 2d at 104)」(Id. at

1165)。

⑮ **Natural Resources Defense Council, Inc. v. EPA, 902 F.2d 962（D.C.Cir. 1990）**（オゾン・粒子状物質事件）

1987年7月，EPA が CAA109条(a)および(b)に基づき決定したオゾンおよび粒子状物質の NAAQS を改正する規則を産業界および NRDC が争った事件である。裁判所は EPA の判断の大部分を適法なものとし，産業界の主張をすべて退けたが，NRDC の主張についてはその一部認め，酸性降下物に関する NAAQS 第2次基準を定めるにあたり，「視界の障害」を考慮しなかった理由の説明を命じた。判決は，まず司法審査基準（standard of review）を提示する。

「粒子状物質の第1次基準および安全領域の"十分さ"を審査する中で，当裁判所は，"科学のフロンティアにおいて，行政機関の特別の専門領域における予測"を審査している。New York v. EPA, 852 F.2d 574, 580 (D.C.Cir.1988). かかる環境で，われわれは，それが合理的であるかぎり，決定的とはいえない証拠に対する行政機関の解釈を尊重しなければならない。そして本件のごとく法律がその性質において"予防的"であり，証拠が"不確実または対立しており"，"規則が公衆の健康の保護をめざしている"場合，裁判所は"原因と結果の厳格な段階ごとの証明を要求するつもりはない"。Ethyl Corp. v. EPA, 541 F.2d 1, 28 (D.C.Cir.) (en banc). "EPA 長官は，疑いのある，しかし完全には証明されない事実関係，事実の大勢，不完全なデータからの理論的推定，未だ「事実」であるとの確証のない試験的・中間的なデータ，その他から結論を引き出すために，彼の専門性を応用できる"。Id. しかしながら，われわれは行政機関が"いくつかの信頼できる証拠からの合理的推定"に基づき合理的決定をしたことを確認するするために，記録を注意深く審査しなければならない。NRDC v. Thomas, 805 F.2d 410, 432 (D.C.Cir.1986)」（902 F.2d at 968）。

「EPA 長官は，1立方メートルあたり 50 マイクログラムが明確で唯一の適切な基準となる最終的な研究の成果から生じたものではないこ

第2章　アメリカにおける予防原則の発達

とを認めている。しかし，かかることは要求されていない。EPA長官
は十分な安全領域を確保することを求められる。そして"安全領域を
設定するにあたり，EPA長官はすでに知られた健康への危険を規制す
る必要があるだけではなく，十分な安全領域をたっぷりと定めること
により，過剰な保護の側に誤ることができる"。American Petroleum
Inst. v. Costle, 665 F.2d at 1186. 選ばれた水準は（いくつかの文書に）
合理的な根拠がある唯一のものではないことがある。しかし，いくつ
かの研究が低いレベルの領域においてさえ健康への脅威を指摘してい
るような場合に，当裁判所が，選択されたレベルは疑わしい証拠の不
合理な解釈の結果であるとの結論を下すことができないことは確かで
ある。……記録に基づく証拠が，（EPA長官の結論とは一致しないが）
別の結論を支持しうるということは，EPA長官の決定が合理的で記録
により支持されると裁判所が結論付けることを妨げるものではない」
(Id. at 972)。

⑯　Pacific Northwest Venison v. Smitch, 20 F.3d 1008(9th Cir.
1994)

　1991年1月，ワシントン州野生生物省は，ムフロンシープを含む
有害外来生物の輸入，保持，所有，繁殖，売却，譲渡または放出を禁
止する規則を制定した。さらに翌年，同省はダマジカおよびニホンジ
カを有害外来種に追加するとともに，エルクを含む（牧場などで管理
されている）特定の在来野生生物の輸入等を禁止する緊急規則を制定
した。そこで太平洋岸北西部シカ肉生産組合などが，これらの動物の
輸入禁止等の差止めを求めて出訴した。第一審裁判所は，規則は合衆
国憲法第1編8節3項の州際通商条項に違反しないが，州は原告らの
意見を十分に聴取しておらず，原告らの手続的適正手続権利を侵害し
たとの理由で規則を違法とした。原告らは，規則の州際通商条項違反
を主張し，第9巡回区連邦控訴裁判所に控訴した。控訴裁判所は訴え
を棄却した。

59

「控訴人が提出した証拠は根拠薄弱であることが決定的である。提案
された代案の効果に関する証拠に争いがあり結論が下せない場合に，
どの専門家の証言を信用するかの決定について，裁判所が野生生物省
の判断を自身の判断で置き換えることは全くもって不適切である。と
くにリスクの範囲が争われている場合，州野生生物省は，過度に予防
的措置をとる側に誤ることが明らかに許される。[Maine v. Taylor,
477 U.S. at 148（前掲⑬判決訳出部分）を一部変更して引用] その代替
案が在来野生生物に対するリスクを除去できるであろうと控訴人が結
論的に証明できた場合にのみ，当裁判所は，安全の側に誤った州野生
生物省の決定をくつがえすであろう。本件においてこのような結論を
下すことができないことは，サマリー判決の記録から明らかである」
（20 F.3d at 1016-1017）。

⑰　全米貨物自動車協会事件：American Trucking Associations
　　v. EPA, 283 F.3d 355（D.C. Cir. 2002）（差し戻し後の控訴裁判所
　　判決）

オゾンおよび粒子状物質のNAAQS改正をめぐっては，これまで
も激しい法廷闘争がくり広げられてきたが（⑭⑮事件），本件では
EPAが1997年7月に公布したオゾンおよび粒子状物質のNAAQS
を改正する規則が産業界の標的となった[56]。

---

(56)　本事件については，Christopher McGrory Klyza & David J. Sousa,
　　American Environmental Policy: Beyond Gridlock 156-161(updated &
　　expanded ed., 2013); Christopher H. Schroeder, The Story of American
　　Trucking: The Blockbuster Case that Misfired, in Lazarus & Houck eds.,
　　supra note 26, at 332; Richard J. Pierce, Jr., The Appropriate Role of Costs
　　in Environmental Regulation, 54 Admin. L. Rev. 1237(2002) に，詳細な紹介
　　と分析がある。シュレーダーによると，本事件は「実業界および産業界上訴
　　人が，1970年CAA改正法の中心をなす特質に正面攻撃を仕掛けた」
　　(Schroeder, id at 332) ものであり，クライザ・スーザによると，「企業は本
　　判決において，大気質政策を抜本的に変更するという試みに最終的には失敗
　　したが，連邦議会においてそれを追求する以上に，裁判所において目的を達
　　成する一歩手前までいった」のであって，「共和党が任命した裁判官で溢れ

60

第2章　アメリカにおける予防原則の発達

　本件の真の争点は，⑪鉛工業協会事件と同じく，EPA は NAAQS
の設定・改正にあたり規制によるコストを考慮する義務があるかどう
か に あ っ た。 連 邦 最 高 裁 判 所（Whitman v. American Trucking
Associations, 531 U.S. 457（2001））は，CAA の条文は，EPA に対して
「公衆の健康を保護するのに必要な」大気質基準を「十分な安全領
域」をもって定める（42 U.S.C.§7409(b)(1)）ことを命じており，費用
の検討を明瞭に排除している（531 U.S. at 471）と述べた。しかし最高
裁判所判決を含め，事件の詳細は，続刊〔アメリカ環境法入門3〕で
別途検討することを約し，ここでは差戻し後の控訴裁判所判決の一部
を引用するにとどめる。

　　「当裁判所は，CAA および控訴裁判所の先例は個々の NAAQS の選
　択を判断する基準を定量的に記述することを要求していることを認め
　るが，EPA は "NAAQS を確定するときには常に公衆の健康を保護す
　るために十分と考えられる安全性に対するリスクの分量（計量）を証
　明" しなければならないという申立を明確に拒否してきた。かかる
　ルールは，EPA が，そこより生じるすべてのリスクを完全に理解する
　ことなくして，またそれまでは有害汚染物質を規制せずに放置するこ
　とを余儀なくし，EPA 長官は注意深い側に誤るという CAA の要求を
　妨げることになる。法律は，汚染物質のリスクがたとえ定量化でなく
　ても，またはその性質もしくは程度が正確に特定できなくても，保護
　のための NAAQS 第1次基準を設定することを EPA に要求している」
　（283 F.3d at 369）。
　　「当裁判所が従前述べたように，EPA は NAAQS の設定に先立ち，
　汚染物質の正確な "安全レベル" を特定したり，汚染物質のリスクを
　正確に定量化したりする義務はない。むしろ，本件でそうしたように，
　EPA は利用できる証拠とその避けることができない科学的不確実性を
　考慮し，それがいかなるものであれ，十分な安全領域を保って公衆の
　健康を保護するのに必要かつ十分と思われるレベルに NAAQS を設定

　　かえった裁判所という別の通路が，政策の変更を達成するためのもっと良い
　　場所であることが明らかになった」（Klyza & Sousa, id. at 161）のである。

61

することによって，注意深い方に誤らなければならない」(Id. at 378)。

⑱　**Massachusetts v. EPA, 549 U.S. 497(2007)**

　近時の環境訴訟のなかでもっとも良く知られた事件で，環境保護団体および複数の州政府が，温室効果ガスの規制に消極的な W・ブッシュ政権下の EPA を被告として，(1) EPA が CAA202 条(a)(1)のもとで新車からの温室効果ガスの排出を規制する権限を有することの確認，および(2) EPA が同権限を適切に行使しないことの違法を争ったものである。

　スティーヴンズ裁判官の法廷意見（5 対 4）は，温室効果ガスはEPA が規制権限を有する「大気汚染物質」に該当することを認め，EPA に対して，これら排出ガスが「公衆の健康および福祉を危険にさらすことが合理的に予測されうる」という規制開始要件に該当するかどうかを，合理的な説明が可能な根拠に基づき再検討することを命じた[57]。

　判決は予防原則に直接には言及していないが，以下の判示部分が注目に値する。とくに最高裁が（脚注においてではあるが）エチルコーポレーション事件（⑥）に言及したことは，ライト裁判官の法廷意見が最高裁判決に組み込まれ，先例としての地位を確固たるものにしたことを意味する。

---

[57]　本事件については，おびただしい数の評釈やコメントがある。本判決では，(1)(2)の先決問題として，訴訟当事者の原告適格の有無が大きな争点となっているが，ここでは(1)(2)を詳しく論じたものとして，Robert V. Percival, Massachusetts v EPA: Escaping the Common Law's Growing Shadow, 2007 Sup. Ct. Rev. 111; Lisa Heinzerling, Climate Change and the Clean Air Act, 42 U.S.F. L. Rev. 111 (2007); Jason Scott Johnston, Climate Change Confusion and the Supreme Court: The Misguided Regulation of Greenhouse Gas Emissions under the Clean Air Act , 84 Notre Dame L. Rev. 1 (2008) を掲げておく。

第 2 章　アメリカにおける予防原則の発達

「CAA202 条(a)(1)の 1970 年バージョンは，より保護に厚い "公衆の健康または福祉を危険にさらすことが合理的に予想されうる" という文言ではなく "公衆の健康または福祉を危険にさらす" という文言を用いている。議会は，CAA および "世の常識は，規制者が損害がさもなくば不可避であることが確実であると言いかねる場合であっても，損害を防止するための規制的行動を要求している" と判示した Ethyl Corp. v. EPA, 541 F. 2d 1, 25（D.C.Cir. 1976）（en banc）（前掲⑥判決）を支持（同意）するために，202 条(a)(1)を 1977 年に改正した」(549 U.S. at 506 n.7)。

「EPA が危険性の認定をした場合，CAA は EPA に対して新車からの有害汚染物質の排出を規制することを要求している。……CAA の明確な文言のもとで，EPA がそれ以上の行動を回避できるのは，温室効果ガスが気候変動に寄与していないと判定した場合，またはその判断をするかどうかについて裁量を行使できないか，または行使しない理由について合理的な説明ができる場合のみである」(Id. at 533)。

「EPA は，気候変動を取り巻くいろいろな特徴の不確実性を指摘し，それ故に現時点で規制しないことが得策であると結論付けることによって，その法律上の義務を回避することはできない。もし科学的不確実性が非常に重大であり，EPA が温室効果ガスが気候変動に寄与しているかどうかの合理的な判断をすることを不可能ならしめるのであれば，EPA はその旨を述べなければならない。いくらかの不確実性が残ることを理由に，EPA は温室効果ガスを規制しない方が好ましいというのは的はずれの議論である。法律上の問題は，危険性の認定をするのに十分な情報が存在するかどうかである。要するに，EPA は温室効果ガスが気候変動を引きおこすか，またはそれに寄与するのかの決定を拒否したことについて，合理的な説明をしていない。したがって，その行動は専断的・恣意的であり，さもなくば7607 条(d)(9)に違反する」(Id. at 534)。

⑲　Coalition for Responsible Regulation, Inc. v. EPA., 684 F.3d 102（D.C. Cir. 2012）

⑱判決をうけ，オバマ政権下の EPA は，2009 年 12 月から 2010 年

63

6月にかけて一連の温室効果ガス関連規則を制定した。それらは，(1)温室効果ガスが前記「公衆の健康および福祉を危険にさらすことが合理的に予測されうる」という要件に該当する旨の「危険性の認定」，(2)乗用車および軽トラックの排気ガス基準を定める「排気管規則」，(3)主要温室効果ガス固定排出源に対し建設・操業許可の取得を求める規則（ただし，当初は最大規模の施設にのみ適用）からなっていた。そこで規制に反対する複数の州や産業界が，これらすべての規則の違法を争い，おびただしい数の訴訟を一斉に提起した。

　コロンビア特別区巡回区連邦控訴裁判所は，原告らの主張をすべて否定し，(3)括弧書き部分については，州および産業界の原告適格も否定した。この判決は，EPAが温室効果ガス固定排出源に対する許可システムを維持し，さらにEPAがCAAのもとで温室効果ガスを規制できるという最高裁判所の認定を支持し，さらに拡大したことで，環境側（EPA，温暖化対策を推進する州，およびそれを支援する環境団体）の完勝であった[58]

　本書にとって重要なのは，3人裁判官パネル（全員一致）が，先例としてライト裁判官が執筆した2つの判決（⑥エチルコーポレーション事件と⑫鉛工業協会事件）を随所に引用し，次のような明快な判断を示したことである[59]。

---

[58]　Laura King, Changing Climate Unchanging Act, Improvising Agency, Enabling Court: The Story of Coalition for Responsible Regulation v. EPA, 37 Harv. Envtl. L. Rev. 267, 267-268, 282 (2013). オバマ政権のこの時期の温暖化対策の内容は，太田宏『主要国の環境とエネルギーをめぐる比較政治』327-350頁（東信堂，2016年），大坂恵里「アメリカにおける気候変動訴訟とその政策形成および事業者行動への影響（二・完）」東洋法学56巻2号4-8頁（2013）に詳しい。

[59]　パネルは，センテール，ロジャース，タテールの各裁判官からなる。センテールはレーガン大統領が任命した保守派の長老，他の2名はクリントン大統領が任命したリベラル派である。

第 2 章　アメリカにおける予防原則の発達

「企業者原告は，EPA が危険の認定を支持するために集めた実体的文書について文句をつけていない。むしろ原告は，文書による証拠はあまりに不確実なので判断を支持できないと主張する。しかし，いくらかの不確実性の存在は，それだけでは危険性の認定の無効事由となるものではない。もしも法律が"その性質において予防的"であり，"公衆の健康の保護をめざしており"，"それが科学的知見のフロンティアにあるために，関連する証拠が入手困難であり，不確実もしくは対立している"ような場合，EPA は，危険の認定を支持するために"原因と結果の厳格な段階ごとの証拠"を提供する必要はない。Ethyl Corp. v. EPA, 541 F.2d 1, 28（D.C. Cir. 1976）. 当裁判所が以前に述べたごとく，"確実性を待つことは，しばしば未然防止的規制ではなく，対処的な規制のみを許すことになるだろう"。

議会は CAA 202 条(a)を制定した際に，EPA を是正的（レメディアル）規制に限定していない。この条項は，EPA が，争点となっている大気汚染が"公衆の健康または福祉を危険にさらすことが合理的に予測されうる"42 U.S.C. § 7521（a)(1)と決定した場合には，新たな排出基準を制定することを EPA に命じている。この文言は，CAA の"予防的および未然防止的な方針"に適合し，特定の大気汚染物質のリスクに関する予防的で，先を見通した科学的判断を要求している。Lead Indus. Ass'n, Inc. v. EPA, 647 F.2d 1130, 1155（D.C. Cir. 1980）.

EPA に対して，温室効果ガスを規制する前に，公衆の健康または福祉の"確実な"危険を認定するよう要求することは，議会が 202 条(a)により EPA に与えた職務を遂行することを実際上妨げる（本書 55 頁 6 行目〜13 行目を引用）」(684 F. 3d at 121-122)。

「CAA202 条(a)(1)の文言は，EPA が危険性の認定の一部として正確な数値的評価を設定することを要求していない。正反対に，CAA202 条(a)(1)の調査は，必然的に危険に対するケース・バイ・ケースで変動に適応したアプローチを必要とする。というのは，"危険は固定した損害の確率では定められず，リスクと損害または確率と大きさの相関的要素で構成されているからである"。Ethyl, 541 F.2d at 18. EPA は，大気汚染物質が危険かどうかを判定する前に，リスクまたは損害の最低限の閾値を証明する必要はない。EPA は，"より大きな損害の小さなリスク……またはより小さな損害の大きなリスク"またはその中間

65

の組合せに基づき，危険性の認定を根拠付けることができる。Id. エチルコーポレーション事件判決は教訓的である。(同判決56-57頁を引用) 当裁判所は，特別の危険性の"閾値"が示されていないにもかかわらず，定量的なアプローチを使用したEPAの危険性の認定を支持したのである」(Id. at 122-123)。

4　中間まとめ──アメリカ環境法と予防原則の役割

本章では1970年～90年頃までのアメリカの法制度や判決例を回顧し，そのなかで予防原則や予防的要素がどのように扱われてきたのかを見てきた。ここで，これらの動きを一度要約しておこう。

第1に明らかなことは，アメリカにおいては，環境立法(個別の条項)，控訴裁判所判決，FDAやEPAの行政的判断などのなかに，予防的な視点をうかがわせるものが相当数みられる。しかし，それらは個別の条文やその解釈・適用にとどまっていることである。

ホワイトサイドは，「合衆国政府が，最近の歴史のある時点でいくつかのリスクをいかに慎重に扱ってきたとしても，予防はせいぜい"優先事項"(preference)または"アプローチ"にすぎなかった。このことは，予防的ロジックは，時折，立法者，裁判官および行政官をとらえはしたが，それはケース・バイ・ケースの基準で適用され，同類の事件における一貫性にはほとんど関心が払われず，それを正当化するための体系的努力もなされなかったことを意味する」，その結果，「合衆国法さらにはより一般的に政治的議論における明確な予防原則の欠如は，これらの変化(1990年代における環境政策の後退・畠山)に対する反撃の開始を困難にし，あるいは規制レジームにおける力点の転換を気づかせることさえ困難にした」[60]という。

───────────────

(60)　Whiteside, supra note 5, at 69. さらにホワイトサイドによれば，「合衆国の予防原則は，つねに場限り的，裁量的なものであった。政策は，微妙な調整，先例のゆるやかな蓄積，競合する考慮事項の実利的な衡量を通して形成される。したがって予防が支持される確固たる見込みがないが故に，その性

第2章　アメリカにおける予防原則の発達

　第2は，個別の条項が予防的観点を示唆した場合においても，実際には，予防的法執行を妨げる多数の要因が働いたことである。法律は規制行政機関が規制基準を実際に設定する際に，経済的コストや技術的実行可能性を考慮すること，さらに基準を具体的に適用するにあたり，「重大なリスク」や「不合理なリスク」の存在を証明することなどを求めていた。したがって，予防的法律といえども，その遵守コストが高く，技術的な観点から実行可能性が疑われる場合には，執行が大幅に修正されていたのである[(61)]。

　第3は，1980年代以降のアメリカにおいては，70年代型の環境法が予防的観点を強調し健康ベースの規制に偏っているという批判が高まり，予防原則が非科学的で非効率的な規制の元凶であるかのごとき批判に曝され続けたことである。この点は重要なので，第3章3で詳しく述べることにしよう。

　第4に，予防的法規に対する裁判所の姿勢については，異なる解釈が可能であろう。なるほどベンゼン事件最高裁判決によって，「重大なリスク」については，リスクの閾値を示すことが必要であり，そのためにはリスク評価が必要であるという判断が示された。しかし，そ

────────────

　質において非予防的な場限り的・裁量的政策が規制レジームに適合していたようにみえる」（Id. at 70）のであった。

(61)　これらの問題をCAA112条の解釈・適用プロセスについて詳細に検証したのが，John P. Dwyer, The Pathology of Symbolic Legislation, 17 Ecology L.Q. 223(1990) である。「112条がもちうる影響が明確になるにつれ，EPAは"十分な安全領域"判定基準を取り扱うための二重戦略を徐々に発展させた。第1は，排出基準を発布するにあたり経済的・技術的要素を考慮することを許すように条文を解釈することによって，実質的に112条を上書きすることであった。第2は，汚染物質を登録し，排出基準を採用するための煩雑な意思決定プロセスを設けることによって，（法執行の）実質的な遅延を余儀なくさせたことである。この第2の戦術は，規制上の難しい選択や，野心的または好みに合わない立法上の指令に直面したときに，問題を長々と"検討する"というEPAのやり方を反映したものである」（Id. at 251-252）。

の後の判決は，科学的に不確実な判断については，リスク評価を経由
するだけで良しとはしていない。むしろ，（すでに指摘したように）最
近の気候変動訴訟においては，ライト裁判官が，約40年前のエチル
コーポレーション事件判決（⑥）において示した「予防的法律」の解
釈・適用方法についての判断が，不確実の度合いがより強度で広範囲
な気候変動問題を議論するなかで，再評価（復権）されつつあるとい
える[62]。

　ただし，裁判所も一枚岩ではない。「環境規制の英知をめぐるイデ
オロギー上の分裂が合衆国裁判所のなかに依然として根を張って」お
り[63]，「新たに誕生した活動的な裁判官が，法的詭弁，手続的屁理屈，
それに科学的な推測を利用して，連邦規制機関に対する，断固とした，
そして大部分は巧くいく戦争を遂行中」[64]だからである。「連邦議会
と同様，裁判所でも予防的規制の反対者と支持者の間の拮抗した分裂
が続いている」[65]のである。

---

(62)　Robert V. Percival, Risk, Uncertainty and Precaution: Lessons from the
　　History of US Environmental Law, U. Md. Legal Studies Research Paper
　　No. 2013-71, at 18-21(2013).「エチル判決は，それが地球規模の環境政策の
　　重要課題になるはるか以前に予防原則を支持した点で，依然として環境法に
　　おける記念碑である。判決は，健康への悪影響が実際に発生するという確定
　　的な証拠がなくても，ある物質への暴露が健康を危険にさらすことができる
　　ことを示す“決定的ではないが示唆に富む多数の調査研究の結果に基づき”，
　　予防的な規制が可能であることを確立した。また判決は，科学的証拠の重要
　　性を評価したEPA長官の判断を審査するにあたり，裁判所はそれを尊重す
　　べきことを示したのである」(Id. at 19)。

(63)　Id. at 25.

(64)　Steven Pearlstein, The Judicial Jihad Against the Regulatory State,
　　Washington Post, October 13, 2012, http://www.washingtonpost.com/
　　business/d9eb080c-13ca-11e2-bf18-a8a596df4bee_story.html.(last visited
　　Feb. 10, 2018).「この戦略が，コロンビア特別区巡回区連邦控訴裁判所ほど，
　　より強烈に追求され，より効果的に成功したところはなかった」(Id.)。

(65)　Pervival, supra note 62, at 30. パーシヴァルが反環境保護を標榜する判
　　決としてあげるのは，Corrosion Proof Fittings v. EPA, 947 F.2d 1201 (5th

第2章　アメリカにおける予防原則の発達

　結局，アメリカ環境法への予防原則の取り込みは，一部の法律や施策に先駆的な取組みが見られるものの，法制度上の制約や政治的・社会的要因にブロックされて十分な発展をみなかった。しかし，1970・80年代を通して予防原則が国内法制に十分に浸透しなかったのは，ヨーロッパ諸国においても同じである。むしろ重要なのは，1980年代後期から1990年代初・中期にかけて，ヨーロッパ諸国で予防原則をめぐる議論が本格化するなかで，アメリカの政策担当者，議会，学界などがそれにどのように対応したのかということである。そこで章をかえて，この問題を議論しよう。

Cir. 1991)（前書91頁），FDA v. Brown & Williamson Tobacco Corporation, 529 U.S. 120（2000）（タバコは，FFDCA の規制対象である "薬物配布手段" に該当しない），North Carolina v. EPA, 531 F.3d 896（D.C. Cir. 2008）（EPA は，発電所から排出される二酸化イオウおよびチッソ酸化物の排出権取引を実施し，各州内の発電所数に応じてキャップを割り当てる権限を有しない），EME Homer City Generation, L.P. v. EPA, 696 F.3d 7（D.C.Cir. 2012）（風下州の大気汚染への影響を考慮し，より厳しい SIP の実施を求める EPA の規則は無効。ただし，EPA v. EME Homer City Generation, L.P., 134 S. Ct. 1584（2014）は同判決を取り消した），Business Roundtable v. SEC, 647 F.3d 1144（D.C. Cir. 2011）（取締役会の株主推薦候補のための代理投票アクセスを拡大する SEC 規則は，厳格な費用便益分析の要件を満たしていない）である。

第3章　予防原則をめぐるアメリカとEUとの対立

1　国際法における予防原則の登場

これまでの検討によると，アメリカ法には「予防的法律」，「予防的措置」，「疑わしきは安全の側へ」などの観念はあったが，それは立法や政策的判断のなかに時折姿を現すにすぎず，一般性や共通性（一貫性）がある法原則や法理論にまで高められたものとはいえなかった。

こうした中で，1980年代後半になって，EU[1]を中心に国際環境法の領域で「予防原則」への関心がにわかに高まり，それが各国の環境法や環境政策に大きな影響をあたえた[2]。さらに2000年代に入ると，国際法分野における議論に触発され，世界各国で予防原則の沿革，内容（定義），適用条件，法的効果（規範性）などをめぐる議論が噴出することになった[3]。

---

(1)　現在のEU（欧州連合）は，1958年発足時はEEC（欧州経済共同体）と称したが，マーストリヒト条約（1993年発効）による改正によってEC（欧州共同体）となり，リスボン条約（2009年発効）による改正によってEUと呼ばれることになった。しかし，本書では全体をとおしてEUという表記を用いた（ただし若干の例外がある）。

(2)　国際法における予防原則の発展に関しては多数の文献があるが，ここでは，本書4頁注(2)掲記の文献のほかに，Patricia Birnie & Allan Boyle, International Law and the Environment 152-164(3d ed., 2009); バーニー・ボイル（池島大策ほか訳）『国際環境法（第2版）』140-150頁（慶應義塾大学出版会，2007年），水上千之「予防原則」水上千之・西井正弘・臼杵知史編『国際環境法』214-222頁（有信堂高文社，2001年），松井芳郎『国際環境法の基本原則』102-145頁（東信堂，2010年）などを参照されたい。

(3)　予防原則に関する詳細な文献リストは，Jonathan B. Wiener, Michael D. Rogers, James K. Hammitt & Peter H. Sand eds., The Reality of Precaution: Comparing Risk Regulation in the United States and Europe 557-565(2011);

本章では，アメリカ政府，議会，さらに学界が，これら諸外国の動向にどのように対応したのかを明らかにする。そのため，引用文献や参照文献も，基本的にアメリカ国内の研究者やアメリカ国内で公刊された著書・論文に限定したことをお断りしておきたい（はしがき参照）。

(1) アメリカが野生動物保護の旗振り

ところで，後に述べるように，1990年代のアメリカはその反環境保護的な姿勢ゆえにしばしば国際的な批判をあびるが，1970年代のアメリカは，国際舞台においても予防的な環境保護の先導役であった。たとえば，ワシントン条約（絶滅のおそれのある野生動植物の種の国際取引に関する条約：CITES）を取り上げてみよう。

合衆国の国内法である「1969年絶滅のおそれのある種の保全法」は，その前身である「1966年絶滅のおそれのある種の保存法」の欠点を是正するための規定をいくつかおくとともに，内務長官と国務長官に対して，「絶滅のおそれのある種の保全について拘束力のある国際条約を締結するための国際閣僚級会議の開催を要求する」という規定をおいた。この議会の指示に基づき，1973年3月2日，アメリカが主催しワシントンで国際会議が開催された。そこで採択されたのがCITESである。CITESは，絶滅のおそれのある野生動植物種の国際取引（のみ）を規制した条約であり，1969年保全法が期待したような

Kerry H. Whiteside, Precautionary Politics: Principle and Practice in Confronting Environmental Risk 161-178 (2006); Daniel Steel, Philosophy and the Precautionary Principle: Science, Evidence, and Environmental Policy 234-253 (2015) などにみられる。Dayna Nadine Scott, Bibliography: The Precautionary Princip (2003), www.cela.ca/publications/bibliography-precautionary-principle (last visited Dec. 15, 2017) も，2003年頃までの文献を網羅する。邦語文献では，高村ゆかり「国際法における予防原則」植田和弘・大塚直監修／損保ジャパン環境財団編『環境リスク管理と予防原則』177-179（有斐閣，2010年），大塚直「予防原則の法的課題——予防原則の国内適用に関する論点と課題」同前325-328頁が文献にも詳しい。

第3章　予防原則をめぐるアメリカとEUとの対立

包括的条約ではなかったが、絶滅に対して脆弱な種をいくつかのカテゴリーに区分し、それに応じて異なる規制措置を定めたことによって、諸外国に対して国内法整備の範となるコンセプトを示したという点で、大きな革新であるとされている(4)。

　すなわちCITESは、条約による規制の対象を付属書Ⅰ～Ⅲに区分し、付属書Ⅰに、「絶滅のおそれ（threatened with extinction）のある種であって取引による影響を受けており又は受けることのある（may）もの」を、付属書2に「現在必ずしも絶滅のおそれのある種ではないが、その存続を脅かすこととなる（may become so）利用がなされないようにするためにその標本の取引を厳重に規制しなければ絶滅のおそれのある種」を掲げる。「現在必ずしも絶滅のおそれのある種ではない」という表現は明らかに事前の予防措置を前提としたものである。さらに「おそれ」、「受けることのある」、「脅かすことになる」などの文言は、いずれも不安定・不確定な判断要素を含んでおり、「絶滅のおそれ」の完全な証明まで求めるものではないと解することも可能である(5)。

---

(4)　畠山武道『アメリカの環境保護法』355頁（北海道大学図書刊行会、1992年）、Michael J. Bean & Melanie J. Rowland, The Evolution of National Wildlife Law 197(3d ed. 1997); Birnie & Boyle, supra note 2, at 685; バーニー・ボイル（池島ほか訳）・前掲（注2）711頁。

(5)　Theofanis Christoforou, The Precautionary Principle, Risk Assessment, and the Comparative Role of Science in the European Community and the US Legal Systems, in Green Giants? Environmental Policies of the United States and the European Union 23 (Norman J. Vig and Michael G. Faure eds., 2004) は、CITESを予防原則の例として掲げ、「これは、合衆国が、もしも科学的不確実性がある場合の行動の基礎として予防原則に明示的に言及した」ものであるという。なお、第9回締約国会議（1994年）は予防原則を決議し、「科学的不確実性を種の保存にとって最善の利益となるように行動することを回避する理由として用いるべきではない」ことに合意した（バーニー・ボイル（池島ほか訳）・前掲（注2）145頁注279。なお本書14頁（注16）を見よ）。Barnabas Dickson, The Precautionary Principle in CITES: A

また，付属書Ⅰに掲げる種の標本は取引が禁止され，輸出入国の科学当局が標本の輸出入が「当該標本にかかる種の存続をおびやかすことにならない」と助言した場合にのみ例外が認められる。この規定は，絶滅のおそれのある種の取引にあたり，「種の存続をおびやかすことにならない」という証明を輸出入国に求めた範囲で「絶滅のおそれ」の証明責任を輸出入国に転換した規定ともいえる。

(2) アメリカがオゾン層の予防的保護を先導

　しかし，アメリカが予防原則ないし予防的観点に立って世界の環境政策をリードした実例としてだれもが掲げるのが，オゾン層保護のための規制であろう。「オゾン層の保護のためのウィーン条約」（1985年）および「オゾン層を破壊する物質に関するモントリオール議定書」（1987年）が締結されるまでの経過については，シュラーズやサンスティーンの著書に詳細な記述があるので，ここでは，ごくごく概要のみを記すにとどめる[6]。

　さて，クロロフルオロカーボン（CFC：通称フロン）は，もともと冷蔵庫の冷媒として使われていたが，その後スプレー缶の噴射剤とし

Critical Assessment, 39 Nat. Resources J. 211, 225-228(1999) は，「1994年の CITES 第9回締約国会議は明確に予防原則を支持したが，CITES はそれよりはるか以前より暗黙のうちに予防的であった」という。

(6)　リチャード・E・ベネディック（小田切功訳）『環境外交の攻防 オゾン層保護条約の誕生と展開』（工業調査会，1999年），シャロン・ローン（加藤珪・鈴木圭子訳）『オゾン・クライシス』（地人書館，1991年）は，いずれも問題発現から国際交渉までの内幕を詳細にたどった大著である。そのほか，ミランダ・A・シュラーズ（長尾伸一・長岡延孝監訳）『地球環境問題の比較政治学』97-111頁（岩波書店，2007年），Cass R. Sunstein, Worst-Case Scenarios 76-85(2007); キャス・サンスティーン（田沢恭子訳・齋藤誠解説）『最悪のシナリオ 巨大リスクにどこまで備えるのか』84-93頁（みすず書房，2012年），David Vogel, The Politics of Precaution: Regulating Health, Safety, and Environmental Risks in Europe and the United States 120-128 (2012) にも比較的詳しい記述がある。

第 3 章　予防原則をめぐるアメリカと EU との対立

て広く使われるようになり，製造量が飛躍的に増大した。しかし，
1974 年，モリーナとローランドの衝撃的な論文がネイチャー誌上に
公表されたことから，CFC の有害性に関する懸念が高まった。ただし，
モリーナ・ローランドの論文は CFC が成層圏に上り，太陽の紫外線
によって分解され，オゾン分子を破壊する反応性の高い塩素原子を遊
離するということを理論的に予測したものであり，実際に成層圏にお
けるオゾン分子が影響を受けていることを実証したものではなかっ
た[7]。

　その後も，実際にオゾン層の破壊が進んでいることを裏付ける経験
的観測はなく，1980 年代中頃になって，ようやく南極周辺のオゾン
層に季節変化する「穴（ホール）」が存在することが科学者によって
発見された。さらにオゾン層が減少し，地表における超波長の紫外線
UV-B，UV-C が増加すると，人，動植物，プランクトンなどの細胞
機能や DNA に害を及ぼす可能性があることが指摘されるようになっ
たのは，1990 年代に入ってからであった[8]。

　にもかかわらず，アメリカ合衆国の連邦議会は 1977 年 8 月には
CAA を改正し，EPA 長官に，「その成層圏における影響が公衆の健
康または環境を危険にさらすことが合理的に予期しうる場合には，成
層圏とくに成層圏中のオゾンに影響をあたえることが合理的に予期し

----

(7)　ローン（加藤・鈴木訳）・前掲（注 6）24-54 頁が詳しい。「CFCs が地球
　オゾン層を傷つけることがありうるという理論は，純粋に理論上のリスクに
　対応した合衆国の規制政策のなかのもっとも劇的な実例であった」，「ローラ
　ンドとモリーナの研究は，当時は CFCs が実際にオゾン層を破壊するという
　ことを明確に証明するのが不可能であったにも拘わらず，彼らの仮説が理論
　的に正しいことを証明するかなりの数の研究を呼び起こすことになった」
　（Robert V. Percival, Who's Afraid of the Precautionary Principle?, 23 Pace
　Envtl. L. Rev. 21, 63 (2005-2006)）。なお，モリーナ，ローランド（および ク
　ルゼン）は，1995 年にノーベル化学賞を受賞している。
(8)　ジョン・D・グラハム／ジョナサン・B・ウィーナー（菅原努監訳）『リス
　ク対リスク』184-186 頁（昭和堂，1998 年）。

75

うると EPA 長官が判断したすべての物質，実務，工程，活動，また
はそれらの組合せを制御するための規則を提案する」権限を付与し[9]，
EPA は翌 1978 年には，TSCA に基づき，CFC を「必要不可欠では
ない」用途のために噴射剤を使用することを禁止する規則を制定・施
行した[10]。

　さらに 1982 年から 85 年の間に UNEP 作業部会においてオゾン層
保護のための枠組条約に向けた交渉が開始されると，アメリカは，カ
ナダ，スイス，北欧 3 国とともに CFC の追加的な規制にくわえ，ス
プレー缶における副次的な用途をも禁止することを主張した[11]。

　カイザーが簡潔に記したように，「合衆国がオゾン破壊物質の使用
削減のために世界の取組みをリードした際，コンピュータープログラ
ムは，オゾン層の消失の広がりに関するサテライトデータが期待され
た結果の範囲から遙かに隔たっていたことから，その有効性を否定し
た。それにもかかわらず，途方もない潜在的な損害を目の当たりにし，

---

(9)　CAA Amendments of 1977, at § 157 (b), 91 Stat. 730 (1978). 同項は続け
　　て「この規制は，実行可能性および当該のコントロールを達成する費用を考
　　慮しなければならない」と定めている。なお，ベネディック（小田切訳）・
　　前掲（注 6）45 頁参照。

(10)　しかし，国外向けのアピールとは別に，「この規定は結局実質的な実行
　　を伴わず，1990 年に廃止され，新たな規制措置が導入された」(Arnold W.
　　Reitze, Air Pollution Control Law: Compliance and Enforcement 388 (2001))。

(11)　「EC グループは，日本とソ連の支持を受け，この提案に強く反発した」
　　（シュラーズ（長尾・長岡監訳）・前掲（注 6）101 頁）。また「CFCs の国内
　　における生産と消費を一方的に削減するために早くから行動をとってきた米
　　国は，他国が CFCs を使用し続けることによって自国が不利な立場に置かれ
　　ることを望まなかったので，国際的な規制レジームを強く支持していた。EC
　　は最大の生産者グループを代表し，犠牲を伴いうる措置の実施のために自ら
　　を拘束することに消極的であった。加えて EC における幾つかの国は，有害
　　となる影響がまだ証明されておらず，その危険が長期的なものであり憶測に
　　すぎないとして規制に抵抗した」(Birnie & Boyle, supra note 2, at 349; バー
　　ニー・ボイル（池島ほか訳）・前掲（注 2）586 頁）。

第3章　予防原則をめぐるアメリカと EU との対立

合衆国はオゾン層危機の可能性を除去するために重大な経済的費用を引き受け，最後はその他の工業国がアメリカの予防的先導 (precautionary lead) にならうよう説得した」のである[12]。

上記の条約は，いずれも前文で「予防的措置」(precautionary measures) という表現を用いている。すなわち，ウィーン条約前文は，「この条約の締約国は，……国内的および国際的レベルですでにとられているオゾン層の保護のための予防的措置に留意し」と述べ，モントリオール議定書前文は，「この議定書の締約国は，……技術的および経済的考慮をおこないつつも，科学的知見の開発に基づきそれら（オゾン層破壊物質）の除去を最終的目標として，オゾン層を破壊する物質の地球全体の排出量を公平に抑制するための予防的措置をとることによって，オゾン層を保護することを決意した」と宣言している。

上記の条約・議定書では，予防的措置という表現が前文に現れるだけなので，それがどの程度の法的意義をもつのかが明らかではない。しかしバーニー・ボイルは，「1985 年のオゾン層保護条約及びその 1987 年のモントリオール議定書は，おそらく，リオ宣言第 15 原則に見られる形式で，予防原則又は予防的アプローチが適用された最上の例であろう」という[13][14]。

---

(12)　Douglas A. Kysar, Regulating from Nowhere: Environmental Law and the Search for Objectivity 46 (2010).

(13)　Birnie & Boyle, supra note 2, at 157; バーニー・ボイル（池島ほか訳）・前掲（注 2）144 頁。

(14)　しかし，条約締結後の国内実施にむけた合衆国の取り組みはほめられたものではない。ブッシュ政権は，CFC の製造・使用の禁止が企業の負担を増加させ，先進国から途上国への支援措置が今後の環境条約の先例になるとして実施に反対し，1992 年，上院が CFC 規制を加速するエネルギー法改正法案を可決したことから，しぶしぶ方針を転換した（Bernard A. Weintraub, Science, International Environmental Regulation, and the Precautionary Principle: Setting Standard and Defending Terms, 1 N.Y.U. Envtl. L. J. 173, 174-176 (1992)）。

(3) 成長ホルモン牛肉輸入制限をめぐる決定的対立[15]

アメリカ合衆国では，1954 年，つぎに述べる DES（ジエチルスチルベストロール）を含め，数種類の成長ホルモンの使用が承認されたのを皮切りに，その使用量が急速にふえ，今日，すべての肉牛の 3 分の 2，肉牛飼育施設の 90％（大規模施設では 100％）に対して成長ホルモンが使用されているといわれる。成長ホルモンは，より少ない飼料で成長を早めることでコストを削減し，さらに，消費者のダイエット嗜好（脂肪・コレステロール減）に合わせ脂身の少ない赤身を製造できるというメリットがある[16]。

ところで家畜に投与される数種類の成長ホルモンの中で，発がん性が最初に問題となったのが DES である。DES は，デラニー条項に違反する発がん物質であるという理由で 1979 年に若い妊娠女性にに対する投与が全面的に禁止され，さらに家畜への使用も禁止された。しかし FDA は，それ以外のエストロゲン様物質（エストラジオール，トレンボロン，ゼラノールなどの使用は支持し続けた[17]。

---

(15) 以下の記述は，Vogel, supra note 6, at 54-62; 2 Charan Devereaux et al., Case Studies in United States Trade Negotiation: Resolving Disputes 34-43 (2006) に依拠している。邦語文献では，欧州環境庁編（水野玲子ほか訳）『レイト・レッスンズ：14 の事例から学ぶ予防原則』270-272 頁（七つ森書館，2005 年），大竹千代子・東賢一『予防原則——人と環境の保護のための基本理念』141 頁（合同出版，2005 年）が有益である。

(16) Renee Johnson, The U.S-EU Beef Hormone Dispute 1 (CRS Report R40449, Jan. 9, 2017), https://fas.org/sgp/crs/row/R40449.pdf(last visited Dec. 22, 2017); Devereaux et al., supra note 15, at 34-35.

(17) Devereaux et al., supra note 15, at 35-37; Vogel, supra note 6, at 48. 1938 年，英国のドット（Chales Dodd）がエストロゲン（発情ホルモン）に似た作用をもつ DES の合成に成功した。合衆国 FDA は，1947 年に使用を承認したが，その後（詳細は省略するが）新たな知見が公表されるたびに使用禁止と（部分的）禁止解除のジグザグを繰り返し，1972 年に成長促進剤としての使用を禁止し（1974 年に一端解除），1976 年には DES を予防・治療薬として使用する場合の最小検出濃度を定めた。しかし，1979 年になって，

第3章 予防原則をめぐるアメリカとEUとの対立

　他方，ヨーロッパには，1981年にいたるまで家畜成長ホルモンに対する統一的な規制は存在しなかった。ベルギー，ギリシャでは成長ホルモンの使用が一度も許可されず，その後，イタリア（1961年），デンマーク（1963年），ドイツ（1977年）では順次使用が禁止されたが，スペイン，英国，フランス，オランダでは肉牛に対するほとんどすべての成長ホルモンの使用が認められていた[18]。

　しかし1977年，イタリア・ミラノの小学校で3歳から13歳の男児83名と3歳から8歳の女児75人に第二次ホルモン性徴が現れたというニュースが報道され，1979年には，「学校の肉のサンプル試験からは混入したエストロゲンは検出されなかったが，性徴発現の原因として鶏肉または牛肉の無制限な供給が疑われる」との論文が医学誌に公表された。さらに関係者が，生徒はホルモン・インプラントの不適切な挿入により新陳代謝されずに残ったエストロゲンを生徒が摂取した可能性があると示唆したことから，人びとの不安が一層高まった。1980年，イタリアの消費者グループが，DESが混入したフランス産若牛肉を含むベビー・フード3万瓶が発見されたと報じ，さらにマスコミが扇情的な記事を流し続けたことから，EU消費者の間にはDESのみならず，家畜に使用されるホルモン全体の安全性への疑念が噴出することになった[19]。

　フランスのテレビ番組をうけ，フランス消費者ユニオンが若牛肉の

────────────────

　　FDAはDESについて発がん性がないという閾値（最低レベル）を確認できる毒性学的根拠が確認できないという理由でDESの使用承認を取り消した。欧州環境庁編（水野ほか訳）・前掲（注15）270-272頁。

[18]　Devereaux et al., supra note 15, at 37.

[19]　Vogel, supra note 6, at 54-55; Devereaux et al., supra note 15, at 37-38. しかし，その後もDESとイタリア乳幼児の成長異常との間の因果関係について，科学的な証明は確立しなかった。ヴォーゲルは，「イタリア乳幼児への悪影響に関する激しい宣伝が，ウシに用いられたすべてのホルモンの安全性に対する公衆の懸念にまで拡大する"リスク利用可能性カスケード"を創り出した」（Id. at 55. 強調は原文）と評する。

79

ボイコットを呼びかけた。そのため，若牛肉の売り上げはフランスで50％，イタリアでは60％も減少してしまった。ボイコットは英国やベルギーにも拡大し，1980年9月にはEUから資金交付されている欧州消費者連合（Bureau of European Consumer's Union：BEUC）が，若牛肉のヨーロッパ全域におけるボイコットをよびかけるとともに，EU農業大臣理事会にすべてのホルモンの使用禁止を要求した。EU国内の業者は当初ホルモンの使用規制に強く反発したが，消費者の強い声におれざるをえなかった。

　1980年10月，EUコミッションはすべての成長ホルモンを規制する立法を提案したが，EU内外から批判が殺到したため，EC理事会はこれを修正し，1981年7月，最初の指令を発布した（81/602/EEC）。この指令は，一般に有害な影響が確認されていた抗甲状腺薬とスチルベン（1．2ジフエニールエチレン）については成長促進を目的とした使用（以下「成長促進目的の利用」という）を禁止し，家畜の治療および畜産学研究目的のための獣医師によるまたは獣医師の管理のもとでの利用（以下「治療目的等の使用」という）を例外的に認めた。また3つの天然ホルモン（テストステロン，エストラジオール-17β，プロゲステロン），および2つの合成ホルモン（トレンボロンアセテート，ゼラノール）の成長促進目的の使用については，1984年7月1日までに安全性に関する検討を完了することをコミッションに命じ，それまではEC加盟国のそれぞれの国内規制措置のもとで使用の継続を認めることとした[20]。

学術委員会はホルモンの有害性を否定

　1981年指令の指示にしたがい，コミッションは，「動物飼育における同化物質に関する学術グループ」（ラミング委員会）を設置し，WGにヨーロッパで牛に広く使用されている先の5つのホルモンの学術調

---

(20)　Devereaux et al., supra note 15, at 37-40.

査を命じた。1982年9月に公表されたWG中間報告（ラミング報告）の結論は，3つの天然ホルモンについては，適切な条件（健全な畜産方法（practice）と最大残留基準の遵守）のもとで使用されているかぎり，人の健康への影響はみられず，2つの合成ホルモンについては，データが不足しているので，人の健康への影響に関する結論に到達できなかった，というものであった[21]。

そこでコミッションはホルモン論争を終結させるべく，1981年の指令を改正し，3つの天然ホルモンについては加盟各国がそれぞれの国内規制措置に基づき規制することを条件に使用を承認し，2つの合成ホルモンについては，再度リスク評価を実施するという提案をまとめた。

EUの消費者や政治家は全面禁止を強力に主張

しかし，牛成長ホルモンの全面規制を求めるBEUCなどの運動は強力で，まず消費者の意向をうけた欧州議会は，圧倒的多数でコミッションの提案を拒否し，3つの天然ホルモンの全面禁止と（加盟国ごとの規制によらない）EU全域の統一的規制を主張した[22]。さらに理事会も，EU域内のホルモン規制の調整（ハーモナイズ）を求めることを決議し，上記の提案に反対した[23]。

---

(21)　Vogel, supra note 6, at 55; Devereaux et al., supra note 15, at 40; 欧州環境庁編（水野ほか訳）・前掲（注15）272頁，Julian Morris, Defining the Precautionary Principle, in Rethinking Risk and Precautionary Principle 2（Julian Morris ed. 2000）. 1984年と85年には，2つの合成ホルモンについても「消費者に害がない」という結論がくだされた（Vogel, id. at 55, 57）。なお，1988年，WHO・FAOの合同食品添加物専門家会議は，標準的な評価法を用いてラミング委員会と同じ結論に達した（欧州環境庁編（水野ほか訳）・前掲（注15）272頁，280頁）。

(22)　欧州議会は，さらに「EUにおける肉と肉製品は過剰生産であり，CAP（共通農業政策）に多大のコストを付加している」とのべ，成長ホルモン牛の生産が不必要であると主張した（Devereaux et al., supra note 15, at 41）。

(23)　他方で，EUはホルモン規制の調整を急ぐ必要があった。というのは，

1985 年 12 月 31 日，理事会は新たな指令（85/649/EEC）を発布した。この指令は，1988 年 1 月以降，2 つの合成ホルモンは目的を問わず全面的に使用を禁止し，3 つの天然ホルモンについては，家畜の成長促進目的の使用を禁止し，治療目的の利用（注射）に限りこれを認めるというものであった。この指令は英国の提訴をうけた欧州裁判所がこれを無効と判断したことから，改めて 1988 年指令（88/146/EEC，88/299//EEC）として発布され，1989 年 1 月 1 日より施行された（輸入規制措置も同日発効）[24]。

　ラミングら学術グループの有志は声明を発表し，この決定は消費者の無視すべからざる圧力と感情，および当時の食糧供給（牛肉が生産過剰で共通農業政策の多大なコスト増となっていた）を背景にした非科学的理由に基づくもので，科学的証拠を無視する危険な先例になると批判した[25]。しかし理事会は，「ひとに対するホルモン影響の評価は変動し，この違いがその使用を管理する規則に反映されている。……この違いは EU 域内貿易の深刻な障壁となっている」，ホルモン使用の完全な禁止こそが，国ごとの異なる規制により作り出されたヨーロッパ域内貿易のゆがみを解消する最善の方法であると説明し，

　　当時 EU は単一ヨーロッパ市場の形成にむけ非関税障壁の撤去を進めていたが，ホルモン規制措置は統一されておらず，それが EU 域内貿易の障壁となる可能性があったからである。しかも，EU 農民の半数は家畜を飼育しており，EU 域内の牛肉取引量も巨額に達することから，ホルモン論争が噴出する前に共通政策を確立し，問題解決を急ぐ必要があった（Vogel, supra note 6, at 55）。

(24)　Werner Meng, The Hormone Conflict Between the EEC and the United States Within the Contex of GATT, 11 Mich. J. Int'l L. 819, 819-823, 825(1990); Devereaux et al., supra note 15, at 43-44; 欧州環境庁編（水野ほか訳）・前掲（注 15）273 頁。1996 年，これらの指令は指令（96/22/EC）にまとめられ，置き換えられた。同時にプロゲステロンの代用合成ホルモンであるメレンゲ 126 ストロール・アセテート（MGA）が規制対象に加えられた。

(25)　Devereaux et al., supra note 15, at 43.

第3章 予防原則をめぐるアメリカとEUとの対立

この指令を擁護した。ヴォーゲルによれば，「消費者活動家からの圧力と単一市場計画に対する公衆の支持を維持するというEUの利益に照らすと，いくつかの加盟国にその基準を厳しくするよう強制するほうが，その他の加盟国に基準を引き下げるよう強制するよりは，政治的により賢明であった」のである[26]。

しかしアメリカでは事情が大きく異なる。すなわち，アメリカFDAは，牛成長ホルモンについてはリスクフリー（100％安全）という立場をとらず，「重大なリスク」を発現しないかぎりこれを容認するという視点にたっていた。FDAによれば，3つの天然ホルモンは体内で新陳代謝されるので，体内で造成されたホルモンと異なる残留物は見られず，2つの合成ホルモンについても，耐容レベルで利用するかぎり特段の異常は見られなかった[27]。またアメリカの消費者団体は牛成長ホルモンには関心がなく，アメリカがWTOに提訴した際に，若干の団体がEU支持を表明しただけであった[28]。

成長ホルモン牛肉論争と予防原則

EUの成長ホルモン牛肉輸入制限によって，アメリカからEUへの牛肉輸出量は80％も減少してしまった。アメリカは，成長ホルモンが識別できる健康リスクを引きおこすというなんらかの証拠を見いだすことができなかったというEUラミング委員会の判断を引き合いに，EUの成長ホルモン牛肉輸入制限措置には科学的根拠がないと批判した。これに対してEU高官は，「ホルモン製品によって引きおこされる公衆の健康被害は未だ十分に判定されていない。この問題が明確にされるまで，EECは，国内と国外の畜産者を差別することなく，これ

---

(26)　Vogel, supra note 6, at 57-58.

(27)　Janet Shaner, The Beef Hormone Trade Dispute, Harv. Bus. School Case no.9-590-035(Rev.12/89), at 5, cited in Vogel, supra note 6, at 59.

(28)　Vogel, supra note 6, at 61.

らの製品の販売や輸入を禁止する権利を有する」と反論している[29]。ヴォーゲルによると，EU の基本的な立場は，予防原則と WTO 規則が両立することを明確にし，さらに予防原則の国際的な承認をおし進めることであった[30]。

1996 年，アメリカとカナダは，アメリカの飼育方法が安全でない製品を生産しているという主張は科学的根拠がなく，したがって EU の成長ホルモン牛肉輸入制限措置は WTO 規則違反であると主張し，WTO に訴えた。その後の経過は，すでに広く知られているので，ここに詳しく紹介する必要はないだろう。ここでは予防原則に関連する部分のみを紹介する。

1997 年にパネル報告があり，1998 年には上級委員会報告に基づく裁定がくだされた[31]。上級委員会報告は，「十分な科学的根拠」と「適切な危険性の評価」に基づいて加盟国が国際基準などよりも高い保護水準を設定する固有の権利を有することを認めたが，「予防原則は，とりわけ EU の輸入禁止が（SPS 協定 5 条 1 項で求められている）リスク評価に基づいていないというわれわれの判断に優越するものではない」とした。この点で，不確実性をはらむ規制政策にあっては EU と WTO のアプローチを調和させる（国際貿易ルールのなかに予防原則を組み込む）という EU のもくろみは失敗したのである[32]。

---

(29)　Vogel, supra note 6, at 59-60; Meng, supra note 24, at 828-829.

(30)　David Vogel, Trade and the Environment in the Global Economy, in Vig & Faure eds., supra note 5, at 242.

(31)　高島忠義「EC ホルモン牛肉輸入制限について——WTO における自由貿易と健康保護（二）」法学研究 76 巻 3 号 68-70 頁（2003 年），松井・前掲（注2）128 頁，Devereaux et al., supra note 15, at 44-79, 86-88 などを参照。

(32)　Vogel, supra note 30, at 242. アメリカの主張は，「予防的要素（element）は WTO 規則に完全に適合するだけではなく，合衆国規制システムの重要な要素でもある」が，「予防は科学ベースアプローチの一部として実施されなければならず，それに取って代わるものではない」(Id.) というものであった。上級委員会報告は，アメリカ・カナダの主張を承認したように読める。

第3章　予防原則をめぐるアメリカと EU との対立

　しかし上級委員会報告は EU の主張を完全には否定せず，「国際法
における予防原則の地位」という「重要ではあるが抽象的な問題に関
する立場を明確にすることは不必要であるだけではなく，おそらく軽
率であろう」，人を死に至らしめるような回復不可能なリスクが存在
する場合に，「責任ある民主的な政府は，たいてい用心と予防の観点
から行動する」とも述べ，予防原則の適用のための「規定上の明確な
指示」の検討を EU にうながした。

（4）気候変動問題をめぐり決別

　話を 1990 年前後にもどそう。このころになると，ヨーロッパ諸国
においては海洋環境保護を中心に予防原則を導入する動きが加速し，
国連においても，1989 年，UNEP の管理理事会が，「廃棄物の海洋投
棄を含む海洋汚染への予防的な取組方法」を決議し，すべての政府に
対して「予防的行動の原則を採用するように」勧告した[33]。

　しかしヨーロッパ諸国が予防原則の国内法制化に向けて大きく前進
したのに対し，アメリカ国内で「予防原則」への関心が高まる兆候は
なかった。逆に，この頃からアメリカは，はっきりと予防原則に背を
向け始めた。それが顕現したのが，1992 年の「環境と開発に関する
リオ宣言」と「気候変動に関する国際連合枠組条約」であった[34]。

気候変動問題に対するアメリカの基本姿勢

　気候変動問題への関心が世界的に醸成されたのは，1970 年代後半
である。1979 年，ジュネーヴの世界気象機関（WMO）は初めて世界
気象会議を組織し，世界気象研究計画を設けた。この取組みを進めた

---

(33)　松井・前掲（注2）110-111 頁。
(34)　松井・前掲（注2）103-104 頁は，「予防原則を規定するもっとも初期の
　　普遍的な国際文書は，1992 年の UNCED が採択したリオ宣言と，そこで署名
　　に開放された気候変動枠組条約である」という。

のはアメリカであったが[35]，その後の推進役は，ドイツ，オランダ，デンマーク，オーストリアなどの国に交代した。1988 年 6 月，「変化する地球大気に関する第 1 回国際会議」がカナダ・トロントで開催され，さらに 1989 年 11 月，ノルトウェイクで開催された国際閣僚会議では，オランダが地球規模の気候変動を抑制する第一歩として，遅くとも 2000 年までに工業国が CO_2 排出量を安定化させることに合意するとの提案をおこなった。この提案に対して，ドイツ，日本，アメリカはそれぞれ異なる対応を見せた。以下は，シュラーズからの引用である。

　「ドイツのクラウス・トファー環境大臣はつぎのように主張した。すなわち，「今こそ行動すべき時である。たとえわれわれが因果関係と将来の気候変動の行方について明確な科学的確信にまで到達していないとしても，われわれは 2000 年までに CO_2 排出量を安定させる必要があると信じている」，「知見が不足しているからといって，それが世界が何もしなくてもよいことの口実に使われてはならない」とも述べた。
　日本はそのような措置は時期尚早であるとして，アメリカ合衆国，ソ連，中国の側に立った。その会議でウィリアム・ライリー（EPA 長官）は，ブッシュ政権は CO_2 問題を認識しているが，規制が提案される前にいっそうの研究が必要であると信じていると述べた。ジョージ・H・W・ブッシュは，1988 年の大統領選挙の際に「温室効果」に取り組む「ホワイトハウス効果」について語っていた。ところが彼は，1990 年にワシントン DC で気候変動会議を主催し，科学的事実がもっと明らかになるまでは何ら行動を起こすべきではない，と主張したのである。日本政府の対応もよく似ていた」[36]。

第 2 回世界気候会議は，1990 年 10 月 29 日から 11 月 7 日まで，ス

---

(35)　シュラーズ（長尾・長岡監訳）・前掲（注 6）115 頁。なお，以下の説明は，シュラーズ・同前 114-121 頁，Vogel, supra note 6, at 129-137; Sunstein, supra note 6, at 85-101; サンスティーン（田沢訳）・前掲（注 6）93-111 頁などによる。
(36)　シュラーズ（長尾・長岡監訳）・前掲（注 6）115-117 頁。

第3章　予防原則をめぐるアメリカと EU との対立

イス・ジュネーヴで開催された。大多数の国が早急な行動が必要であるという点で一致したが，アメリカは温室効果ガスの排出削減に強く反対した。これに対して英国のサッチャー首相（当時）は，早急に行動すべき強い理由が存在しており，「さらに調査研究が必要であるということは，より必要な現在の行動を免れる口実とすべきではない」と主張した[37]。

　気候変動会議に関する公式の国際交渉は1991年2月に開始された。第1回の国際交渉委員会で合衆国政府は自らの立場を明確にしたが，それは「気候変動の科学は未だ非常に不確実であり，温室効果ガスの原因物質が十分には特定されていない」ので，排出削減の数値目標の設定に反対するというものであった。さらに H・W・ブッシュ政権は，「後悔しない」戦略にのっとって，対策コストが最小で，省エネルギーのような他の問題にも有利となる場合にのみ，地球温暖化対策を進めると述べた[38]。

　H・W・ブッシュ大統領は，排出削減目標値（と実施計画）が枠組条約に含まれるなら地球サミットに参加しないことを表明したが，目標を「個々の国もしくは共同で，人的活動による排出量と，モントリオール議定書では制御されていない温室効果ガスを吸収源によって削減し，1990年レベルにもどす」ものとし，会議で温室効果ガスの排出削減目標値を決定せず，それを各国の判断に委ねるとすることで，

---

(37)　Cameron & Abouchar, infra note 41, at 8 n. 3.

(38)　ベーカー国務長官（当時）によれば，「後悔しない」(no regrets) 政策とは，（根拠が疑わしい）地球温暖化については，「温暖化以外の理由（すなわち経済的な理由）によって完全に正当化され，かつ温室効果ガスに対処するという利点が付け加わるときにのみ，行動をおこす準備をする」というものである（Cameron & Abouchar, infra note 41, at 12）。See also Norman J. Vig, Presidential Leadership and the Environment: From Reagan to Clinton, in Environmental Policy in the 1990s, at 102 (Norman J. Vig & Michael E. Kraft eds., 3d ed. 1997); Weintraub, infra note 44, at 187-189.

87

よううやくブッシュの出席が可能になった[39]。

1992年6月，リオデジャネイロで178か国から代表団が参加し，約2週間をかけて交渉がなされた。その結果，気候変動枠組条約，生物多様性条約，環境と開発に関するリオ宣言などについて合意が成立した。アメリカは気候変動枠組条約に署名し，リオ宣言の採択にも同意した。しかし，生物多様性条約については署名を拒否した。以上の3つには，いずれも予防的アプローチ（または予防的措置）が明記されている（本書8-9頁）。

(5) 米加五大湖水質協定

この頃の合衆国の環境政策の中で，予防原則の適用に関して（例外的に）注目されるのが，アメリカとカナダが締結した「五大湖水質協定」である。

アメリカとカナダは五大湖の水質汚染（とくに残留性複合物質の流入）に悩まされてきたが，1970年代の後半に五大湖水質協定（Great Lakes Water Quality Agreement: GLWQA）を締結し，約100年にわたり国境上の水資源保護に携わってきた国際合同委員会（International Joint Commission: IJC）に対して，水質および水質に対する脅威を調査し，意見を述べるよう命じた。しかし，その後も水質はいっこうに改善されず，現在も米加両国にとって五大湖の水質改善が最優先で取り組むべき課題がであることに変わりはない。

第6回五大湖水質（隔年）報告書（1992年）は，損害が残留性・生物蓄積性物質によって生じていること，さらに従来の環境中の同化能力にたよった化学物質管理がみじめな失敗に終わったことを指摘し，「この戦略は，急性もしくは慢性的損害に関する確固たる科学的証明が一般的に受け入れられるかどうかにかかわらず，すべての残留性有

---

(39)　シュラーズ（長尾・長岡監訳）・前掲（注6）119-120頁。

第3章　予防原則をめぐるアメリカとEUとの対立

害物質は環境にとって危険であり，人の状態を悪化させ，そして，もはや生態系が耐えられないことを認めるべきである」[40]と述べつつ，五大湖生態系からすべての残留性有害物質を除去すべきことを提唱している。

2　予防原則の導入に対する米国学界の（初期の）反応

(1)　国際法学者による紹介がはじまる

これらの動きと前後し，1990年代に入ると，ようやくアメリカでも国際法学者による予防原則の紹介がはじまる。合衆国内でおそらく最初に公表されたのが，ボストン・カレッジ国際・比較法レビューに1991年に登載されたキャメロン（英国）とアボシャー（カナダ）の論稿であろう[41]。

---

(40) Joel Tickner, Carolyn Raffensperger & Nancy Myers, The Precautionary Principke in Action: A Handbook 6 (1st ed. 1999). 後にH・W・ブッシュ大統領により合衆国の代表委員に指名されたダーニル（Gordon Durnil）は，つぎのように証言している。「われわれ委員会が人や野生生物に対するオゾン物質の影響について科学者が知っていることをたずねたところ，彼らは確かなことは何も分からないといった。最後にわれわれは，彼らの広範な経験と観察に基づきなにが起こると信じるのかを科学者にたずねた。これら多様な経歴の科学者がそのとき述べたことが，われわれは，（彼らの「確かなことは何も分からない」という発言にもかかわらず・畠山）これらすべての排出物の除去を試みるために，排出物の影響について十分に知っていることを私に確信させた」（Id. at 6)。

(41) James Cameron & Juli Abouchar, The Precautionary Principle: A Fundamental Principle of Law and Policy for the Protection of the Global Environment, 14 B.C. Int'l & Comp. L. Rev. 1(1991). なお前年（1990年）に，ゲンドリング（ドイツの国際環境法学者）の英語論文（Lothar Gündling, The Status in International Law of the Principle of Precautionary Action, 5 Int'l J. Estuarine & Coastal L. 23, 26 (1990)）が公表されている。これは，ロンドン閣僚宣言（1990年）の内容を検討し，予防的行動の意義，限界，および実施方法のさらなる明確化が必要であることを指摘したもので，予防原則の内容を，「予防的行動はリスクの存在にかかわらず，環境上の影響の軽減

89

この論稿は，第2回北海保護会議ロンドン閣僚宣言（1987年）やベルゲン閣僚宣言（1990年）（本書6-7頁）の紹介から始まり，当時にいたる条約および諸外国の法制度・政策について「生成されつつある法原則としての予防原則の発展」をサーヴェイしたもので，「国際面では，海洋投棄および持続的発展政策の基本として，さらに予防原則が国際慣習法として生成されつつある」とし，「もしこの傾向が続けば，予防原則は国際的，地域的，およびローカルなレベルで，環境保護政策および環境保護法の基本原理となりうるであろう」という楽観的な見通しで結ばれている[42]。

1992年には，つぎの3つの論稿が公表されている。まずロト・アリアザ（UCSF・ヘイスティングス・ロースクール）の論稿は，「予防原則は，国際環境法において急速に中心的役割を果たしつつある」とし，予防原則が貿易と環境に対して有する重要な要素として，(1)抑制（事後の回復）ではなく未然に防止する，(2)将来の汚染者が無害の証明責任をおう，(3)科学的証拠が限られているときは，排出と影響の間の因果関係が証明されなくても規制を正当化するの3つをあげ，「GATTに示されたように，貿易法は予防原則のこれらすべての要素に違反する」としている[43]。

および防止を要求する。……決定的なことは，リスクが閾値に達する前であっても環境上の影響が軽減または防止されるということである。これはリスクが未だ確実ではない，単に可能性が高い（probable），あるいはそれ以下のものであっても，例外なく予防的行動がとられなければならない，ということを意味する」と説明する。また，1991年から94年頃にかけて，表題には示されないが，文中で予防原則に言及するいくつかの論稿が公表されている。詳しくは Fullem, infra note 47, at 497-499 を参照。

(42) Cameron & Abouchar, supra note 41, at 4, 27. ただし，アメリカはベルゲン閣僚宣言（1990年）や第2回世界気候会議において予防原則に強行に反対したことなどから，本文中の「諸外国」には含まれていない。

(43) Naomi Roht-Arriaza, Precaution, Participation and the "Greening" of International Trade Law, 7 J. Envtl. L. & Litig. 57, 60-63(1992).

第 3 章　予防原則をめぐるアメリカと EU との対立

　ワイントラゥブが NYU 環境法レビュー創刊号（1992 年）に掲載し
た論稿（学生論文）は，国際法上の概念としての予防原則の成立過程
について，トレイル製錬所事件（1941 年）からベルゲン閣僚宣言まで
を丁寧にたどり，「予防原則は，少なくとも今日の国際文書に示され
ているように，いくつかの国の環境保護政策を追求するという意欲を
反映している。どのような文言を用いているかにかかわらず，国によ
る予防原則の採用は，積極的で環境保護的な行動と証明責任の転換メ
カニズムが合理的な環境保護管理体制にとって不可欠であるという認
識の反映であり，予防原則の推進は，個々の予防的環境管理体制の利
益が（因果関係の不確実さにもかかわらず）執行のコストを上回るとい
う認識の示すものである」[44] としている [44-2]。

　1993 年にはワイス（ジョージタウン大学）の論稿が公表されている。
同論稿は，1990 年前後に締結された環境条約を総覧し，この分野の
新しいトレンドを分析している。しかし予防原則については，これを

---

(44)　Bernard A. Weintraub, Science, International Environmental
Regulation, and the Precautionary Principle: Setting Standards and Defining
Terms, 1 N.Y.U. Envtl. L. J. 173 , 191 (1992).

(44-2)　なお，同年のジョージタウン国際環境法レビューに，Ellen E. Hey, The
Precautionary Concept in Environmental Policy and Law: Institutionalizing
Caution, 4 Geo. Int'l Envtl. L. Rev. 303 (1992) が公表されている（著者はエ
ラスムス大学・オランダ）。ヘイは，伝統的な環境科学が「同化能力」概念
に依拠していることを指摘し，「同化能力概念は，科学は環境の収容能力を
人が侵食するのを未然に防止するために必要な識見を提供するという仮定に
より特徴付けられる。この仮定は，ひとたびこの識見が得られると，行動す
るための時間は十分に残っており，もし早期よりは適宜に措置がとられるな
ら，乏しい財政的手段が無駄に使われることがないというものである。予防
概念は，環境劣化を考慮しない科学的証明や伝統的経済分析の優位性の転換
を提唱する」，「予防概念は，科学は環境を効果的に保護するために必要な識
見を常には提供せず，もし科学がこのような識見を提供したときにのみ措置
がとられるのであれば，好ましくない影響（および財政資源の非効率的配
分）が生じることがあるという前提により特徴付けられる」(Id. at 308-
309) という斬新な主張を展開する。

91

積極的に肯定も否定もせず，「国際環境法における予防原則または予防的アプローチは，われわれは将来の損害に関する科学的不確実性にもかかわらず行動する必要に直面しているという認識に対するひとつの対応である。これは，重大で長期的に有害な結果をもたらすような，計画中のまたは既存の活動に対して行動をおこすために要求される証明責任を軽減するものである。この原則の中身について，または実際に原則が出現しつつあるのか，もしくは単に問題に取り組むアプローチにすぎないのかについて，合意は存在しない。にもかかわらず，各国は，ロンドン海洋投棄条約の実施のような特定の文脈の中で原則の明確で有用な定式を探求しはじめた」[45]と述べるにとどまる[46]。

---

(45)　Edith Brown Weiss, International Environmental Law: Contemporary Issues and the Emergence of a New World Order, 81 Geo. L. J. 675, 690 (1993).

(46)　プラターは1994年に公表された論稿で，レイチェル・カーソンの全体論的自然観が環境法のパラダイム・シフトにあたえた影響を論じ，「予防原則は最近国際的な承認をかち得て，主要な国際政治規範となりつつある」，「重要な効用主義的予防原則は，つぎのように主張する。背後にある基本的均衡が破壊されないであろうこと，または負の結果が予測可能であり，重大ではなく，緩和できるであろうことが相当に確実でない限り，あなたが行おうと提案していることは潜在的な費用に値することを知るべきである。それに続くドミノ効果を不用意に加速させるリスクを冒さないのが，より安全である。その点に関しカーソンは，自然の支配者という人間中心の見方から全体論的で人間は自然の構成部分であるという見方への移行は単なる倫理的アイディアではなく，基本的に実用的で効用主義的であることを示している」という（Zygmunt J. B. Plater, From the Beginning, A Fundamental Shift of Paradigms: A Theory and Short History of Environmental Law, 27 Loy. L.A. L. Rev. 981, 1000 & n.73(1994)）。プラターは，翌年の論稿でも予防原則に簡単にふれ，「予防原則は，もうひとつの合意の候補であり，もしあなたのすることが深刻な結果を引きおこすかもしれず，しかしすべての結果を知らないのであれば，疑わしいときは立ち止まれというものである」としている（Zygmunt J. B. Plater, Facing a Time of Counter-Revolution: The Kepone Incident and a Review of First Principles. 29 U. Rich. L. Rev. 657, 695 (1995)）。

第 3 章　予防原則をめぐるアメリカと EU との対立

1995 年になると，予防原則を支持する論稿がいくつか登場する。その中でしばしば引用されるのが，フレムの学生コメントである。同コメントは，予防原則を「規制者と意思決定者は，損害のリスクに関する科学的情報の確実性（の有無）にかかわらず，環境損害を予想して行動すべきことを主張する」[47] ものととらえ，「予防的アプローチの採用は，歴史的に受け入れられてきた科学的知見の無謬性および包括性に不当に依拠した政策決定パラダイムと，それに張り付いた自然の同化（浄化）能力には限界がなく，つきとめることすらできないという考えからの転換のシグナルである」[48] と評したうえで，「批判者たちにかかわらず，予防原則はかつてない速度で環境法や政策に組み込まれつつあり，予防原則は環境的および経済的緊急性に照らし，慣習国際法となりつつあるという力強い議論が可能である」[49]，「環境上の脅威を抑制または是正する科学および市場の能力に対する不信の増大は，現代環境主義を普及拡大させた。そして，深く刻まれた予防原則の適用は，従来の政策の失敗に対する部分的な解決とみることができる」[50] としている。

　その他，予防原則について，国際法学者による紹介論文がいくつか

(47)　Gregory D. Fullem, Comment, The Precautionary Principle: Environmental Protection in the Face of Scientific Uncertainty, 31 Willamette L. Rev. 495, 497-498(1995).

(48)　Id. at 498.

(49)　Id. at 500.

(50)　Id. at 521-522. さらにコメントは，NEPA 以降のアメリカ国内法や判例法を回顧し，「予防原則の起源が，1969 年以降に制定され，そして解釈されてきたさまざまな国内環境法のなかに存在すると言いうることが明らかである」(Id. at 512) とする。また，予防原則の必要性を 1990 年代にクリントン政権が導入したエコシステム管理と結びつけ，「エコシステムの一部分における予防的行動は，共同作用エコシステムで繋がった一部分における非予防的アプローチによって毀損され，または無効とされうる」ことから，「国内規模における省庁間協議に匹敵する地球規模における国際的協議」が必要であるという (Id. at 520)。

93

あるが，特記すべきほどの内容はない[51]。

(2) ボダンスキーの予防原則批判

　予防原則に肯定的なこれらの評価に対抗し，初期に予防原則批判を繰り返したのがボダンスキー（当時ワシントン大学（シアトル）ロースクール）である。彼の主張は，その後に繰り返される予防原則批判の原型ともいえるもので，その後の論議に大きな影響をあたえた。

　まず，ボダンスキーは，アメリカ国際法学会の年次総会で「実際，それは非常に頻繁に援用されるので，いく人かの注釈者は，予防原則は慣習国際法の規範へと熟していると主張しはじめている」としつつも，「予防原則については，注意深い態度をとるのが適切である。われわれは，それを一般的な目標として採用するのを望むことはできる。しかし，予防原則が，国際的環境規制という難しい問題を解決したり，新たな危険が将来生じるのを防止するであろうと信じるのは誤りであろう」[52]と述べる。

---

(51)　James E. Hickey, Jr. & Vern R. Walker, Refining the Precautionary Principle in International Environmental Law, 14 Va. Envtl. L. J. 423, 426, 453-454 (1995) は，国際法分野における予防原則の発展のためには，条約の起草にあたり統一的基準が必要であるという観点から，予防原則を正当化する目標，国家の義務，予防原則の発動要件，求められる予防措置の４つについて内容を明確化することが必要であるというが，国内環境法については，とくにふれるところがない。その他，国際法学者によるものとして，David A. Wirth, The Rio Declaration on Environment and Development: Two Steps Forward and One Back, or Vice Versa?, 29 Ga. L. Rev. 599 (1995) がある（著者はワシントン・リー大学準教授）。ただし，予防原則については（各種の条約・宣言，それに文献を網羅したのち），「リオ宣言原則15は，地球的レベルで初めて予防的アプローチを法典化したが，その文言の定式は，多くの先例より進歩したものではない」(Id. at 634-637) と簡単にコメントするのみである。

(52)　Daniel Bodansky, Remarks, New Developments in International Environmental Law, 85 Am. Soc'y Int'l L. Proc. 413 (1991). ボダンスキーは，

ボダンスキーは，1994 年に刊行されたオリオーダン・キャメロン編『予防原則を読み解く』で1章を執筆し，さらに詳しい予防原則批判を展開している。この論稿は，「予防原則は，政府は現実的な環境損害が生じるまでは伝統的に行動を躊躇することに対する有効な解毒剤ではあるが，合衆国の環境規制は予防的アプローチを執行することの難しさも示している」[53]との観点にたち，本書がすでに取り上げた「十分な余裕のある安全領域」および「十分な安全領域」規定（CAA，CWA），安全や無害の証明を原因者に求めた規定（FFDCA，TSCA，FIFRA），「疑わしきは安全の側へ」を明示した裁判例などを検討したうえで，その限界や不徹底さを探索したもので，その後にアップルゲートやパーシヴァルが著した同趣旨の論稿のさきがけとなったものである。

予防原則は漠然としており，対策を示さない

しかしボダンスキーは，上記の規定は，基準の不明確さ，執行の難かしさ，最高裁判所の消極的評価などから，はかばかしい成果をあげなかったと分析し，「予防的アプローチの採用をめざした合衆国の経験からどのような教訓を引き出すべきか。主たる教訓は，予防原則を執行することの困難さである。われわれは用心する側に誤るべきであると予防原則はいう。しかし予防原則は，実際の環境的意思決定において取りあげられなければならない難しい問題について答を示さない」，「証明責任の転換，あるいはすべての汚染の除去は，不確実性に

同年の一般向け雑誌『環境』に登載された小論でも，「予防原則は環境問題に対する一般的なアプローチを提供するが，それはどれ位の注意が払われるべきかを明らかにしないので，規制上の基準として用いるには漠然としすぎている」との持論を展開する（Daniel Bodansky, Scientific Uncertainty and the Precautionary Principle, 33 (7) Environmrnt 4-5, 43-44(1991))。

(53)　Daniel Bodansky, The Precautionary Principle in US Environmental Law, in Interpreting the Precautionary Principle 204 (Timothy O'Riordan & James Cameron eds., 1994).

対処するもっとも簡単な方法である。しかし，すべての人がすべての
ことをストップすることをわれわれが望まないかぎり，いずれのアプ
ローチも一般的な解決とはならない」[54]という結論に到達する。

　これら，予防原則は多義的で内容が混乱している[55]，予防原則は実
際にどのような決定をすべきかの答えを示さない，予防原則はすべて
の行動をストップさせるなどの主張は，予防原則に対してその後に繰
り返される批判の原型である。結論としてボダンスキーは，予防原則
ではなく，「技術基準が，不確実性に対するもっとも効果的な対応で
ある」[56]という。

---

(54)　Id. at 223.「安全は本質的にネガティブ（つまり損害がない）であり，ネ
　ガティブの証明は不可能である。たとえばある製品が安全にみえても，それ
　は後に有害な影響をもつものに転じるかもしれない。証明責任の転換やゼロ
　排出の要求は選択的にのみなされるべきである」(Id. at 223) という批判も，
　その後に繰り返される批判の先取りである。

(55)　ボダンスキーは，10 年後の論稿（分担執筆）でも，予防原則は，定式の
　最も重要な部分について条約の規定が不一致で，予防的アプローチをとると
　いうことが何を意味するのかについて国際社会の合意は存在せず，唯一一致
　するのは「完全な科学的確実性がないことは，それ自体がある種の行為を遅
　らせる理由にはならない」という自明の理にすぎないという。そして，「そ
　の結果，クリストファー・ストーンのいうように，予防原則は"混乱"
　(disarray) している。その意味づけには，注意深くあるとは特定の文脈にお
　いて何を意味するのかについて，同じような古い公式の相変わらずのまじな
　い以上の難しい判断が要求される」との批判を展開している (Daniel
　Bodansky, Deconstructing the Precautionary Principle, in Bringing New
　Law to Ocean Waters 391 (David D. Caron & Harry N. Scheiberf eds.,
　2004))。なお，この論稿は，もっぱら国際法上の予防原則を取り上げ，その
　解体（脱構築）を主張したもので，国内環境法における予防原則適用の是非
　を直接に論じたものではない。

(56)　Bodansky, supra note 53, at 224.「今日のもっとも重大な問題の多くは，
　予測不可能であり，そして規制者がたとえ注意深いアプローチを選択しても
　おそらく防止できなかったであろう。CFCs や DDT は，開発された当初は
　環境的に良性と見られていた。問題は，国の規制者が不確実な中でその使用
　を許可したからではなく，科学者が正しい形の環境への影響を試験しなかっ

第3章　予防原則をめぐるアメリカと EU との対立

(3) グラハム，クロスらのリスクトレードオフ論

予防原則を批判し，その後異口同音に反復さたのが，「ある（小さな）リスクを予防的に除去することが，より大きなリスクを作り出す」，あるいは「社会的に有用な活動を禁止することが，逆に社会的害毒を生み出す」というものである。

この議論を体系的に展開したのが，グラハム・ウィーナー『リスク対リスク』（1995年原書刊）である。同書は，いくつかの事例を引用しながら，「特定のリスクを減らそうとよく考えてした努力が逆に他のリスクを増やしてしまうことがある」，「目的とするリスクを減らそうという努力が，逆に意図せずにそれを打ち消すようなリスク（対抗リスク）を大きくしてしまう」というパラドックスを指摘し，その対策として，規制を提案する法律・規則について，リスクトレードオフ解析や費用便益分析を明示的に要求すべきことを主張する[57]。

このリスクトレードオフ論は，予防原則の批判を直接の目的としたものではないが，「農薬の使用はアメリカでの食糧コストを劇的に引き下げた。……この価格減少の一部は農薬のおかげである。……もし（農薬規制により）果物や野菜の値段が上昇すれば，その影響は非常に後ろ向きであり，人口構成の中で最貧層の部分に最大の衝撃をもたらすであろう。このリスクトレードオフは，貧困な市民たちから新鮮な果物や野菜をとりあげてしまうことで，農薬残留が存在することよりも病気についてより大きなリスクを彼らに負わせる可能性がある」[58]という例示は，以下に述べるクロスやサンスティーンの批判にピッタリ一致する。

たからである」（Bodansky, supra note 52, 33(7) Environment at 43）。

(57)　John D. Graham & Jonathan Baert Wiener, Risk vs. Risk 1-2, 8-19 (1995); ジョン・D・グラハム／ジョナサン・B・ウィーナー（菅原努監訳）『リスク対リスク』1-2頁，8-20頁（昭和堂，1998年）。

(58)　同前・179-180頁。

リスクトレードオフ論を支持し，予防原則に対する華々しい批判を展開したのがクロス（テキサス大学）である。

　クロスによると，ほとんど総てのコメンテーターによって無視されている予防原則の真に致命的な欠点は，公衆の健康保護をめざした行動は，公衆の健康にネガティブな効果をもつことがありえないという支持されがたい前提にあり，予防原則が存在しないかもしれない不確かな危険に対する行動を勧めることによって，規制がしばしば健康への利益よりは損害を引きおこすことである[59]。

　　　「予防原則は，いろいろな行為はその意図された目的をこえる結果をもつことがないという幻想のうえに成り立っている。まったくリスクのないランチなど，実際にはありえない。あるリスクを取り除こうとする試みは，（その他の付随リスクを減らすことは可能ではあるが）ある新しいリスクを作り出す。もし公衆の健康と環境を保護することが真の目的なのであれば，広く普及した予防原則の適用とは反対に，これらすべての付随的リスクが考慮されなければならない」[60]。

　そこでクロスは，予防原則に基づく（効果が不確かで過大な）規制の弊害を，規制物質に替わる物質がもたらすリスク，規制により失われる健康便益，是正措置が作り出すリスク，規制の優先順位付けやリスクの分配にあたえるゆがみ，公衆が被る実質的経済コストなどに分類したうえで，サッカリン，電力源，核発電，殺虫剤，大気汚染，電動自動車，有害汚染物質，塩素殺菌，新薬などの規制，牛成長ホルモン剤，放射線，アスベスト，鉛，廃棄物処分場の浄化など，多種多様

---

(59)　Frank B. Cross, Paradoxical Perils of the Precautionary Principle, 53 Wash. & Lee L. Rev. 851, 859-860(1996).

(60)　Id. at 924-925.「予防原則を完全にかつ論理的に適用すると，予防原則は自身を共食いし，すべての環境規制を消滅させてしまう」，「規制の実際の結果は不確かなので，予防原則の提唱者はこの証明責任を一般に果たせず，そのために予防原則はそれ以上の規制を排除してしまう」(Id. at 861)という主張は，サンスティーンの展開する「機能停止」論の先取りである。

な事例を引用し，誤った過剰な規制（したがって必ずしも予防原則とは連動しない）がもたらす弊害を力説するのである[61]。グラハムやクロスの主張は，本書214頁で改めて検討する。

（4）ウイングスプレッド声明

ところで，EU，北欧，カナダ，オーストラリアなどでは，1990年代前半に予防原則を国内法や環境管理計画などに組み入れるための取組みが進展したが，アメリカ国内からは，そのような動きが生じる気配は（一部の州を除き）いっこうに芽生えなかった。アメリカ国内では，「予防原則は内容が漠然としており，環境法政策の原則や指針にはなりえない」という批判が，あいかわらず支配的であったからである。

そうしたなか，若手環境研究者や環境運動家のあいだから，予防原則の内容を深め，実際に実行可能な原則とするために，討議の機会を持つ必要があるという声があがった。そこで，これに賛同した法律家，科学者，医者，農業家，芸術家，地域・労働運動家ら32名が，1998年1月23日，ウィスコンシン州ラシーヌのウィングスプレッド会議センターに参集し，3日間にわたり予防原則について議論をかさねた。その会議の最終日（25日）に採択され，公表されたのが，「予防原則に関するウィングスプレッド声明」（以下，「ウイングスプレッド声明」という）である[62]。同声明の全文は，本書10-11頁に訳出したとおり

---

(61)　Cross, supra note 59, at 863-922. その中身は，産業界や電力業界の主張で埋め尽くされているが，なかには「ホルモンへの影響は，まず放射線暴露の文脈で生じた。動物および日本の核被爆生存者の研究は，相対的に低い放射線に暴露した生存者の方が，まったく暴露のない集団よりも長生きしたことを示しているようである。他の放射線研究が，この結果を支持している」（Id. at 896）という不思議な記述もある。

(62)　Carolyn Raffensperger & Joel A. Tickner eds., Protecting Public Health & the Environment: Implementing the Precautionary Principle 353-355 (1999); 大竹・東・前掲（注15）81頁。

である。

　この予防原則に関するウィングスプレッド声明は，多くの（という
よりは大部分の）研究者によって「強い予防原則」と命名され，批判
者の格好の標的となる。予防原則批判の代表的な論客モリス（ロンド
ン経済問題研究所）は，環境団体や消費者団体をこの強い予防原則の
支持者と名指ししたうえで，「これらの団体が，彼らの一般的な反企
業的世界観と一致する強い予防原則に好意的なのは驚きではない。と
いうより，彼らには強い予防原則を推進する他の動機がある。つまり，
もし強い予防原則が一般的な法原則として受け入れられるなら，環境
団体や消費者団体は，その技術が安全であることを証明できない会社
に対する法的手段をとる権限を付与されることが想定され，そして，
それはおそらく団体の権威と収入の両方を増加させるからである」[63]
という。

　ウィングスプレッド声明の示した予防原則を「強い」予防原則と区
分するのが適切かどうか，あるいは，それが環境団体や消費者団体に
権威と収入をもたらす手段であったのかどうかはともかく，このウィ
ングスプレッド声明が予防原則に対する環境保護反対派や産業界の疑
念や不安を増幅させる動機として作用したことは疑いがない[64]。その
結果，2000年代に入ると，第5章で紹介するように，予防原則批判
が噴出することになる。

---

(63)　Morris, supra note 21, at 4.

(64)　Bodansky, supra note 53, at 205 によると，産業界が環境規制に対する
　　批判の声を高めた「理由の一部はレーガン政権時代の環境規制一般に対する
　　反対によるものであるが，他の一部は，はっきりし始めた多くの予防的基準
　　のもつ過度な厳格性および非効率性に対する，より広範な懸念を反映してい
　　る」。

第3章　予防原則をめぐるアメリカと EU との対立

3　予防原則の導入を阻止した政治的逆風

さて，これまでおもに法学者（国際法学者，環境法学者など）の反応を中心に，アメリカにおいて予防原則が（理論的な観点から）どのように認識され，評価されてきたのかを説明した。しかし，ここで視点をかえ，リスク規制を取りまく 1990 年代の政治情勢を少し説明しよう。

ところで，予防原則の理論分析に政治状況を絡ませることには若干の躊躇がある。しかし，当時のアメリカがヨーロッパ諸国と対立し，予防原則に背を向けた最大の理由は，予防原則に対する理論的な批判というよりは，当時のアメリカの環境問題をめぐる政治的・社会的情勢が予防原則の受け入れを許さなかったからである（あえていうと，その状態は現在も続いており，それが将来改善される見込みはまったくない）。それら事情の一端は，すでに前書 162-163 頁でふれたが，ここで改めて当時の状況を説明することにしよう。

ところで，1970 年代に黄金時代をむかえたアメリカの環境保護（環境規制）は，70 年代後半に揺り戻しが始まり，1981 年のレーガン政権の誕生とともに，厳しい規制の緩和を求める産業界の要求が加速することになる。しかし，1960 年代以降のアメリカ連邦議会は，（1995年までは）下院では常に民主党が多数をしめ，上院では 1981-1987 年を除き民主党が多数党であった[65]。そのため，議会では産業界に配慮し法律の執行が緩和される一方で，環境団体などの要望をいれ法律の不備が是正されるなど，一進一退の攻防が続いていたのである。たとえば，全国規模の環境団体は，1980 年代の政治的逆風のなかで，むしろ会員数を伸ばし，その発言力を強めたとされる[66]。しかし 1990

---

(65)　渡辺将人『アメリカ政治の壁——利益と理念の狭間で』194 頁（岩波書店，2016 年）。

(66)　R. E. ダンラップ／A.G. マーティグ編（満田久義監訳）『現代アメリカの

年代に入ると，潮目は大きく変化した。

環境規制，環境支出に対する不満の拡大

　第1は，環境問題に対する世論の変化である。1970年4月22日のアースデーで最高潮に達した環境保護への関心は，環境危機を脱するとともに減少し，環境問題は大統領選挙や連邦議会選挙の争点にはならなくなった。さらに1990年代になると，政府の役割や財政支出全般に対する不満が高まるなかで，とくに環境規制や環境予算に批判の目が向けられるようになる。

　たとえば連邦議会技術評価局（Office of Technology Assessment: OTA）[67]の上級アナリスト・パックスマンは，カーネギー委員会「リスクと環境」，OTA「健康リスクの研究」，NRC「リスク評価の論点」，NRC「リスク評価における科学と判定」，ブライアー『悪循環を打破する』などの著書・報告書をあげ，「非党派的，非イデオロギー的な科学政策機関によるいくつか主要な研究や最高裁判所裁判官にノミネートされた者による著書が，リスク評価への興味を高め」，「すべての報告書が，議会に対する勧告と尊敬を集める専門家の選択肢を示す見解を提示していた」，「総じて，これらの研究はリスク評価の知名度をたかめ，メディアや科学者集団がこれに注目することで，リスクは避けて通ることができない論点になった。これらの研究は，行政機関

　環境主義：1970年から1990年の環境運動』23-28頁（ミネルヴァ書房，1993年），久保文明『現代アメリカ政治と公共利益——環境保護をめぐる政治過程』120-121頁（東京大学出版会，1997年）。

(67)　OTAは1972年，現在および将来の広範囲な科学・技術開発に関わる諸問題について，権威のある，非党派的な報告をするための機関として連邦議会内に設置された。その報告書の内容や役割は（主にリベラル派から）高く評価されてきたが，大幅な政府予算削減を主張する共和党多数派の標的にされ，1995年に廃止された。Jathan Sadowski, Office of Technology Assessment: History, Implementation, and Participatory Critique, 42 Technology in Society 9, 17(2015).

第3章　予防原則をめぐるアメリカと EU との対立

によるリスク評価の実施には根本的な問題があるという一般公衆の認
識を高めることになった」という[68]。

　しかし，これら中立的，科学的な提言以上に世論形成に大きな力を
発揮したのが，より党派的な「よい科学」（good science）や「正しい
科学」（sound science）の主張である。

　ニューヨーク・タイムズは，1993 年 3 月 21 日から 26 日にわたり，
保守派の科学レポーター・シュナイダー（Keith Schneider）による 5
回のレポ・シリーズの掲載を始めた。それは，近年の環境問題の大部
分は誇張されたものであるというもので，当時の世論に大きな影響を
あたえた[69]。これを契機に，特定の党派や利害に偏らない「正しい科
学」に根拠をおく正しい環境政策が必要であるという主張がマスコミ，
ジャーナリズムにあふれだし，産業界のてこ入れもあって，「正しい
科学」に基づく環境リスク規制（緩和）の推進を標榜するさまざまな
団体が設立されることになった。

　第 2 に，上記のような世論の変化は，当然のことながら，連邦議会
の議員，スタッフ，それに大統領府に大きな影響をあたえた。連邦議
会では連日のように公聴会が開催され，一流の科学者やリスク評価専
門家が証言すると，それが議会内を飛び回った。こうした雰囲気のな
かで，議員や議会スタッフの間には，リスク評価への世論の関心を避
けてとおることができないというムードが広がり，彼・彼女らは，こ
れら報告書や証言を引用し，こぞってリスク評価制度の改革を主張し
はじめた[70]。

---

(68)　Dalton G. Paxman, Congressional Risk Proposals, 6 Risk: Health, Safety
　　& Envt. 165, 166 (1995).

(69)　Brian J. Glenn & Steven M. Teles, Conservatism and American Political
　　Development 238(2009).

(70)　パックスマンによると，リスク評価をめぐる議員の立場は，(1)多くの
　　環境規制は“幽霊”リスクや EPA の（安全性を見込んだ）保守的リスク評
　　価に基づく過剰な規制であって，規制の実施に先立つ厳格な費用便益分析に

103

1993 年 1 月 20 日，クリントン・ゴアのコンビが政権についた。そこで，長期間忍従を強いられた環境保護団体のあいだに，環境政策の進展や主要環境法規の改正への期待が高まった。しかしクリントンとゴアは，経済成長，財政均衡，福祉の見直し，自由貿易，特定の産業振興を信奉するニューデモクラットであり，「大きな政府ではないが積極的に機能する政府」がスローガンであった[71]。この点では，環境規制緩和や市場原理を活用した効率的規制を望む産業界および反環境保護主義者と気脈を通じるものがあったのである。

　第 103 議会（1993 年 1 月～1995 年 1 月）には，民主党・共和党の双方から連邦環境法の大幅改正を求める多数の法案が提出され，議会は両政党のかけひきの場と化した。とりわけ，かけひきの中心にすえられたのが，「リスク評価法案」や「リスク分析法案」であった。パックマンにとると，包括的リスク評価法やリスク条項の部分的改正を含め，リスクに言及する法案は 17 にも達した[72]。

　　より規制の負担を緩和すべきであると主張するグループ，(2)現行法の多くは規制基準の設定や執行にあたりコストの考慮を禁止しており，またリスク評価やコストの考慮は現在の EPA 実務に組み込まれており，リスク法案はこれらの規制を緩和し，現行法を骨抜きにする試みに他ならないと主張するグループ，(3)上記の中間にあり，EPA は科学者集団との相互交流を活性化し，科学の利用を推進するための組織的プロセスや事務体制を整備するなど，EPA のリスク評価を改革すべきであると主張するグループ（かれらは，これが環境保護を弱体化させるとは考えていない）の 3 つに分かれる（Paxman, supra note 68, at 168）。

(71)　西川賢『ビル・クリントン──停滞するアメリカをいかに建て直したか』38-39 頁（中央公論社，2016 年），渡辺・前掲（注 65）194 頁，202 頁。中道的・ニューデモクラット的なシンク・タンク「進歩的政策研究所」がクリントン政権発足にあたり示した環境政策への助言は「これまでのあまりに厳格で柔軟性に乏しい環境規制を厳しく批判するとともに，市場や経済的誘引を大胆に導入することを強く求めていて，一見すると民主党の政策提言とはとても思えない内容」のものであった（久保・前掲（注 66）229 頁）。

(72)　以下，103・104 議会に関する記述は，基本的に，Christopher McGrory Klyza & David J. Sousa, American Environmental Policy: Beyond Gridlock

第3章 予防原則をめぐるアメリカと EU との対立

しかし，リスク評価の役割に対する明確な立場の違いから，リスク法案は党派的かけひきと過密な議事日程に押しつぶされ，すべての法案が廃案となった。結局，リスク法案にかぎらず，すべての環境関連法案の中で議会を通過したのは，「カリフォルニア砂漠保護法」だけであった[73]。

クリントン政権はこのような議会の動きに対抗し，先手をうつべく，1993 年 10 月，リスク分析や費用便益分析の実施を行政機関に義務づける独自の包括的規制改革プランを公表した。それがを大統領命令 12866（58 Fed. Reg. 51735（October 4, 1993））である。これは，連邦行政機関の法律執行を監督するのは大統領の権限であるという前提のもとに，議会の過剰な干渉を排除することを意図したもので，これによりレーガン政権時に発布された大統領命令 12291 と 12498 は廃止された。しかし大統領命令 12866 は，実際はそれをベースにし，それをさらに拡充したものであった。この大統領命令の詳細は，別に議論することにしよう。

リスク評価・費用便益分析法の挫折

ワシントン政治に対する不信（反政府，反連邦議会）は，1994 年 11 月の中間選挙において共和党が圧勝し，上下院を共和党が制するとい

50-52(updated & expanded ed., 2013); Michael E. Kraft, Environmental Policy in Congress: Revolution, Reform, or Gridlock?, in Vig & Kraft eds., supra note 38, at 126-131; 西川・前掲（注 71）155-166 頁などによる。さらに詳しい紹介と分析は，たとえば，Marc Landy & Kele D. Dell, The Failure of Risk Reform Legislation in the 104th Congress, 9 Duke Envtl. L. & Pol'y F. 113(1998) にみられる。なお 103 議会に提出されたそれぞれの法案の内容は，Paxman, supra note 68, at 169 以下に記されている。

(73) Paxman, supra note 68, at 165. この法律の内容も（私には）大変興味があるが，検討は別の機会にゆずり，ここでは，Frank Wheat, California Desert Miracle: The Fight for Desert Parks and Wilderness (1999) のみを紹介しておく。

う，ほとんどだれも予想しなかった結果となってあらわれた[74]。下院議長には，選挙中より「アメリカとの契約」を掲げ，「国のかたちを決定的に変える」ための「革命」に着手することを主張したギングリッチ（Newt Gingrich 共和党・ジョージア州6区選出）が，落選したトマス・フォーリーにかわり就任した。

上記の契約は，下院の開会から100日以内に議会に提案し可決することを目的とした共和党の政策公約であり，そのなかには，「各行政機関に対し，新たな個々の規制のために人の健康および環境に対するリスクを評価すること」および「新たな規制に要する費用と，規制が公衆にもたらす経済的および遵守費用の比較分析を備えること」を求めた雇用創出・賃金引き上げ法案が含まれていた[75]。つまり，小さな政府の実現，環境規制の緩和，環境予算の削減をのぞむ議会保守派にとって，リスク評価や費用便益分析は，新たな環境法案の立案や審議を引き延ばし，クリントン大統領による法律の円滑な執行をブロックする有力な方法と考えられたのである。

その結果，第104議会（1995年1月～1997年1月）には，環境リスク評価は政策分析の種類や範囲の選択に係わる行政府の権限であり，立法府の権限ではないという行政関係者の反対を押し切り，さまざまな「リスク評価法案」や「費用便益分析法案」が競うように提出された。ここでは，重要なもののみを，簡単に説明する。

まず，下院法案1022は，HSE（健康・安全・環境）を所管する行政機関に対して，規則の制定にあたり規制対象となる物質や活動の潜在的なリスクの調査研究だけではなく，類似する既存のリスク・日常のリスク（たとえば落雷）との比較，規制対象物質に代替する物質や活

---

(74) 共和党は下院では435議席中230議席，上院では100議席中53議席を獲得し，とくに下院では40年ぶりに過半数を握った。西川・前掲・(注71) 150-151頁。

(75) Landy & Dell, supra note 72, at 115 n.8.

第 3 章　予防原則をめぐるアメリカと EU との対立

動が有するリスクの分析まで強いるという複雑で煩瑣なもので，実際は HSE 保護のための新たな規制を不可能にし，汚染源企業を放免するに等しいものであった。

しかし，これを上回る難題を行政機関に要求していたのが，規制の経済的影響が 1 億ドルを超えると推定されるすべての規制措置について，厳格な費用便益分析の実施を定めた下院法案 9 であった。これらの法案は，野生生物保護のための規制などによって財産的損害を被った場合の補償を定めた「財産権保護法案」とともにオムニバス法である「雇用創出・賃金引き上げ法案」（H.R.9）に組み入れられ，277 対141 の賛成で，またたく間に下院本会議を通過した。

上院には，穏健な規制改革をめざすロス法案（S.291）と，下院法案 9 とほぼ同じ内容のドール法案（S.343; Amend. No.229）が主要な法案として上程されたが，当然のことながら，ドール法案が攻防の的となった[76]。ドール法案はおおかたの共和党議員の支持をえたが，民主党はドール法案を骨抜きにする修正案を提出し，さらに 8 日にわたる議事妨害行動（フィリバスター）を継続して抵抗した。さらに 3 分の2 の絶対多数による討議終結動議も 3 度にわたり否決されたために，ドールは結局法案の上院通過を断念し，その結果下院通過法案も廃案となった[77]。

---

(76)　「H.R. 9 と S. 343 は，行政機関に対し，提案された規則が対象とする環境リスクの詳細な分析を実施し，ついで規制の便益が個人や社会に対する経済的費用を上回ることを数値で示すことを要求するものであった」（Bob Benenson, GOP Sets the 104th Congress on New Regulatory Course, 53 Cong. Q. 1693, 1695 (1995)）。

(77)　これらの大胆な改革は，下院共和党の分裂，上院の頑固な反対，クリントン大統領の拒否権行使の発言，それに世論の明らかな不評などから，挫折してしまった（Landy & Dell, supra note 72, at 116; Bob Benenson, Procedural Overhaul Fails After Three Tough Votes, 53 Cong. Q. 2159, 2159(1995)）。ランディ・デルによると，争点は，(1)リスク評価および費用便益分析の実施対象となる事業の範囲（規模）をどうするか，(2)新規制のためのリス

以上の経過から，アメリカでは自明のひとつの事実を知ることができる。すなわち，アメリカにおける「リスク評価法」や「費用便益分析法」は，表面的には環境規制のプロセスを公正で効率的なものに改善するための科学的な試みであるが，実態は環境規制における科学的基盤に疑念をいだかせ，規制を遅らせるための政治的試みであり[78]，「ほとんど終わりのない一連の分析的および手続的要件を課すことによって行政機関を苦境に陥れることを周到に意図した規制改革の企て」[79]であったということである。

　上記のように，議会や大統領府がリスク評価制度の改革や費用便益分析の実施に前のめりになるなかで，「予防原則」を環境法の一般原則として実定法に明記し，あるいはそれを個別の規定に組み込む余地は，ほとんどなかったといえる。彼らにとって，予防原則は彼らが駆逐したはずのゼロリスク基準への先祖帰りでしかなく，徹底的に排除すべきものに他ならなかった。

ク評価および完了済みリスク評価のピュアレビューの争訟適格の範囲をどう定めるかであった。(1)については，なんとか合意が成立したものの，(2)については与党（共和党）議員の間で意見が分かれた。ドールは，規則制定の行政手続違反を争う企業の出訴資格と，規則の修正・無効を訴える市民の（行政機関に対する）不服申立適格の拡大を主張し，前者については産業界からの強い支持があった。しかし，共和党穏健派および民主党議員がこれに反対したようである（Landy & Dell, supra note 72, at 116-117 n. 15, 123)。

(78)　「合衆国の規制プロセスのような政治的環境にあっては，科学的"事実"を，相矛盾する，社会的に不自然な判断（解釈）に解体することが，例外というよりは当たりまえのようにみえる」(Sheila Jasanoff, The Fifth Branch: Science Advisors as Policymakers 37(1990))。

(79)　John S. Applegate, A Beginning and Not an End in Itself: The Role of Risk Assessment in Environmental Decision-Making, 63 U. Cinn. L. Rev. 1643, 1644(1995).

第3章 予防原則をめぐるアメリカとEUとの対立

―【コラム】よい科学，正しい科学―――――――――――――――――――

　この時期，しばしば登場するのが「よい科学」（グッド・サイエンス），
「正しい科学」（サウンド・サイエンス）」という言葉である。そこで，
この用語の意味を少し調べてみよう（なお，邦訳についてはいろいろ
な意見がありうる）。

　(1)　まず，「よい科学」という用語を広く世に知らしめたのが，ハ
ワード・ラテンの論稿「よい科学，悪い規制，および毒性リスク評価」
（1988年）である。ラテンは，EPAの1986年の「発がんリスク評価指
針」（前書154頁）の中の「リスク評価は，科学的にもっとも適切な判
断（解釈）を用い」，「規制行動の結果の考慮からは独立して運用する」
という指示を引用し，「"科学的にもっとも適切な判断"を採用すると
いう要件は，リスク評価手続において"よい科学"の遂行が優先する
というEPAの判断を反映した」ものであり，「"よい科学"は，科学的
判断がいかに条件付きであれ，もっともそれらしい現在の科学的証拠
をリスク評価の基礎とするよう努めることをEPA職員に示すために用
いられている」という[80]。

　1986年評価指針が強調するのが，ケース・バイ・ケースのアプロー
チである。「ケース・バイ・ケースのアプローチとは，EPAの専門職員
が個々の物質に関する科学情報を審査（レビュー）し，リスク評価の
ために科学的にもっとも適切な判断を用いることを意味する」[81]。分か
りにくい表現であるが，ラテンによると，これは，「EPAがこれまで入
手することが困難であると判明しているある種の細分化された証拠を，
発がん指針が明確に要求している」ことを意味する[82]。

　しかし，リスク評価への信頼性を高めるためとはいえ，発がん性が
疑われる個々の物質の規制について，ケース・バイ・ケースで（つま
り個々別々に）もっともそれらしい現在の科学的証拠をリスク評価の
基礎とすべしという厳格な要件は，逆にEPAを自縛することにならな

――――――――――――――――――――

(80)　Howard Latin, Good Science, Bad Regulation, and Toxic Risk
　　　Assessment, 5 Yale J. Reg. 89, 89 n.3(1988).

(81)　EPA Guidelines for Carcinogen Risk Assessment, 51 Fed. Reg. 33992,
　　　33992((1986).

(82)　Latin, supra note 80, at 127.

いのか。

　案の定,「よい科学」は次第に政治色をおび,EPA の規制に反対する標語へと転化する。それが顕現したのが第 103 議会であった。同議会に提出されたさまざまなリスク評価法案や修正条項案のなかで,もっとも重要であったのが,クライン（民主党・ニュージャージー州 8 区選出）,ジマー（共和党・ニュージャージー州 12 区選出）など 14 人の下院議員から共同提案された「リスク評価改善法案」（Risk Assessment Improvement Act, H.R. 4306）である。同法案（RAIA）は,リスク評価における「よい」科学の利用を命じることを法律の目標に明記し,第三者によるリスク評価のピアレビュー,最新の科学的知見を反映したリスク評価指針の作成,利害関係人の参加などを定めるリスク評価プログラムの作成などを EPA に対して義務づけるものであった。

　その他の法案を含め,これらに共通の鍵が,「よい科学」の利用を EPA に要求するという提案であった。パックスマンは,「この文脈で,"よい"（good）とは,特定の化学物質に関する最新のリスク評価手法と知見を意味する」[83]という。しかし,EPA,FDA,OSHA などが,規制の対象物ごとに,これらの（ある種完全な）最新のデータを準備し,公聴会の審問や控訴裁判所の厳格審査に合格するのは神業に等しい[84]。

　(2) 「よい科学」と語感が似ているのが「正しい科学」（サウンド・

---

(83)　Paxman, supra note 68, at 176. パックスマンは,さらに「それ以上に,"よい科学"は,政策ベースのデフォルト仮説を,現に存在する健康データで置き換えることを含んでいる」と付け加える（Id.）。

(84)　なお,もろもろの「グッド・サイエンス」法案はすべて議会を通過しなかったが,この時期に別途タバコ会社の支援をうけ,2 つの重要な法律（データ・アクセス修正法,データ質法）が,ライダーで成立した。これらの法律は,（採用しなかったデータを含む）すべての関連データの公開,行政機関がブックレットなどで広めた情報の訂正の申立など,規制反対者にきわめて有利に作用する反論の機会を定めており,そのため,科学者や環境法学者の間から批判の声があがった。興味をおもちの方は,Wendy E. Wagner, The "Bad Science" Fiction: Reclaiming the Debate over the Role of Science in Public Health and Environmental Problems, 66 Law & Contemp. Probs. 63 (2003) を参照されたい。

第3章 予防原則をめぐるアメリカと EU との対立

サイエンス）である。「よい科学」と同様，「正しい科学」についても，とくに定義のようなものは存在しない。しかし，すでに本書は，「正しい科学」に対するライリー環境保護庁長官（1990年当時）の並々ならぬ信奉ぶりを紹介した（前書160頁）。ここでは，それに批判的なアップルゲートの見解を，やや長いが引用してみよう。

「ネオリベラル・イデオロギーは，規制が"正しい科学"に基づくことを要求することにより，保護（のための）規制の避けられない特徴である科学的不確実性が広く受け入れられるのを妨害することに成功した。"正しい科学"スローガンは，ネオリベラル・モデルに基づく政策を定式化するために，規制を正当化する高いレベルの証明，すなわちリスク評価や費用便益分析の定量的手法に算入できるような証明を要求するために作られた道具として仕えてきた。"正しい科学"スローガンは，科学的分析に関する非現実的な高い期待と科学的知見の現実との衝突から必然的に生じる不明確性，不完全性，それに不確実性を強調する。官僚が客観的な判断基準指針に基づき自らの決定を正当化しようとするガバナンス環境，および科学的な回答が公衆によって高く尊重される文化環境において，政府の行動は（とくにそのコストが高く，面倒なものであれば）包括的で確実な科学に基づくべきであるという主張は，否定できない魅力をもっている。"正しい科学"フレームは，まさにそれが定量化と包括的合理性イデオロギーの論理的拡大であったが故に，環境規制の政治的分析的状況を監察するための重要な手段となった」[85]。

上記のアップルゲートの評価は，「よい科学」に対する一般の評価とほとんど異なるところがない。したがって，アップルゲートは「よい科学」と「正しい科学」をほとんど同義に用いているようである。

しかし，「よい科学」が，内容的に一応の客観性を備えているのに対し，「正しい科学」は，より主観的，イデオロギー的に使われることが多い。

ムーニーやオング・グランツによると，「正しい科学」という標語は，1993年，「サウンド・サイエンス推進連合」（The Advancement of

---

(85) John S. Applegate, Embracing a Precautionary Approach to Climate Change, in Economic Thought and U.S. Climate Change Policy 177 (David M. Driesen ed., 2010).

Sound Science Coalition：TASSC）なる団体が創設されたのに始まる。この組織の設立者はフィリップモリスとその宣伝会社であった。TASSC の直接の目的は喫煙規制に反対すること（後に受動喫煙規制反対が加わる）であったが，真の目的は環境規制に反対する企業をひとつの傘下に結集させることであった[86]。

　それ以降，企業グループは「サウンド・サイエンス」をスローガンに，議会に対して政府規制の緩和を一層強く求めることになる。たとえば，ロット上院議員（ミシシッピ州選出・共和党の超保守派）が第103 議会に提出した法案は，「リスク評価におけるサウンド・サイエンス法案」と名付けられており，リスク評価における「一貫性」，「高度の技術的質」，「科学的な正しさ（サウンド）」，「不偏不党（アンバイアス）」などを確保するために，EPA に対し画一的・一般的なリスク評価手続の作成を求めるものであった[87]。

　第 104 議会に上程されたドール法案は結局廃案においこまれたが，1996 年，共和党の大統領候補に選出されたドールについて，全米製造業協会（NAM）会長ジャシノフスキーは「実業界にとってもっとも重要なことは，ドールが，サウンド・サイエンス，費用便益分析の必要，それに規制プロセスに良識（コモンセンス）を押しつける方法の工面を強調していることである」と述べている。サウンド・サイエンスは，民主党内にも若干の支持者がいるが，大部分は共和党や W・ブッシュ政権により，環境規制緩和を遅延または緩和させるためのスローガンに利用されている[88]。

　(3)　「サウンド・サイエンス」と表面上は対局にあるのが「ジャンク・

---

(86)　Chris Mooney, Beware "Sound Science", It's Doublespeak for Trouble, February 29, 2004, http://www.washingtonpost.com/ac2/wp-dyn/A13994-2004Feb27?(last visited 16 Feb., 2018); Elisa K. Ong & Stanton A. Glantz, Constructing "Sound Science" and "Good Epidemiology": Tobacco, Lawyers, and Public Relations Firms, 91 Am. J. Public Health 1749, 1749-51(2001).

(87)　Paxman, supra note 68, at 171.

(88)　Chris Mooney, The Republican War on Science 65-76(revised & updated ed., 2005) に詳しいので参照されたい。「"サウンド・サイエンス"は単なる"グッド・サイエンス"以上のものを意味しており，反汚染法規は，ちっぽけなリスクから人びとを保護するために極端に走り，莫大な金銭を使っているという見解を短く表現したものである」(Id. at 69)。

第3章　予防原則をめぐるアメリカとEUとの対立

サイエンス」である。その名付け親とされるフーバー（マンハッタン研究所）は，公害損害賠償における厳格責任を擁護する科学（者）をジャンク・サイエンスと名付け，「ジャンク・サイエンスは，現実の科学の鏡像であり，形は同じであるが，実態のない，片寄ったデータ，紛いものの推論，それに論理的こじつけのごったまぜであり，データの偽装，思いこみ，好戦的なドグマ，それに時折みられる公然たるごまかしなど，あらゆるそれらしい誤りのカタログである」と批判した[89]。

このフーバーの造語に飛びついたのが，当時のH・Wブッシュ政権における規制および不法行為法改革の旗振り役であったクェール副大統領である。マイケルス・モンフォートンは，「"ジャンク・サイエンス"というラベルは，環境規制や被害者補償を支持する科学を中傷するために発明され，広く宣伝されるにいたったもの」で，「ジャンク・サイエンス運動は，強力な利益を脅かす研究を（その研究の質に関わりなく）あざけることを意図しており，数十年にわたり不確実性を製造してきたのと同じ企業（すなわちタバコ産業・畠山）により生みだされたものである」と評する[90]。

しかし，フーバーの主張は，当然のことながら，そのまま自身に返ってくる。フーバーの引用する科学がサウンド・サイエンスであって，ジャンク・サイエンスではないという確証はどこにもないからである。

マガリティによれば，「規制における"サウンド・サイエンス"の要求と，法廷における"ジャンク・サイエンス"の排除の両者は，利己的利益が外に現れるのを注意深く回避した，科学的客観性に対する巧妙に仕組まれたアピールである。しかし実際は，いずれの主張も，事実に十分に基づかず，きわめて疑わしく，異論だらけで，驚くほど無内容である。美辞麗句を引っぱがすと，"ジャンク・サイエンス"は"やつらの科学"を意味し，"サウンド・サイエンス"は"われわれの科学"を意味する」のである[91]。

---

(89)　Peter Fuber, Galileo's Revenge: Junk Science in the Courtroom (1991), cited in David Michaels & Celeste Monforton, Manufacturing Uncertainty: Contested Science and the Protection of the Public's Health and Environment, 95 Am. J. Public Health S39, S43(2005).

(90)　Michaels & Monforton, supra note 89, at S49.

(91)　Thomas O. McGarity, Our Science Is Sound Science and Their Science

しかし，サウンド・サイエンスについては，悪いニュースばかりではない。真摯な科学者の間には，恣意的な「科学」の利用を防止し，「科学」の客観性，信頼性を確保するために，一定の要件を満たしたものを「サウンド・サイエンス」と称しようとする動きがある。たとえば環境毒性・化学会（SETAP）は1999年にサウンド・サイエンスに関するペーパーを公表しているが，そこではサウンド・サイエンスを「訓練をうけた者によって，記録化された方法を使用し，証明可能な結果と結論を導くように管理された組織的な研究および監察」と定義し，「サウンド・サイエンスとは，科学的性質をもつひとまとまりのデータ，事実または結論が，科学的方法の高度の基準に従った検討によって支持されることを意味する」としている[92]。

4　グラハムの予防原則決別宣言

2001年3月13日，W・ブッシュ大統領は，京都議定書（1997年12月，第3回気候変動枠組条約締約国会議で採択）からの離脱を一方的に表明した。その数日後の記者会見で，ブッシュ大統領は「われわれは経済活動に害を与えることはしない。それは，最も重要なのはこのアメリカに住む人々だからだ。それが私の優先事項だ」と発言した[93]。

2002年1月，EUとアメリカは，「予防に関する合同ワークショップ」を開催したが，そこでアメリカ・ブッシュ政権の見解を代弁したグラハム（OMB/OIRA局長）の報告が，予防原則を環境法や環境政策に取り入れてきたEUなどの諸外国の動きに対するアメリカの（婉曲的な言い回しであるが）決別宣言となった。

　Is Junk Science: Science-Based Strategies for Avoiding Accountability and Responsibility for Risk-Producing Products and Activities, 52 U. Kan. L. Rev. 897, 901 (2004).

(92)　Society of Environmental Toxicology and Chemistry, Technical Issue Paper , Sound Science, https://c.ymcdn.com/sites/www.setac.../setac_tip_soundsci.pdf (last visited Feb. 16, 2018).

(93)　シュラーズ（長尾・長岡監訳）・前掲（注6）162-163頁。

第 3 章　予防原則をめぐるアメリカと EU との対立

　「予防原則とは何を意味するのか。わたしは，いかなる普遍的な予防原則も明示するつもりはないと確約できる。ご承知のように，合衆国政府はリスク管理に対する予防的アプローチを支持するが，いかなる普遍的な予防原則も認めない。われわれは，それをおそらく一角獣（神話上の動物）のごとき架空の概念であると考える」[94]。

　このグラハム発言の趣旨をいかに理解すべきか。「アプローチ」と「原則」はまったく異なるものであり[95]，環境規制においてその都度（アド・ホックに）予防的対応をとることは否定しないが，環境規制における一般的（普遍的）な原則として予防原則を認めることはしないというのがその真意であろう。しかし，このグラハム声明が，アメリカの環境（法）学者の総意といえないことは当然である。

---

(94)　John D. Graham, The Role of Precaution in Risk Assessment and Management: An American's View, www.whitehouse.gov/omb/inforeg/ eu-speech.html(last visited at April 15, 2017). グラハムは，「アメリカは，リスク管理における不十分な予防から生じたといえる痛みと苦悩を体験してきた。喫煙の健康リスク，かつてガソリン添加物として使用された低用量の鉛の神経影響，職場におけるアスベスト暴露による呼吸器疾患など。これらは，合衆国における主要な公衆衛生（健康）問題となった。もしも初期の危険信号がリスク管理者による予防的措置を喚起していたなら，これらの問題はおしなべて軽減され，さらに防止できたことを，公衆衛生の歴史家は教えている」とも述べており，「予防」や「予防的措置」の役割や評価に含みを残している。

(95)　そこで，予防的アプローチも予防原則も内容に大差がないと考えると（たとえば，Birnie & Boyle, supra note 2, at 155; バニー・ボイル（池島ほか訳）・前掲（注2）142 頁，松井・前掲（注2）104-105 頁），このグラハム発言の趣旨がつかめないことになる。私は，文脈が異なるが，「合衆国は，予防的措置（measure）や予防的アプローチがリスクの規制に適用されうることを拒否していないということが明確にされるべきである。論戦になっているのは，現存の協定中の条項に優先する，またはくつがえすことのできる予防原則の存在または出現である」(Christoforou, supra note 5, at 27) という指摘が，グラハム発言の真意を言い当てているとおもう。松井・同前が指摘するように，米国・EU 成長ホルモン牛肉輸出入紛争におけるアメリカの主張（本書84頁（注32））も，このような二分論を前提としたものである。

5 再論——アメリカは，なぜ予防原則を拒否したのか

（1）ふたたびアメリカとヨーロッパの比較

「1990年以降，規制の厳格さについて大西洋をはさんだ転換があった」，「たとえば化学物質の規制やオゾン層破壊物質の制限では，より厳格で包括的な規制に関して合衆国とEUの立場が代わり，文字通りの急旋回（flip-flop）があった」[96]。「1990年頃，大西洋の両岸で厳格な規制政治における注目すべき断絶（非連続）が生じた。もしも1990年以前の30年の間に大西洋の両岸で新たな規制が法律で規定されたなら，そのときは，おそらくアメリカ基準が，よりリスク回避的であったであった。しかし，もしも1990年以後に大西洋の両岸でそれが法律で規定されたなら，そのときはおそらくヨーロッパ連合で制定された規制が，よりリスク回避的であった」[97]。

1970年代当初に予防原則に理解を示したのはアメリカであったが，1980年代にはヨーロッパ諸国が予防原則を環境政策のなかに取り入れ，1990年代になると（アメリカに代わり）ヨーロッパが予防原則をベースにした先進的な環境政策の旗振りをすることになった。ヴォーゲル，アップルゲート，パーシヴァルなどの主張をおおざっぱに要約すると，以上のようになる。しかし，ヨーロッパは予防原則の導入に積極的であり，アメリカは予防原則の導入に消極的（批判的）であった，という一般に流布した理解は正しいのか。

この分かりやすいテーゼに猛然と異議をとなえたのが，ウィーナーやロジャースである。彼らのプロジェクトは，まず1970年～2004年の間に話題となった2878のリスクの中からランダムに100のリスクを選んでアメリカとEUの規制の強度を定量的に比較分析するとともに，両地域で対応が分かれた12の分野（27事例）を定性的（質的，内

---

(96)　Vogel, supra note 6, at 5.

(97)　Id. at 2.

容的）に分析し，どちらがより予防的かを検討した[98]。その結果をまとめたのが，『予防の現実：リスク規制に関する合衆国とヨーロッパの比較』（2011 年）である[99]。その結論をごくごく簡単に要約する。

大西洋をはさんだ政策の転換など存在しない

　第1に，1970 年〜2004 年の間の規制強度を定量的に分析・比較すると，36 のリスクについてはアメリカがより予防的であったが，31 のリスクについては EU がより予防的であった。また，定性的分析においても，EU は GMF（遺伝子組み換え食品），牛成長ホルモン剤，有害廃棄物，気候変動などについてはより予防的であったが，アメリカは 1990 年以降，PM 大気汚染，タバコ，狂牛病，リスク情報開示，胚性幹細胞（万能細胞）研究，青少年犯罪，テロ，大量破壊兵器などについて，より大きく予防原則に傾いている[100]。

　第2に，ウィーナーらは，これらの分析をもとに，ヴォーゲルの「大転換」テーゼは大部分がステレオタイプ（先入観）や少数事例から類推した一般論に基づくもので，規制の強度や予防において大西洋をはさんだ転換や急旋回などはなく，1990 年以降においても，時に

---

(98)　取り上げられている事例は，食品の安全（遺伝子組み換え作物，牛ホルモン成長剤，狂牛病），タバコ，核発電，自動車排気ガス，成層圏オゾン破壊（フロン），気候変動，海洋環境，生物多様性，化学物質，医療安全対策，テロリズム，大量破壊兵器，リスク情報開示システム，リスク評価システムである。

(99)　Wiener et al., supra note 3. 私（畠山）も同書に一応目を通したが，同書は本文が 569 頁と大部なうえに論点も多岐にわたる。そこで分かりやすさを優先し，ここでは，Jonathan B. Wiener, The Politics of Precaution, and the Reality, 7 Reg. & Governance 258, 259-262 (2013); Elvire Fabry & Giorgio Garbasso, The Reality of Precaution, 18 July, 2014, http://www.delorsinstitute.eu/011-19897 (last visited Feb. 20, 2018) の要約を利用した。Jonathan B. Wiener & Michael D. Rogers, Comparing Precaution in the U.S. and Europe, 5 J. Risk Res. 317 (2002) でも同じ主張が展開されている。

(100)　Wiener et al., supra note 3, at 377-408.

は EU が，時には合衆国がより予防的であったと論駁するのである。

　　「（ヴォーゲルの主張とは反対に）われわれは，大西洋をはさんで規
　　制の厳格さや予防を比較するなかで，大転換や逆転などは発見しな
　　かった。かわりに，われわれは，アメリカと EU においてほぼ等しく，
　　特定のリスクに対する予防の選別的な適用によって切断された複合的
　　リスク規制の複雑な類型——1990 年以降ときにはヨーロッパがより予
　　防的であり，1990 年以降ときには合衆国がより予防的であることを明
　　示しており，重大な集合的転換などはない——を見い出した。われわ
　　れが見い出したのは，幅広い原則ではなく，特殊な類型である。われ
　　われは，規制に対する大規模な国家的アプローチに由来するのではな
　　く，個々のリスクおよび個々の規制に関連した特定の危機，公衆の反
　　応，関係者，および複数の機関に由来する複雑な類型という要因を見
　　い出したのである」[101]。

　サンスティーンも，ウィーナー・ロジャースを全面的に肯定し，
「私は，ヨーロッパとアメリカをこのように比較することは間違いで
あり，錯覚であると思う。ヨーロッパの人びとがアメリカの人びとよ
りも予防志向的だというのは全くの間違いである。経験的事実として，
どちらかが「より予防志向的である」とはいえない」，「ヨーロッパと
アメリカ合衆国を比較し，ウィーナーとロジャースはこの点を経験的
に論証した。……もっとも一般的にいえることは，いかなる国も一般
的に予防的なのではなく，コストのかさむ予防は，必然的にとくに顕
著なまたは声高に主張される危険に対してのみ取られるということで
ある」[102]という。

　第 3 に，ヴォーゲルは，環境政策の形成をめぐり，アメリカと EU

---

(101)　Wiener, supra note 99, at 258. See also Wiener et al., supra note 3, at
　　520-529.
(102)　Cass R. Sunstein, Laws of Fear: Beyond the Precautionary Principle
　　34 (2005)；キャス・サンスティーン（角松生史・内野美穂監訳）『恐怖の法則
　　予防原則を超えて』43 頁（勁草書房，2015 年）。

第3章　予防原則をめぐるアメリカとEUとの対立

とでは異なるダイナミズムが働いたことを，(1)より厳格で保護的な規制に対する公衆の圧力の強さ，(2)影響力を有する政府公務員の政策上の選好，(3)政策決定者がリスクを評価し管理する基準（クライテリア）の3点にわたり指摘する。1990年以降のアメリカでは，より厳格な規制にする公衆の要求の弱さ，健康・安全・環境リスク規制の範囲と厳格さを拡大することに反対する政策決定者の影響の増大，高度なリスク回避のための高度な規制の採用をより困難にする意思決定基準が作動した，というのがヴォーゲルの結論である[103]。

ウィーナーらは，このヴォーゲルの掲げる3要因についても強い批判をくわえているが，ことは比較政策学の手法や事実の評価に関わるので，これ以上は立ち入らないのが妥当であろう[104]。

ウィーナーらの批判は成功しているか

ウィーナーらの批判については，つぎのようにいうことができる。

まず，第1に，広範な多数のリスクを量的・質的に比較し，EUとアメリカのどちらが「より予防的か」を検証することに，どのような学問的意義があるのかという素朴な疑問である[105]。そもそもヴォー

---

(103)　Vogel, supra note 6, at 3.

(104)　批判の内容は，強い規制を求める大衆の声が大きくならない理由をヴォーゲルは説明していない，H・W・ブッシュからオバマまでの政権はタバコなどの規制やテロ対策に積極的に取り組んだ，アメリカが温室効果ガスの規制に消極的なのはコストが原因であり（皮肉なことに，1980年以降の新規核発電の予防的停止によってコストの高い石炭への依存が高まった），景気後退やシェールガスへの代替によってガス排出量は減少している，近時EUでも規制影響分析や費用便益分析を実施している，などというものである（Wiener, supra note 99, at 262-264）。

(105)　ウィーナーらの分析は一見すると緻密であるが，饒舌な批判や牽強付会が目に付く。ここでは2つを指摘するにとどめる。第1は，彼らが未然防止と予防を十分に区別していないことである。タバコ，核発電，医療安全対策などは，規制の強度の比較事例としてはともかく，予防原則の適用事例とするのには疑問がある。第2は，彼らが用いる多数の事例には，実証に不可

ゲルの研究は,「EU は合衆国に比べ,より一層リスク回避的になったということではなく,EU は事業活動によって引きおこされる広範な健康・安全・環境リスクに対して,より一層リスク回避的になったということ」[106]を主張し,その原因(要因)を解明しようとするものである。

第2に,ウィーナーやサンスティーンの主張するように,個々のリスクに関する意思決定は「複数のリスクに対する複雑な規制の組合せ」である。したがって,もしヴォーゲルが,EU は常に予防(追求)的であり,アメリカに優る環境意思決定をしてきたと主張するのであれば,それは一面的にすぎるだろう。しかし,ヴォーゲルは,議論の対象を健康・安全・環境リスクに限定し,「これら(HSE リスク)に対する公共政策には,他の種類のリスクに対する公共政策を必ずしも支えはしない政治的ダイナミズムがある」[107]と述べるにとどめており,EU が一般的に予防的であるとは主張していない。

ヴォーゲルと同種の議論は,大西洋の反対側にもみられる。たとえば,クリストフォロー(EC 司法局の法律アドバイザー)は,1970 年代を第1フェーズ,1990 年代までを第2フェーズ,1990 年代から現在までを第3フェーズとし,第1フェーズではアメリカが「健康」や

欠な質的共通性・一貫性が欠けていることである。ヴォーゲルが比較の対象を「事業活動により引きおこされる健康・安全・環境リスク」に限定したこと(Vogel, supra note 6, at 18)をウィーナーは縷々批判しているが(Wiener, supra note 99, at 259-261),現代社会に存在する「リスク」は多種多様であり,「リスク規制全般を議論したり,非常に異なる種類のリスクに対応した政策を比較すること」(Vogel, id. at 18)に学問的な意義があるとはいいがたい。とくに,テロリズム対策と予防原則を結びつけた議論には問題がある(Id. at 18-19)。テロリズムは科学的不確実性とは無関係な問題であり,端的に「それは予防原則の問題ではない」(中山竜一「予防原則と憲法の政治学」法の理論 27 号 88 頁(2008 年))というのが正しいだろう。

(106)　Vogel, supra note 6, at 19-20.
(107)　Id. at 18.

120

第3章　予防原則をめぐるアメリカと EU との対立

「労働安全」の分野における厳しい規制でヨーロッパに先行したが，第2フェーズではヨーロッパが「健康」と「環境」の分野における規制措置を急速に整備し，アメリカを捉えるとともに，成長ホルモン肉牛や乳牛の規制においてはアメリカを追い抜き，第3フェーズではヨーロッパが「健康」と「環境」の分野において予防を基礎においた高次の規制を定める立法をあいついで計画し採択したのに対し，合衆国では「健康」と「環境」の分野でとくに目立った法律は制定されず，むしろ保護を低下させる立法が制定されたという[108]。

なるほど（西）ドイツが EU 全体への予防原則の拡大を主張したのは，啓蒙的環境主義が働いたからではなく，ドイツが自国企業の競争上の地位を保持するためであったという事実は否定できない[109]。しかし，EU がその後も，国際法・国内法の中に予防原則を導入するべく活動し[110]，REACH，WEEE，RoHS などの革新的な規制プログラムに取り組んだのに対し[111]，アメリカの環境行政機関が，環境規制

(108)　Christoforou, supra note 5, at 18-26.

(109)　「予防は，環境問題に関する前例のない水準の支持を得ながら社会に出現した。それは 1980 年代の初頭，ドイツ政府により，酸性雨を減らすための技術ベース基準の一方的な適用を正当化するために用いられた。ひとたびこれが用いられると，ドイツは，競争上不利な立場におかれた自国の企業を保護するために，その他のヨーロッパ全土に通じる同様の基準を採用するよう EU に迫った。これは啓蒙的環境主義が働いたからではなく，加盟国の競争市場の命令であった。政策議論は環境への関心よりは競争による配慮によって支配された」（Andrew Jordan & Timothy O'Riordan, The Precautionary Principle in Contemporary Environmental Policy and Politics, in Raffensperger & Tickner eds., supra note 62, at 21）。

(110)　増沢陽子「EU 環境規制と予防原則」庄司克宏編著『EU 環境法』159頁（慶應義塾大学出版会，2009 年），Alexander Proelß（中西優美子翻訳）「EU 環境法の原則」中西優美子編『EU 環境法の最前線』18-27 頁（法律文化社，2016 年）などを参照。

(111)　なお，REACH については，小島恵「欧州 REACH 規則にみる予防原則の発現形態(1)(2・完)」早稲田法学会誌 59 巻 1 号 135 頁（2008 年），59巻 2 号 223 頁（2009年）ほか，多数の研究がある。また，WEEE および RoHS

の強化に対する産業界の抵抗，世論の関心の低下，リベラル・保守・超保守派に分裂した政治情勢，同じくリベラル派と保守派が対立する裁判所の介入などの諸事情によって，斬新な環境対策が打ち出せない状況を考えると，「政治的分裂が原因で，合衆国はEUよりは，より予防的でなくなったというヴォーゲル理論は，最近の一連の事象により十分に（amply）証明される」[112]といわざるをえない。

(2) 予防原則の導入を阻んだ2つの要因

ヴォーゲルは「重大で回復不可能な損害に対する関心と不確実な条件のもとで規制しようとする意思（意欲）は，すべて合衆国の規制立法の中にしっかりと埋め込まれている」と述べた（本書20頁）。しかしアメリカは，予防原則に背をむけてしまった。アメリカが予防原則を選択しなかった理由を，ヴォーゲルは，さらにつぎのようにいう。予防原則批判者であるボダンスキーの指摘と並べ引用しよう。

> 「合衆国における高度にリスク回避的または予防的リスク規制の採用に対する（第1の）重大な障壁は，リスク管理意思決定に費用便益分析を組み込むという要求である。費用便益分析の使用が，合衆国のリスク規制の決定的なかつ論争をはらんだ構成要素となった」，「合衆国におけるリスク管理意思決定に対する予防的または高度にリスク回避的アプローチの適用に対する第2の手続的・行政的障壁は，科学に基

については，青木正光「欧州の環境規制——WEEE/RoHS & REACH」表面技術57巻7頁（2006年），available at https://www.jstage.jst.go.jp/article/sfj/57/12/57_12_813/_pdf（last visited Feb. 18, 2018）；赤渕芳宏「欧州における予防原則の具体的適用に関する一考察——いわゆるRoHS指令をめぐって」学習院大学大学院法学論集12号446頁（2005年），同「製品中有害廃棄物の環境リスク管理に関する若干の考察」同13号83頁（2006年）などを参照されたい。

(112) Robert V. Percival, Risk, Uncertainty and Precaution: Lessons from the History of US Environmental Law, U. Md. Legal Studies Research Paper No. 2013-71, at 29, 31 (2013).

礎をおくリスク評価の重要性の増大である」[113]。

　「予防原則は期待された結果を生み出さなかっただけではなく，強い反発をまねいた。過去10年間（1980年代をいう・畠山）において，環境法はリスク評価と費用便益分析をより一層強調するようになった。そのいずれも予防原則とは異なり，われわれはリスクを測定し適切な対応を計算するために十分な知見を有するという前提にたつ。それゆえ，UNEPや北海会議のような国際機関が予防原則に注目しはじめたまさにそのとき，合衆国環境法は予防原則から離れたのである」[114]。

「重大で回復不可能な損害に対する関心と不確実な条件のもとで規制しようとする意思」は，EUとアメリカに共通するものである。EUはその意思を予防原則という理念で包摂しようとしたのに対し，アメリカは独自に発展させたリスク評価と費用便益分析によってそれに対峙した，というのが（予防原則に対する賛否にかかわらず）一般に受け入れられた説明であろう[115]。

---

(113)　Vogel, supra note 6, at 257, 259.

(114)　Bodansky, supra note 53, at 205. See also John S. Applegate, The Taming of the Precautionary Principle, 27 Wm. & Mary Envtl. L. & Pol'y Rev. 13, 15 (2002). サックスも，「多数の環境・健康法規における明らかに予防的な文言にもかかわらず，法規のなかの予防的傾向は，1970年代の環境規制システムの（費用便益分析の要求と，より懐疑的な司法審査を含む）変更によって浸食され続けてきたと，多数の研究者が結論づけている」と述べている（Noah M. Sachs, Rescuing the Strong Precautionary Principle from Its Critics, 2011 U. Ill. L. Rev. 1285, 1293 n.34）。

(115)　アッシュフォードは，2007年，予防原則を支持する立場から「合衆国法における予防原則の遺産」と題する論稿を公刊しているが，副題はそのものズバリに，「健康・安全・環境保護を蝕む要因としての費用便益分析およびリスク評価の興隆」というものである。Nicholas A. Ashford, The Legacy of the Precautionary Principle in US Law: The Rise of Cost-Benefit Analysis and Risk Assessment as Undermining Factors in Health, Safety and Environmental Protection, in Implementing the Precautionary Principle : Approaches from the Nordic Countries, EU and the United States 352-378 (Nicholas de Sadeleer ed., 2007).

最後にヴォーゲルとアップルゲートは,「予防原則はアメリカに拠点をおく法人やアメリカの公務員によって強く批判されてきた。かれらの主張は, 予防原則はリスク管理決定の指針である科学的リスク評価の重要性を損ない,“正しい科学”よりも公衆の恐怖や“リスクの幻影”に基づく規制を導くことがある, というものである」[116],「合衆国内では, 上級公務員や多数の著名な学者が, 予防原則に激しく反対した。というのは, 彼らは予防原則を, 世界でもっとも精巧な環境レジームと特徴付けるに至ったリスク・ベースの, 科学が管理する, 費用に敏感（コスト・センシティブ）な規制構造に取って代わるものとみなしたからである」[117]と口をそろえて言う。ここでいう「上級公務員」および「著名な学者」がグラハムやサンスティーンらを指すことはいうまでもない。そこで第4章, 第5章では, この二人を含め,「彼らの主張」を, より詳しく検討することにしよう。

---

(116)　Vogel, supra note 6, at 9.

(117)　Applegate, supra note 114, at 15.

第4章　予防原則の構成要件と分類

1　予防原則を解析する

さて，予防原則について，今のところ多くの人が賛同しうるような定義や内容の説明は存在しない。しかし他方で，予防原則を構成する要件（要素）については，さほど大きな争いがない。問題は，予防原則の個々の要件を具体的にどのように定めるのか，そして要件が充足された場合に，意思決定者にどのような判断や行動を求めるのか，という点にある。

(1)　予防原則の構成要件

では，予防原則はどのような要件（要素，側面）から構成されているのか。この問題についてもっとも明晰な見解を示したと称されるのが，パー・サンディン（当時ストックホルム大学哲学部）である。彼は1999年の論稿で，予防原則は，①脅威の側面（環境または人の健康に対する脅威を引きおこす活動），②不確実性の側面（因果関係が科学的に十分に証明されていないとき），③行動の側面（予防的な措置），④命令の側面（行動の指示）という4つの側面（dimention）から構成されることを示した[1]。

アップルゲートも，サンディンの分析を評価しつつ，予防原則の一般的要件（要素）を，より法的な視点から，①発動要件，②適用時期，③対応の内容・程度，④規制にむけた措置の4つに分けている[2]。

---

[1]　Per Sandin, Dimentions of the Precautionary Principle, 5 Human & Ecological Risk Assessment 889, 890-891(1999).

[2]　John S. Applegate, The Precautionary Preference: An American

これに対しマンソン（ノートルダム大学哲学部）は，①損害条件，②知見条件，③救済措置（e-remedy）の３つを予防原則の核となる論理構造とし，すべての予防原則のバージョンは，この３つの構造部分を共有するとしたうえで，予防原則の論理形式を，「もし環境に関わる活動が損害条件に適合し，および環境に関わる活動（e-activity）と環境への影響（e-effect）との因果関係が知見条件に適合した場合，意思決定者は特定の環境救済措置を実施するべきである」と定式化する[3]。ガーディナー（ワシントン大学哲学部）も，①損害，②不確実性，③予防的対応の３つのを予防原則の重要な構成要素としてあげる[4]。

　なにを予防原則の構成要件と理解するかは説明の便宜の問題でもあり，４要件説または３要件説のいずれかに統一すべき問題ではない。しかも，①損害の要件と，②不確実性の要件については争いがなく，問題は③対応の要件（措置の内容，強制の程度）を１つにまとめるか，２つに分解して説明するのか，という点に両説の違いが見られるにすぎない。そこで，本章は，これらの諸学説を参考に，(1)損害（脅威），(2)不確実性，(3)予防的対応，(4)強制の４つのキーワードを用いて予防原則の内容を整理することにしよう[5]。

　　Perspective on the Precautionary Principle, 6 Human & Ecological Risk Assessment 413, 416-420(2000).

(3)　Neil A. Manson, Formulating the Precautionary Principle, 24 Envtl. Ethics 263, 265(2002).

(4)　Stephen M. Gardiner, A Core Precautionary Principle, 14 J. Pol. Phil. 33, 36(2006).

(5)　以下，本書第１章に列挙した条約等を参考に，用語を整理する。なお，高村ゆかり「国際環境法におけるリスクと予防原則」思想963号63-67頁（2004年）が，予防原則の構成要件を，不確実性，開始条件，求められる行動（＋留意点）に区分し，岩間徹「国際法上の予防原則について」ジュリスト1264号62-63頁（2004年）および「国際環境法における予防原則とリスク評価・管理」岩間徹・柳憲一郎編集『環境リスク管理と法』312-322頁（2007年，慈学社）（以下，「リスク評価・管理」という）が，同要件を影響項目，欠如項目，措置項目に区分し，また，村木正義「予防原則の概念と実

第 4 章　予防原則の構成要件と分類

(2) 損害（脅威）の要件

　予防原則の適用を開始するには，まず最初に，予防原則の適用を促し（可能にし），その適用を正当化するに足りる事実が特定されなければならない。これを発動要件（trigger），閾値要件（threshould）と称しており，リオ宣言原則 15 における「重大なまたは回復不可能な損害のおそれ」という要件が代表的なものである。

　損害（damage）という表現にかえて，侵害（injury），危険，リスク，損失，脅威（threat），悪影響，あるいは生物の多様性の減少もしくは喪失などが用いられる場合もある。また初期の条約は，単に「人または環境への影響」，「損害または有害な影響」，「生じる可能性のある損害の影響」などと表記するだけであったが，1990 年代に入ると，「重大なまたは回復不可能な損害のおそれ」をはじめ，「重大な悪影響」，「重大な損害のリスク」，「著しい減少または喪失のおそれ」などの表現が用いられるようになった[6]。これらの表現は，とるに足りない危険，無視しうる危険を最初から予防原則の適用対象外とする趣旨である。しかし，ウイングスプレッド声明のように，脅威の程度や大きさ

　　践的意義に関する研究(1)(2)——起源，適応，要素を踏まえて——」経濟論叢 178 巻 1 号 33 頁，5-6 号 573 頁（2006 年）が，予防原則の「本質的要素」に科学的確実性の欠如，おそれ，予防的行動の 3 つを，「偶有的要素」に証明責任の転換，公衆参加，広範な代替案の作成などをそれぞれ区分し，多数国間環境条約を明快に整理している。大塚直「未然防止原則，予防原則・予防的アプローチ(5)」法学教室 289 号 108-111 頁（2004 年）もこれを論じる。本書もそれらを参照した。

(6)　John S. Applegate, The Taming of the Precautionary Principle, 27 Wm. & Mary Envtl. L. & Pol'y Rev. 13, 24(2002).「重大な」または「著しい」などの限定が設けられるようになった背景として，環境問題の関心が（目に付きやすく，除去が比較的簡単な）ハザードの除去・削減から（より微視的で，除去が困難な）リスクの軽減へと移行し，それに伴い予防原則の内容が，ハザード・ベースの予防原則からリスク・ベースの予防原則へと変化したことがあげられている（Id. at 44-50; 本書 261-262 頁）。なお，高村・前掲（注 5）67 頁の説明も参照。

にまったく触れないものもある。

　では「重大なまたは回復不可能な」という要件を適用した場合，「重大」や「回復不可能」とは，それぞれどのような損害をいうのか[7]，「重大」要件に該当すれば「回復不可能」要件をみたす必要はないのか[8]，逆に「回復不可能」要件に該当すれば「重大」要件をみたす必要はないのか[9]などについては，予防原則支持者の間でも意見が

(7)　アップルゲートは，リオ宣言原則15は「行動または物質の影響が非常に大きく，正確な予測がわれわれの能力をこえるような場合に予防原則の発動を限定する」趣旨であるという（Applegate, supra note 2, at 416）。

(8)　サンズ（ロンドン大学）らは，予防原則は因果関係の証明に先立ち当座の措置を要求するものであり，したがって事後に回復可能なものは除外し，重大かつ回復不可能な損害のみを対象にすべきであると主張しているようである（Applegate, supra note 2, at 416）。

(9)　サンディンは，回復不可能な損害であっても重大性の欠けるものは予防的対応を講じる必要がないとし，「ある脅威は回復不可能性によってより重大なものになるが，回復不可能性それ自体は，脅威を重大なものとはしない」（Sandin, supra note 1, at 892）という。アットフィールドは，地球的規模の環境変化，人間が耐えられない回復不可能な変化，それ以上の干渉が破壊をもたらす危険水準に達した傷つきやすい生態系を予防原則の対象とすべきであるというが（Robin Attfield, The Precautionary Principle and Moral Values, in Interpreting the Precautionary Principle 153, 155（Timothy O'Riordan & James Cameron eds., 1994）），これはサンディンのいう「脅威が回復不可能性によってより重大なものになる」例といえよう。

　他方で「回復不可能性」に着目するのがサンスティーンである。彼は強い予防原則を激しく批判する一方で，回復がきわめて高コストでありまたは不可能であるという意味で回復不可能な場合や，将来の柔軟な対応を保存するためにオプションを"購入"することに理がある場合，大切で独特な性質をもつ財の損失などについては，回復不可能性な損害の予防原則を語ることができ，さらに最悪のシナリオはその性質上回復不可能なので，カタストロフィーと回復不可能性を結びつけて，不可逆的でカタストロフィーな損害の予防原則を生み出すことができるという（Cass R. Sunstein, Worst-Case Scenarios 189, 196（2007）；キャス・サンスティーン（田沢恭子訳・齋藤誠解説）『最悪のシナリオ 巨大リスクにどこまで備えるのか』199頁，206頁（みすず書房，2012年）。なお，本書288頁以下参照）。

　しかし，サンスティーンは，「回復不可能性を強調することには重大な問

第4章　予防原則の構成要件と分類

一致せず，実際は適用の有無を判断する者の大幅な裁量的判断に委ねられている。

(3) 不確実性の要件，適用時期

予防原則は，「科学的知見が未だ利用できないとき」，「科学的証拠がない場合」，「科学的知見が決定的でない場合」，「決定的証拠がない場合」に適用される。あるいは，「科学的に十分に証明（または理解）されていなくとも」，「（十分な）科学的確実性がなくても」，「科学的に十分に証明されていなくても」，「科学的証明を待つことなく」，「科学的情報および知識が不十分であるために科学的確実性がなくても」，「科学的不確実性がありうるとしても」などの条件で表現されることもある。

では，予防原則はどのような知見について科学的不確実性がある場合を想定しているのか。この問題は，あまり議論されたことがないが，少し考える必要がある。第1は，損害要件の判断，つまり，「損害」，「重大な損害」などが生じる可能性や大きさについて不確実性がある場合である（これを，さしあたり「損害の不確実性」という）。たとえば「生じる可能性のある（潜在的）悪影響が十分に把握できない場合」（世界自然憲章），「可能性のある悪影響の程度に関し，関連する科学的情報および知識が不十分であるために科学的確実性がない（場合）」（カルタヘナ議定書）などの文言は，このような場合を想定しているように読める。

第2は，損害要件が充足されたことを前提に，原因行為と損害発生

題がある。その基本的発想があいまいなのだ」，「回復不可能性は，高度な予防的アプローチをとる十分な理由ではない。最低限，回復不可能な変化がより悪くなること，およびそれが一定規模の大きさにまで達しなければならない」，「単なる回復不可能性という事実だけではなく，その規模に目を向けるべきである」（Sunstein, infra note 43, at 116-117）とも述べており，さらにその主張の真意を見極める必要がある。

との因果関係について（のみ）不確実性がある場合である（これを，さしあたり「因果関係の不確実性」という）。「排出と影響との因果関係を証明する科学的証拠がない場合」（ロンドン閣僚宣言，ハーグ閣僚宣言，OSPAR 条約など）はそれを明記する。「重大なまたは回復不可能な損害のおそれがある場合には，十分な科学的確実性がないことが……」（気候変動枠組条約，リオ宣言原則 15）などの表現も，科学的不確実性を因果関係の不確実性に限定する趣旨であろう。

　この問題は，後に述べる証明責任にも関連してくるが，大部分の見解は，第 2 の立場を前提しているようである[9-2]。そこで，本書も不確実性の要件の適用範囲を原因と結果の「因果関係の不確実性」にさしあたり限定し，議論をすすめよう。

　つぎに，上記の不確実性要件は，予防原則の適用を可能にすると同時に，その適用時期を明示していることにも注目すべきである。すなわち，予防原則の適用期間は「十分な科学的確実性がない」とされる期間，すなわち，損害の内容や原因・結果の因果関係を「予期しうる」（anticipatory）時点から「十分に」（fully）明らかになるまでの期間に限られる[10]。十分な科学的確実性をもって因果関係等が否定されたときは予防的措置が解除され，十分な科学的確実性をもってそれらが肯定されたときには（予防的ではない）本格的な未然防止措置がとられることになる。

　では，どのようにして(a)予防原則適用の入口と(b)出口を判断するのか。まず，(a)どの程度の証明があれば「予期しうる」と判断するのか。アップルゲートによれば，「予期しうる」の証明の程度が，現在の不

(9-2)　Gardiner, supra note 4, at 36 は，不確実性の要件を「影響および因果関係の不確実性」と記しており，2 つの不確実性を区別する趣旨と読める。しかしこのような説明は少数である。

(10)　「"科学的証拠が証明される前に" という表現は，"完全な科学的証明" が期待されるべきものであるということ示唆している」（Sandin, supra note 1, at 893）。

130

第4章　予防原則の構成要件と分類

法行為法で求められ因果関係の証明（証拠の優越）や，未然防止のための規制について一般に求められる蓋然的因果関係（likely cause-and-effect relationship）よりも低いことに異論はない[11]。では最低限，どの程度の証明が求められるのか，この点について，予防原則支持者の見解が一致しているとはいえない。

(b)どのような状態をもって因果関係の存否が「十分に」，あるいは「明確に」明らかになったといえるのか。この点についても激しい論争が予想される。というのは，ここでは「科学的」な不確実性が問題となっており，したがって，基本的には専門家の知見が尊重されるが，健康・安全・環境に関わる科学的知見については，虚実を交えて異論や少数説があるのが常であり，その多くが，科学だけでは決着がつかない「トランス・サイエンス」の領域にあるからである[12]。上記の事情は，気候変動（地球温暖化）やGMOをめぐるEUとアメリカの対立をみれば明らかであろう。

他方で，「予防原則に関するECコミッション（委員会）からのコミュニケーション」（2000年。以下，「EUコミュニケーション」という）[13]のように，「十分な科学的確実性」の有無は，（実行可能であれ

(11)　Applegate, supra note 2, at 417. なお，ヨーロッパ危機にある海洋に関する会議・最終宣言のように，特定の活動の"最悪のシナリオ"が十分に深刻なときは，当該活動の安全性に関する「疑いがたとえわずかでも」予防原則の適用を求めるものがある（本書10頁）。

(12)　Sandin, supra note 1, at 893. 前書227頁参照。

(13)　Commission of the European Communities, Communication from the Commission on the Precautionary Principle, COM（2000）1 final（Feb. 2, 2000）, available at http://europa/eu/int/comm/dfs/heaalth_consumer/library/pub/pub07_en.pdf（last visited Mar. 20, 2018）. 環境省のホームページから原文と邦訳（高村ゆかり翻訳）を入手できる。なお，EUコミュニケーションについては，岩田伸人「ECの予防原則：EC委員会報告」青山経営論集36巻1号59頁（2001年），小山佳枝「EUにおける予防原則の法的地位：欧州委員会報告書の検討」法学政治学論究52号221頁（2002年），大塚直「未然防止原則，予防原則・予防的アプローチ(1)」法学教室284号74頁

ば）正規のリスク評価手続を経た結果に基づき判定されるべきである
という考え方がある[14]。この考えによれば，リスクの規制においては，
まずリスク評価が先行し，原因と結果の因果関係について「十分な科
学的確実性」が確保された場合は未然防止原則に基づく恒久的な規制
に移行し，科学的確実性が確保されない場合は予防原則にもとづく暫
定的な規制に移行する可能性があるという手順になる。

　しかし，このような手順が「十分な科学的証明がなされる以前に」
予防的措置をとる，という予防原則の核心部分に適合するのか，リス
ク評価の実施が予防的措置を遅らせる（回避する）口実に利用されな
いのか，という疑問が残る。この問題は，本書292頁以下で再度検討
しよう。

(4) 行動の要件（脅威に対する対応）

　行動の側面とは，原因と結果の因果関係が科学的に不確実とされた
段階でとるべき当面の具体的措置を指示したものである。将来，因果
関係が「十分に」明らかになったときは，それに対応した恒久的措置

（2004年），同「予防原則・予防的アプローチ補論」法学教室313号70頁
（2006年），岩間・前掲（注5）「予防原則とリスク評価・管理」301頁，赤渕
芳宏「予防原則と「科学的不確実性」──「予防原則に関する欧州委員会から
のコミュニケーション」を中心に」環境法政策学会編『まちづくりの課題』
161頁（商事法務，2007年），藤岡典夫『食品安全性をめぐるWTO通商紛
争：ホルモン牛肉事件からGMO事件まで』213頁（農山漁村文化協会，
2007年），増沢陽子「EU環境規制と予防原則」庄司克宏編著『EU環境法』
155頁（慶應義塾大学出版会，2009年）に，それぞれ説明がある。
(14) 「予防原則を適用するかどうかを決定する際に，実行可能であれば，リ
スク評価が検討されるべきである。これは，環境または一定の集団の健康に
対する危険の影響（可能性がある損害の程度，持続性，回復可能性，および
遅発的影響を含む）が発生する可能性と大きさを明確に示す結論へと導く信
頼できる科学的データと論理的推論を必要とする。あらゆる場合にリスクの
包括的な評価を完了することは可能ではないが，利用できる科学的情報を評
価するために，あらゆる努力がなされるべきである（5.1.2）」。

第4章 予防原則の構成要件と分類

に移行する。そのため，予防原則上の措置はあくまでも，一時的，暫定的なものである。

「予防的措置」，「損害の影響を回避するための行動」，「おそれを回避し，または最小にするための措置」，「環境の悪化を防止するための措置」などの表現を用いるのが一般的であるが，さらに具体的に「当該物質の投棄を制御する行動」，「清浄な製造方法の適用」，「改変された生物の輸入について3に規定する決定を行う」などと，予防的措置の内容を特定するものもある[15]。

規制の強度（厳格さ）に着目すると，「当該の活動が行われないものとする」，「放出を排除することを最終的な目標と（する）」というのがもっとも強い措置であり，「原因を最小にし，およびその悪影響を緩和しなければならない」というのは，達成期間に幅をもたせた例である[16]。もっとも弱い最低限の措置を定めたのが，「北極における開発は，事前のアセスメントおよび開発影響の体系的な監察を含む環境への関与（environmental implications）によって，開発に対する予防的アプローチの適用を組み入れなければならない」ことを求めた「北極評議会・北極における環境と開発に関する閣僚宣言」原則8（1993年採択）である[17]。

---

(15) 岩間・前掲（注5）「予防原則とリスク評価・管理」292-293頁が，これらを「防止措置」と「許容措置」に区分し，詳しく議論している。また，高村・前掲（注5）66頁は，例外的に締約国がとるべき具体的措置を詳細に定めた例として国連公海漁業実施協定（1995年採択，2001年発効）を取り上げ，内容を説明している。

(16) Applegate, supra note 2, at 417-418. アップルゲートによると，予防原則のもっとも強いバージョンは，特定された活動や化学物質を全面的に撤回するという決定を待望するもので，このような主張は，予防原則のもっとも熱狂的な支持者と，もっとも強い批判者の双方にみられる（Id. at 417）。しかし（後述171頁のように）これを具体的に明記した条約や公式文書は未だ例外にとどまる。See also Applegate, supra note 6, at 19-20.

(17) The Nuuk Declaration on Environment and Development in the Arctic

具体的な措置・対応として，使用・販売・製造の全面的・部分的禁止，排出量などの段階的削減，悪影響の軽減・緩和措置（ミティゲーション），事前登録・許可制，環境影響評価の実施，証明責任の改正（安全が証明されるまでの禁止・現状凍結），ラベリング，啓発，汚染者費用負担，ジェネリック（共通的）な規制，代用物の規制など，多数のものが提言されている[18]。

　しかし，とるべき予防的措置は無制限ではなく，多くの制約が課せられる。第1は，「相応の」，「均衡のとれた（比例した）」，「リスクに比例する」，「もっとも危険が少ない（代替案）」などの要件である。さらに「当該の生きているGMOの重要性に鑑み，可能性のある悪影響を回避しまたは削減するために適切な（appropriate）」などの制約を科す場合もある。

　また，取るべき行動に一般的に適用されるべき基準を定めたのが，EUコミュニケーションである。同報告は，「予防原則によってうながされるアプローチは，可能な場合はいつでも，完全なリスク評価が手元にある場合に一般に使われる原則の適用を免除しない（6.3）」としたうえで，リスク管理の一般原則として，比例性，無差別性，一貫性，便益費用分析，新しい科学的知見の検討の5つをあげている。この点は，すでに詳しい紹介のあるところである[19]。

　第2の重要な制約が，「技術的および経済的考慮をはらいつつ」，「費用対効果のある」，「費用と便益のバランスがそれを正当化する」などの要件である。この要件は，本書300頁以下で再度取り上げる。

　(1993), available at arcticcircle.uconn.edu/NatResources/Policy/nuuk.html (last visited Feb. 18, 2018). この最低限の要請は，「技術開発に減速ゾーン（軽くみる趣旨ではない）を設けるものと評されてきたアプローチ」である（Applegate, supra note 2, at 417）。

(18)　Applegate, supra note 2, at 417-420.

(19)　岩間・前掲（注5）「予防原則とリスク評価・管理」301-302頁，大塚・前掲（注13）75頁，および前掲（注13）に掲記の文献に詳しい説明がある。

第4章　予防原則の構成要件と分類

(5) 強制の要件

ここでいう強制とは，予防原則が適用され，とるべき措置が定まった場合に，その規範としての効果として，規制行政機関が，どの程度の強さをもってそれを履行する義務があるのかを定めたものであり，法律学の観点からはとくに関心の高い項目である。予防的な行動が「とられなければならない（must, shall）」，「とられるべきである（should）」，「要求される」，「必要とされる」，「正当化される」，「要求されることがある（may be required）」，「正当化されることがある（may be justified）」などの表現により，義務の強度が示される。単に「行動がとられる（are taken）」とするものもある。

文言上，規範的効果がもっとも強いのは，must を2度用い，「政策は予防原則に基づかなければならない。環境上の措置は，環境の悪化の原因を予見し，未然に防止し，およびこれに対処しなければならない」と定めたベルゲン閣僚宣言（本書7頁）であり，逆にもっとも効果が弱いのは，「十分な科学的確実性のないことが（なんらかの）措置を遅らせる理由として用いられてはならない」と定めたリオ宣言原則15（本書9頁）であろう。しかし，これが「措置を遅らせてはならない」，「措置をとらずに放置してはならない」と同義なのか，あるいは「（なんらかの）措置をとる理由としてはならない」ことまで含意するのかどうかは明らかでない。

そして，おそらく両者の中間にあるのが，「科学的確実性のないことは，……生物の輸入について3に規定する決定を行うことを妨げるものではない」と定めたカルタヘナ議定書10条(6)や11条(8)，およびストックホルム条約8条(7)（本書12-13頁）などの規定であろう。この規定は，予防的措置をとることを許容するが，それを積極的に義務づける（要求する）ものではない。

2 弱い予防原則と強い予防原則

予防原則は，適用対象，求められる義務の内容，義務の程度などによって，いくつかの種類に区分（分類）することができる。しかし，もっとも大きな影響力をもった（それゆえ，しばしば用いられる）のが，弱い予防原則と強い予防原則という区分である。そこで，この区別の意味や実際に果たす役割を考えてみよう。

(1) 「2つの予防原則」論の始まり

「弱い予防原則・強い予防原則」という区分は，すでに 1995 年頃よりヨーロッパの研究者の間で使用されていた。たとえばオリオーダン・ジョーダン（イーストアングリア大学・英国）は，1995 年の論稿で，「予防は，どちらかというと現状維持的な非常に"弱い"定式から，より大きな社会的・制度的変革の必要性をほのめかす非常に"強い"定式にまで至る連続したつながりを通して機能する」と述べ，弱い定式の例として英国環境戦略を，強い定式の例として，エコロジスト・ドブソンの主張，西ドイツ連邦内務省報告書，ハーグ閣僚宣言（本書6-7頁）をあげていた。

しかしオリオーダン・ジョーダンは，弱い定式と強い定式の違いについて，「より弱い定式は，もっとも毒性が強く，人の生命を脅かす物質や活動に適用が限定されがちで，バイアスのかかった費用便益分析の役割を提唱し，技術的実行可能性や経済的効率性議論に対する関心を組み入れ，さらに"正しい科学"に基づく判断の重要性を強調する」が，「より強い定式」は，エコロジストの世界観に共通し，政治アナリストとはほとんど結びつきがなく，「政策の領域で，強い定式を探すことはもっと難しい」[20]と述べるにとどまる。

---

(20) Timothy O'Riordan & Andrew Jordan, The Precautionary Principle, Science, Politics and Ethics 7(ERGE Working Paper PA 95-02, 1995). この

第4章 予防原則の構成要件と分類

　その点で，より分かりやすいのは，キャメロン（法廷弁護士・政策アドバイザー・英国）とウェイド・ゲリー（イエール・ロースクール学生）の 1995 年の論稿であろう。彼らは予防原則概念の核心部分を，「規制上の不作為（規制をしないこと）によって生じる環境リスクがなんらかの点で(a)不確実ではあるが，(b)無視することができないときは，規制上の不作為は正当化されない」という定式で示したうえで，「このベーシックな定式に代わる，そして革新的でより厳格なバージョンは，以下のものを含むであろう」として，上記と同じ要件のもとで，「規制上の行動（作為）が正当化される」という定式と，「規制上の行動（作為）が求められる」という定式を示している[21]。

　その後，フレミング，ゴタールが，それぞれ簡単ではあるが，「弱いバージョン」「強いバージョン」の区別にふれている。まずフレミング（著名な著述家・コミュニティ運動家・ロンドン）は，論文の冒頭でつぎのようにいう。

　　「予防原則の弱いバージョンがある。それは，“不明（ignorance）は，リスクがないという推定の根拠と間違われるべきではなく，重大なリスクがないという推定の根拠とも間違われるべきではない”という。この主張を争う余地はない。しかし，それはリスクのある事業を回避することについてなにも言っておらず，単に不確実性はそれがあるがままに認められるべきであると言っているにすぎない。
　　同じく予防原則のより強いバージョンがある。それは，“受け入れることができない環境上の結果を回避するための費用は，結果的に必要とされるよりは費用が大きくなることがあるとしても，負担されなければならない”という（ベルゲン閣僚宣言が該当）。この規則はリスク

　内容を補訂したものが，Jordan & O'Riordan, infra note 53 であるが，関連個所（Id. at 30-31）の記述には変更がない。

(21)　James Cameron & Will Wade-Gery, Addressing Uncertainty: Law, Policy and the Development of the Precautionary Principle, in Environmental Policy in Search of New Instruments 100, 135 n.24 (Bruno Dente ed., 1995).

を理由に事業に対する拒否権を行使するもので，さらに議論の余地が
ある」[22]。

　フレミングは，続けて強い予防原則は機会費用を無視しているだけ
ではなく，拒否権の行使は政策上の機能停止（policy paralysis）を招き，
「予防原則へのアピールは，最終的に予防原則へのアピールによって
拒否される必要があるので，政策上の機能停止それ自体が危険である。
つまり，強い形式の予防原則も，（若干の例外を除き・畠山）明確な決
定ルールを提供しないのである」という[23]。しかし，強い予防原則の
特徴について，それ以上の説明はない。

　ゴダール（フランス国立社会科学高等研究院）も「予防原則に関する
目新しい定義はない。それこそ，われわれがそれを単に“アイディ
ア”とよぶ理由にほかならない」，「予防原則の中身は明確に定義され
ておらず，またその極端なバージョンでは受け入れられることができ
ない」[24]とするが，弱いバージョンと強いバージョンの違いについて
は，「科学的証明がなされる前であっても，危険をおよぼす行動を制
限し，規制し，または防止することが正当化されうる（弱いバージョ
ン），またはそれが強制的である（強いバージョン）」と簡単に述べる

---

(22)　David Fleming, The Economics of Taking Care: An Evaluation of the
　　Precautionary Principle, in The Precautionary Principle and International
　　Law: The Challenge of Implementation 147 (David Freestone & Ellen Hey
　　eds., 1996). なお，村木・前掲（注5）582頁注9頁も参照。

(23)　Fleming, supra note 22, at 148. そこでフレミングは，予防原則に代わる
　　「延期の原則」（事業の遅れは，よりリスクが少ない事業の実施を可能にする
　　ための調査研究のために用いられる知見によって正当化される）を提唱する
　　（Id. at 148, 164）。

(24)　Olivier Godard, Social Decision-Making under Scientific Controversy,
　　Expertise and the Precautionary Principle, in Integrating Scientific
　　Expertise into Regulatory Decisionmaking – National Experiences and
　　European Innovations 64 n.27, 70 (Christian Joerges et al. eds., 1997).

138

のみである[25]。

(2) 二分論を拡散させたモリスの主張

こうした流れのなかで，今日，「弱い予防原則・強い予防原則」を定義したものとして一般的に引用されるのが，モリス（経済問題研究所・ロンドン）の 2000 年の編著である。

モリスは，予防原則については多数の定義があるが，2 つの大きなクラスに区分するのが有意義であるとし，「第 1 に，強い予防原則は，あなたは，それがなにも損害をあたえないであろうことが確信できないかぎり，基本的になんの行動もとらないというものである。第 2 に，弱い予防原則は，十分な確実性のないことは，有害なことがある行動を未然に防止することを正当化しないというものである。どちらにも問題があるが，後者は前者ほどたいした問題ではない」[26]という。

モリスはさらに，ロンドン閣僚宣言の「因果関係が絶対的に明白な科学的証拠によって証明される前に，そのような物質の流入を統制する行動を要求できる予防的アプローチが必要である」という文言を引用しながら，つぎのようにいう。

「これは明らかに弱い予防原則の主張である。というのは，証明責任が技術を規制する者に残されているからである。新しい技術の開発者

(25)　ここでは，Sandin, supra note 1, at 895, 905 の説明による。

(26)　Julian Morris, Defining the Precautionary Principle, in Rethinking Risk and the Precautionary Principle 1 (Julian Morris ed., 2000). 後段の原文は，"lack of full certainty is not a justification for preventing an action that might be harmful" というものであるが，誤解を招きやすい表現である。「モリスにより同定された弱いバージョンでは，不確実はそれだけでは行動を必要としない。というより，弱い定式は，不確実は政府の不作為の弁解として使用されるべきではなく，規制的対応を妨げることを正当化しないことを主張する」（Gregory Conko, Safety, Risk and the Precautionary Principle: Rethinking Precautionary Approaches to the Regulation of Transgenic Plants, 12 Transgenic Research 639, 640 (2003)) という解説が正確であろう。

は，彼らの技術がネガティヴな影響をもたないということの証明を求められない。逆に，生じるかもしれない損害をイメージし，その先手をうって規制するための負担は規制者にある。2つの理由から，政府公務員が，このような概念化を選ぶであろうことはおそらく驚くに値しない。第1に，強い予防原則は権限を環境団体や他の団体に委譲することがあるが，弱い予防原則は，権限を拡大しながら，行動する理由を政府公務員に提供する。第2に，弱い予防原則は，規制者と企業が取引による合意をすることを，閉め出すのではなく可能にするからである」(27)。

以上の論拠に基づき，モリスは，ベルゲン閣僚宣言，第2回世界気候会議閣僚宣言，およびリオ宣言原則15を弱い予防原則に区分する。モリスによると，第2回世界気候会議閣僚宣言は，ベルゲン閣僚宣言の文言をなぞりつつ，それに「採用された措置は，相異なる社会・経済的状況を考慮するべきである」という制約を付加したものであり，リオ宣言原則15は，「費用対効果のある」という警告で予防原則の効果を薄めたものである(28)。

他方でモリスは，詳しい論拠を示さずに，「それが環境にとって害がないであろうという証明を得ないかぎり，その物質を認めない」というグリーンピース（ジェレミー・レゲッテ）の発言とウイングスプレッド声明の2つを強い予防原則に区分する。しかし，同時にモリスは，「この強い予防原則の要求にもかかわらず，規制者は弱い予防原則に固着し続けている」ともいう(29)。彼が見るに，強い予防原則は諸外国の立法者や規制担当者にまで浸透しておらず，一部の環境団体・消費者団体の要求や主張にすぎない。

---

(27)　Morris, supra note 26, at 3.

(28)　Id. at 5.

(29)　Id. at 4-5.

第 4 章　予防原則の構成要件と分類

ソールのより明晰な主張

　ソール（ジョージタウン大学経営大学院，専門はビジネス倫理と CSR）も，2000 年の論稿で，弱い予防原則と強い予防原則の二分論を展開している。こちらの主張は，モリスに比べると，相当に明晰である。

　ソールによると，2 つの予防原則を区別する基準は 2 つある。第 1 のもっとも重要な基準は，意思決定者が予防原則によるリスクの規制にあたり，経済的事項を考慮できるかどうかである。

　まず，「弱いカテゴリの予防原則の定式は，意思決定者が正当に考慮することができる要素を大きく制限することがなく，さらに与えられたいくつかの要素の比較の上の重み付けについて，ある特別の指針が与えられることもない。弱い予防原則は，環境上のリスクのある技術を経済的効率性の用語によって，または他の環境上のリスクとのトレードオフによって評価できる限度において，プラグマティックなもの」であり，その実際の重要性は，ケース・バイ・ケースでなされた規制者の判断を権威付けるレトリックとして機能する（にすぎない）ところにある[30]。

　ソールの主張に従うと，弱い予防原則は，それ自体は独立の意思決定原則としては機能せず，費用便益比較を含め，環境的・非環境的な要素の衡量のうえのなされたプラグマティックな決定を，事後的に正当化する役割しか果たさない。そこで「（少なくとも国内の環境リスク規制について）予防原則の弱い定式は，規制の現況に対して幾分かの当たり障りのない，または微力なものを付け加える」だけであって，ほとんど問題がないとされる[31]。

（30）　Edward Soule, Assessing the Precautionary Principle. 14 Public Aff. Q. 309（2000），reprinted as Assessing the Precautionary Principle in the Regulation of Genetically Modified Organisms, 4 Int'l J. Biotech. 18, 22-23（2002）（以下，後者より引用）。

（31）　Id. at 23.

141

これに対し，「強い予防原則の定式は，弱い（予防原則）仲間のプラグマティックなアプローチを拒否するものと理解することができる。強い定式は環境リスクを優勢（支配的）とすることで，規制の検討を制約するものである」[(32)]。言いかえると，強い予防原則は，環境規制の立案にあたって環境リスク以外の事項を考慮することを認めず，規制の費用や規制に伴う対抗リスクを考慮することを禁止するものといえる。

　　「強いバージョンを弱いバージョンから区別する鍵となる特徴は，環境リスク以外のファクターへの言及がないことである。……ウイングスプレッド声明がいうように，強い予防原則に拘束された規制意思決定者は，環境リスクを他のファクターと取引（交換）されるべきものとして扱ってはならないという制約をかされる。たとえばGMOの評価を例にとると，強い予防原則は環境リスクに（のみ）着目し，"予防的措置"をとることを許しはするが，世界がより多くの農業収穫物を必要としているという事実や，大量の農薬使用が莫大な環境コストを発生させているという事実を無視するのである[(33)]。

　第2の区別の基準は，意思決定者が特定の決定を要求（require）されるかどうかである。つまり，弱い予防原則においては，規制者が環境リスクの扱いについて何事かを命じられる（強制される）ことがないのに対し，強い予防原則においては，リスク回避が（多数の代案のなかの単なるひとつではなく）決定的な要因であり，規制者はそれに基づき行動することを要求（require）されるという違いがある[(34)]。

---

(32)　Id. at 24-25.

(33)　Id. at 25. ソールは，両者が規制者に対して認める裁量の大きさの違いにも着目し，「弱いバージョンは，環境上のリスクのある技術を商品化することに同意しまたは拒否するための正当な理由として何を考慮するのかについて，規制者に大きな裁量を付与するのに対し，強いバージョンは，環境上のリスクをありうる便益から切り離して考慮することを規制者に要求する」（Id. at 18）という。

(34)　Id., at 22, 24.

142

第 4 章　予防原則の構成要件と分類

　以上の区分に基づき，ソールは，弱い予防原則の例として，①EU
コミュニケーションと②リオ宣言原則 15 を，強い予防原則の例とし
て，③西ドイツ内務省報告書と④ハーグ閣僚宣言をあげる。

　まず，①②が弱い予防原則に区分されるのは，「いずれの事例にお
いても，科学的確実性が規制的行動のための必要条件とはされておら
ず，規制者は"潜在的な便益と行動の費用"を考慮し（①の場合），
および"費用対効果のある措置"を主張することにより（②の場合），
環境リスクが受け入れられるかどうかを広範囲に評価することを促さ
れる」からであり，「それら規制者に，環境上の安全性に結びついた
推定上の費用と便益に関連付けて環境リスクを考慮する権限を与え
る」からである[35]。

　また，③④が強い予防原則に区分されるのは，「弱い予防原則の実
例と比較すると，これらの定式は，環境上の危険に直面したときは，
なんら緩和措置（ミティゲーション）に訴えることなく，行動するこ
とを"要求する"（require）」からである。そこでスーレは，「強い予
防原則はリスク回避戦略であって，プラグマティックなリスク管理の
手段ではない」と断定するのである[36]。

(3)　スチュアートの緻密で体系的な分類

　行政法・環境法の重鎮スチュアートが 2001 年に公表したシンポジ
ウム報告原稿は[37]，モリスやソールの論稿に比べると，はるかに論理
的で緻密である。

　スチュアートは，予防原則を，①科学的不確実性は，重大な損害を
引きおこす可能性のある活動の規制を自動的に不可能にすべきではな

---

(35)　Id. at 22.

(36)　Id. at 26.

(37)　Richard B. Stewart, Environmental Regulatory Decision Making Under
　Uncertainty, 20 Res. L. & Econ. 71 (Timothy Swanson ed., 2002). これは，
　前年のシンポジウム原稿をほぼそのままに公刊したものである。

143

い（非排斥予防原則）(38)，②規制的コントロールは安全領域を組み入れ，活動は悪影響が観察され，もしくは予測されなかった水準以下に制限されるべきである（安全領域予防原則），③重大な損害を引きおこす可能性が不確実な活動は，その活動が識別可能な損害を引きおこさないということを活動の提案者が証明しないかぎり，損害のリスクを最小にするために利用可能な最善の技術要件に従うべきである（BAT予防原則），④重大な損害を引きおこす可能性が不確実な活動は，その活動が識別可能な損害を引きおこさないということを活動の提案者が証明しないぎり，禁止されるべきである（禁止的予防原則）の４つに区分し，①②を弱い予防原則に，③④を強い予防原則に分類する(39)。

　スチュアートによれば，①②の弱い予防原則は，「多数の国および国際協定によって過去30年以上にわたり国内的に採用されてきた多数の定着した未然防止規制プログラムと完全に両立しうる」ものであり，したがって「弱い予防原則は，現在の未然防止規制プログラムは十分に"予防的"ではないので，予防原則を反映するために根本的に変更される必要があるという主張の根拠になるものではない」。しかし，③④はそうではない。

　　「確立した未然防止規制プログラムと予防原則の強いバージョンとの間には重大な相違がある。弱い予防プログラムは，一般的にリスクに

---

(38)　①の非排斥予防原則には，法的責任またはコントロールが課される以前に損害がすでに生じた，もしくは切迫しているということが証明されなければならないというコモンローの主張を拒否すると同時に，リスクに関する重大な不確実性は未然防止のための規制的コントロールを排除すべき原因となるという（しばしば企業によりなされる）主張も拒否するという法的意義がある（Id. at 77）。

(39)　Id. at 76. スチュアートは，そのうえで，①はベルゲン閣僚宣言，カルタヘナ議定書，その他の国際条約にみられ，②はアメリカの大部分の実定環境法に普通にみられ，③はロンドン閣僚宣言にみられ，BAT以外の規制手法の選択を認めないものであり，④はウイングスプレッド宣言や第１回ヨーロッパ"危機にある海洋"会議・最終宣言にみられるという。Id. at 76-78。

第4章　予防原則の構成要件と分類

関する不確実性の存在それ自体をもって，規制的コントロールを課す
ための義務的または明示的な根拠とはしない。他方，③④は，より不
確実ではないリスクに比べるとより不確実なリスクを生じさせる活動
を規制し，またはより厳格に規制することを要求するが故に，規制の
概念とその結果に対する重大な変更を示している」[40]，「予防原則ベー
スの規制と未然防止規制一般を区別する強い予防原則の規範的な核心
部分は，リスクに関する不確実性は，規制的コントロールの選択や，
より決定的なリスクを生じさせる活動の場合に適切であると思われる
以上に厳格なコントロールの選択を，積極的に根拠付けるという原則
にある。予防原則は，リスクに関する不確実性に直面し，意思決定者
は予防および環境の側に誤るべきであり，実際は，活動が引きおこす
損害の確率と大きさに関する"最悪のケース"を想定すべきことを支
持する」[41]。

　スチュアートがもっとも強く，かつ繰り返し指摘する強いバージョ
ンの特徴は，「ひとたび，活動から生じるリスクが最悪のケースの想
定を発動する入口要件を満たすと，規制者は相対的に厳格な規制上の
指示に従わなければならない」ことである。すなわち，その場合，
「規制者は，活動を禁止するか，BAT要件を課さなければならず，こ
の規制の要求を回避または取り外すには，活動が"安全"であること
を証明する責任を活動の提案者に転換し，規制の要求を執行する規制
コストを無視するか，または控え目に扱わなければならない」[42]ので
ある。

---

(40)　Id. at 77-78.

(41)　Id. at 79-80.

(42)　Id. at 80. スチュアートは，「予防原則の強いバージョンは，不確実性を
解消する責任は，規制者または活動の反対者ではなく，活動の提案者によっ
て負担されるべきであることをしばしば主張する」(Id. at 79) と述べ，強い
予防原則が証明責任の転換に結びつくことを説明する。しかし，(推測であ
るが) 証明責任の転換を強い予防原則バージョンの構成要素としてあまり重
視しないようである。

サンスティーンの便宜的な分類

　サンスティーンもこの二分類を重宝するが，彼の論法は，きわめて簡単で分かりやすい。サンスティーンによれば，もっとも用心深くて弱いバージョンは「損害に関する決定的な証拠のないことを，規制を拒む理由とするべきではない」というもので，「たとえばある発がん物質への低レベル暴露と人の健康への悪影響との明白な関係がたとえ証明できなくても，規制は正当化されうるであろう」[43]という。リオ宣言，ロンドン閣僚宣言，および気候変動枠組み条約が，弱い予防原則に加えられる。

　他方でサンスティーンは，「ヨーロッパでは，予防原則がしばしばもっと強い方法で理解されて（いる）」とし[44]，強いバージョンを公

---

(43)　Cass R. Sunstein, Laws of Fear: Beyond the Precautionary Principle 18 (2005); キャス・サンスティーン（角松生史・内野美穂監訳）『恐怖の法則　予防原則を超えて』22 頁（勁草書房，2015 年）。

(44)　Sunstein, supra note 43, at 19; サンスティーン（角松・内野監訳）・前掲（注 43）24 頁。彼は，その出典としてロンボルグの著書と WordSpy（ウェブ新用語辞典）の「定義」を引用するが，いずれも学術的な出典としては疑問がのこる。
　　まずサンスティーンは，Cass R. Sunstein, Beyond Precautionary Principle, 151 U. Pa. L. Rev. 1004, 1013 (2003) では，「ヨーロッパでは，予防原則がしばしば，もっと強い意味（even stronger way）で理解されており，それは"すべての意思決定のなかに安全領域"を設けることが重要であると主張するものである」と述べ，Thomas Lundmark, Principles and Instruments of German Environmental Law, 4 J. Envtl. L. & Prac. 43, 44 (1997) を出典に記している。
　　しかし，サンスティーンは，Laws of Fears, supra note 43, at at 19 では，後半は同じながら，前半を「ヨーロッパでは，予防原則がしばしば，なお一層強い意味（still stronger way）で理解されており」と表現を変え，出典をBjørn Lomborg, The Skeptical Environmentalist 348 (2001) に変更している。そこでロンボルグ・同書（ただし，348 頁ではなく 349 頁である）をたどると，ロンボルグは「（予防原則の）よりもっとラジカルな（much more radical）解釈はドイツ・バージョン（いわゆる事前配慮原則）に由来し，これがヨー

第4章　予防原則の構成要件と分類

文書化した具体例として，カルタヘナ議定書と第1回ヨーロッパ“危機にある海洋”会議・最終宣言をあげる。そのうえで，彼は，「予防原則を，さしあたり，健康・安全・環境に対するリスクの可能性があるときは，たとえそれを支持する証拠が憶測にすぎず，また規制の経済的コストが高額であっても，常に規制が要求されることを主張する，という強いバージョンで理解する」[45]というのである。

　しかし上記の議定書や最終宣言を，リスクがあるという証拠が「憶測にすぎず，規制の経済的コストが高額であっても，常に規制が要求されることを主張する」と理解するのが，はたして適切なのか。サンスティーンの主張する強い予防原則概念の有用性やその当てはめにつ

ロッパ大陸ではよりふつうの解釈である。この原則は，本質的に (in essence)，“すべての意思決定のなかに安全領域”を設けることを主張する」と記述し，サンスティーンとまったく同じ出典を記している。結局「“すべての意思決定のなかに安全領域”を設ける」という指摘は Lundmark に遡るのである。そこで真偽を確かめるべく，Lundmark 論文の入手を試みた（正確には，試みていただいた）が，結局，ロンボルグとサンスティーンが引用した Lundmark 論文の存在は確認できずに終わった→本章（注98）に続く。

　また，WordSpy は，予防原則を「損害がすでに生じた後ではなく，損害が生じるかもしれない (may) という証拠があるときは，ただちに問題を是正するための行動がとられるべきである」と「定義」し (http://www.logophilia.com/WordSpyprecautionaryprinciple.asp (last visited Feb. 15, 2018))，ニューヨーク・タイムズおよびタイム（英国）の論説記事を引用する。しかし前者は「事前配慮原則——the forecaring，または予防原則——がドイツ環境法の原則となった。たとえ科学的不確実性があっても，環境と公衆の健康に対する損害を防止するための行動がとられるべきである，と原則はいう」と述べ，後者には「オランダ，西ドイツ，スウェーデンは汚染に関して予防原則を採用したが，それは損害が発生したことが証明されていなくても，損害が生じうるおそれについて実質的根拠があるときは，行動がなされるべきである，というものである」と解説するだけであり，強い予防原則を殊更に示唆するような文言は見あたらない。またタイムの記事は，「おそれについて実質的根拠があるとき」という要件を明記している。

(45)　Sunstein, supra note 43, at 24;・サンスティーン（角松・内野監訳）・前掲（注43）30頁。

147

いて疑問が生じる所以である。

　最後に，サンスティーンとは正反対の立場から，「強い予防原則の救出」を主張するサックスの主張をとりあげよう。

　サックスは，弱い予防原則を「規制者は，彼がリスクの性質または範囲を十分に理解する前であっても，科学的不確実性の文脈においてリスクに取り組む権限をあたえられるべきである」と定義し[46]，強い予防原則を，「(1)ある活動もしくは製造物がひとの健康または環境に対して重大な危険を引きおこす場合には，たとえ科学的不確実性が危険の性質もしくは範囲の十分な理解を妨げていても，規制が（疑わしきは安全の側にという）推定に基づき適用されるべきである。(2)規制を支持する推定をくつがえす責任は，リスクを作り出す活動もしくは製造物の提案者の側にある」と定義する[47]。

　サックスによると，両者の違いはつぎの2つにある。第1は，弱い予防原則が，科学的不確実の条件のもとでリスクを規制することを「認める」（permit）のに対し，強い予防原則は，科学的不確実の条件のもとで，ある種の予防的規制がデフォルト対応とされるべきことを提案することである[48]。

　第2は，弱い予防原則が，もっぱら「政府」の意思決定の時期（タイミング）に関心をもつのに対し，強い予防原則は，リスクは受け入れることができる，または合理的であることを証明することによりデ

---

(46)　Noah M. Sachs, Rescuing the Strong Precautionary Principle from Critics, 2011 U. Ill. L. Rev. 1285, 1292.

(47)　Id. at 1288, 1295.

(48)　Id. at 1295.「人の健康または環境に対する脅威に応じて予防的措置が“とられるべきである”ことを強調することにより，強い予防原則は行動に対する積極的要求（call）を提示する。他方，弱い予防原則は消極的に（科学的不確実性は費用対効果のある規制的措置を遅らせる理由として用いられてはならない）言い表され，それ故に，より強要的ではなく，またはより行動強制的ではないと解することができる」(Id. at 1295 n.43)。

第4章　予防原則の構成要件と分類

フォルトをくつがえす責任を，明白にリスクを作り出す活動の私的提
案者におわせていることである[(49)]。

　サックスは，自身の強い予防原則の定義がウイングスプレッド声明
とほぼパラレルであるとしつつ，それにいくつかの条件（たとえば脅
威は"重大"でなければならない）を付すことによって，その適用範囲
を限定しようとしている。その点は，次にふれることにしよう。

3　弱い予防原則と強い予防原則を分ける要素

　これまでの議論に基づき，先に掲げた予防原則の構成要件にそって
弱い予防原則と強い予防原則の違いを考えてみよう。

(1) 損害の側面

　予防原則が可動するには，どのようなリスクが存在しなければなら
ないのか。

　第1に問題となるのが，損害やリスクの程度・大きさである。弱い
予防原則の代表例とされるリオ宣言原則 15 は，それを「重大な，ま
たは回復不可能な損害」と定めており，これが弱い予防原則のグロー
バルスタンダードといえるだろう。

　これに対し，強い予防原則の典型例とされたウイングスプレッド声
明は，単に「人の健康または環境に対するおそれ」と定めるだけであ
る。そうすると，強いバージョンは，危険や脅威の大きさに閾値（許

---

(49)　Id. at 1295. デフォルトは，いろいろな意味で使用されるが，ここでは，
　　制度が安全を見込んで備えている標準的システムをいうものと思われる。
　　サックスは FDA の新薬審査システムを例に，「刑事制裁によって担保された
　　禁止措置は，医薬品製造者がデフォルトに打ち勝ち，安全性と有効性を証明
　　するまでは，（一切の費用便益分析なしに）存続する」，「殺虫剤製造業者の
　　証明責任への適合に先行する規制デフォルトは，新規の殺虫剤の上市を禁止
　　することである」（Id. at 1308, 1309）と説明する。なお，本書 167 頁（注
　　85）を参照。

容値の上限）を定めず，ごく小さなリスクについても，予防原則の適用を要求しているようにも読める。

そこでサンスティーンは，「リスクを真面目に考える価値があるとだれかがどこかで主張すれば，規制を支持するのに十分である，などとはだれも考えない。しかしわたしがそれを理解するつもりの（強い）予防原則のもとでは，閾値の量が最小限であり，一度それに適合すると，それが規制的コントロールの支持を推定させるものとなる。このような予防原則の理解はいく人かのもっとも熱狂的な提唱者の理解に当てはまる，とわたしは信じる」というのである[50]。

また，サンスティーンは，WordSpyの「定義」（本章（注44））を引用し，「ここでは"may"という単語が決定的である。というのは，これは，リスクが重大であるということを単に憶測しうる証拠が示された場合であっても，それを正す行動が必要であるというシグナルだからである」とも述べている[51]。

(50)　Sunstein, supra note 43, at 24; サンスティーン（角松・内野監訳）・前掲（注43）30頁）。ゴクラニーはFFDCAのデラニー条項を評し，「動物の生体または実験室試験においてがんを発症させることが確認された食品添加物については，反応の大きさにかかわらず，それを必然的に禁止するものであり，これは，おそらく予防原則の絶対主義的バージョンの神格化である」(Indur M. Goklany, The Precautionary Principle : A Critical Appraisal of Environmental Risk Assessment 4(2001)) と述べ，ノルケンパーも彼のいう「予防原則の絶対主義的主張」を，「第1に，一定のリスクが証明されたときは，活動とその環境影響との因果関係がたとえ証明されていなくても，未然防止が強制的（義務的）である。予防原則を組み入れたすべての条約のもとで，損害の"可能性"または"合理的な懸念"が一度（ひとたび）存在するなら，未然防止措置が義務づけられる」，「少なからぬ著者が，予防原則が実際にこのような絶対主義的効果をもつと主張することに躊躇しない」と特徴付ける (André Nollkaemper, "What you risk reveals what you value" and Other Dilemmas Encountered in the Legal Assaults on Risks, in Freestone & Hey, supra note 22, at 75-78.

(51)　Cass R. Sunstein, Irreversible and Catastrophic, 91 Cornell L. Rev. 841, 849(2006). しかし，WordSpyの「定義」は，リスクの重大性には触れてい

150

第4章　予防原則の構成要件と分類

　しかし，ある活動に有害の疑いがあれば，侵害がいかに小さく，ま
たリスクの存在（もしくは，その重大性）が憶測にすぎなくても予防
原則を適用すべしというのは，いかにも現実離れした議論である。

　そこでサックスは，強い予防原則を支持しつつもウイングスプレッ
ド声明を批判し，「予防原則を実行可能にするために，予防的措置と
証明責任の転換を発動させるための，なんらかの重大なリスクの閾値
がなければならない。予防的措置（全面禁止，制限，表示・警告要件な
ど）はコストが高く，執行が複雑になることがあり，些細な危険やリ
スクについて信用できる証明がない活動については，予防原則を適用
すべきではない」と述べる[52]。

　ウイングスプレッド声明の署名者たちも，（参加者により違いはある
が）すべてのリスクに予防原則を適用すべきであると主張しているわ
けではない。ジョーダン・オリオーダンは，「もし予防原則が重大な
および回復することができない損害は回避されるということを確保す
るための真に効果的な手段として機能すべきであるなら，その解釈お
よび執行の継続的発展が不可欠である」，「予防的行動の原則の執行は，
以下のことを要求する。1．生態系に対する重大なまたは回復するこ
とができない損害は，損害を未然に防止し，および損害の可能性（ポ
テンシアル）を回避することによって，事前に回避されなければなら
ない」とのべ，発動要件を明確に限定する[53]。

───────────

　　ないので，「リスクが重大であるということを単に憶測しうる」という表記
　　はサンスティーンの創作である。なお，Sunstein, supra note 43, at 19; サン
　　スティーン（角松・内野監訳）・前掲（注43）24頁では，「というのは」以
　　下の文章が削除されている。

（52）　Sachs, supra note 46, at 1296.

（53）　Andrew Jordan & Timothy O'Riordan, The Precautionary Principle in
　　Contemporary Environmental Policy and Politics, in Protecting Public
　　Heaalth & the Environment: Implementing the Precautionary Pronciple 47
　　(Carolyn Raffensperger & Joel A. Tickner eds., 1999).

151

第2に，予防原則の発動をうながす要件の判断にあたり，科学的判断（リスク評価を含む）をどの程度尊重するのかによって，弱いバージョンと強いバージョンを区別する見解がある。たとえば，アーテンスーは，「（予防原則の）弱い解釈から強い解釈を区別する明確な基準として，科学的証拠に対する信望（status, 地位）の違いがしばしば指摘される」という[54]。そこで，この問題に簡単にふれておこう。

　まず，弱いバージョンは，すべての予防的措置の執行にあたり，先行するリスク評価により特定された危険に関する科学的証拠が存在することを当然の前提とする[55]。その実例とされるのがカルタヘナ議定書である。同議定書は，「LMOの輸入拒否は科学的知見や科学的合意がないことに基づきなされうる」とするが，一方で付属書Ⅲは，「科学的に公正で（sound）透明な方法で，……（および）ケースバイケースの証拠につき，リスク評価が実施されるべきである」と明記している[56][57]。

　これに対し，強いバージョンによれば，危険に関する科学的証拠の

---

(54)　Marko Ahteensuu, Weak and Strong Interpretations of the Precautionary Principle in the Risk Managment of Modern Biotechnology, in Yearbook 2006 of the Institute for Advanced Studies on Science, Technology and Society 108（Arno Bammé et al. eds., 2007）.

(55)　Ahteensuu, supra note 54, at 108; Morris supra note 26, at 6-7.

(56)　ただし，カルタヘナ議定書を，弱い予防原則・強い予防原則のいずれに分類すべきかについては，後にみるように見解の相違がある。

(57)　リスク評価とは趣旨がことなるが，予防原則を適用するための前提として環境影響評価を求めるのは，この変形といえよう（か）。たとえば，北極の環境と開発に関するNUUK宣言（前掲注17）は，「北極開発は，開発の影響の事前評価と体系的監視を含む環境上の効果のある開発に対する予防的アプローチの適用を組み込まなければならない，と信じる。それ故，われわれは，北極の環境に対する重大な悪影響がある可能性のある（likely）（提案された）活動の環境影響評価のための国際的な透明性のある国内プロセスを維持し，適切なときは，可能なかぎり迅速に実施しなければならない」（原則8）と定める（Applegate, supra note 2, at 417）。

第4章　予防原則の構成要件と分類

存在は予防原則を適用するための不可欠の条件ではない。たとえば，「排出と結果の因果関係を証明する科学的証拠がない場合であっても」予防的措置をとりうると明記するハーグ閣僚宣言（本書7頁）前文がその実例である[58]。

　予防原則と科学的知見およびリスク評価の関係をどのようにとらえるのかは，予防原則をめぐる論点のなかで最も重要なものである。そこで詳細は，本書292頁以下でまとめて議論することにしよう。

(2) 不確実性の側面

　予防原則が，ある原因行為から生じる結果の内容・大きさ，あるいは原因と結果の間の因果関係について「科学的不確実性」が存在する場合に（のみ）適用されることに関しては，強いバージョンおよび弱いバージョンのいずれにも異論がない。もっとも「科学的不確実性」がどの程度の不確実性を意味し，だれがそれを主張・立証するのかという問題は依然として残る。

　2つのバージョンは，適用時期に関し，予防原則上の措置はあくまでも暫定的，一時的なものであるという点でも見解が一致する。しかし，因果関係などに関する科学的不確実性が将来必ず解明されるとはいえず，またそれまでに長期の期間を要することもある。その場合には，予防原則上の措置が半恒久化する可能性があり，実際上は強い予防原則と同じ効果を発揮することがある。

(3) 行動の側面

　対応の内容・程度については，2つのバージョンの違いが明確である。第1に，もっとも弱いバージョンは，不確実性の存在は，リスクに対して「対応しないこと」を正当化しないという。多くの論者が指摘するように，弱いバージョンが，とるべき対応を判断する基準を示

(58)　Ahteensuu, supra note 54, at 109.

153

していないことは明らかである[59]。とはいえ，行政機関が，事業者に対する強制にまでは至らない対応（情報提供，啓発，注意喚起，指導）をとりうることは，（それを弱い予防原則と称するかどうかはともかく）当然に可能である。

これに対し，強いバージョンは，予防原則の発動要件が充足された場合に，積極的な対応を求める。では，強いバージョンは，（弱いバージョンとは異なり）とるべき対応の基準を示しているといえるのか。

たとえば，クーニーは，予防原則は「規制」すべきことを求め，「極端な場合，提案者またはその他の者にそれらが無害であることを証明するという選択肢を認めずに，脅威となりうるすべての種類の活動や物質の禁止や規制を含むこともありうる」[60]という。しかし，クーニーも，「極端な場合」，「ありうる」などの要件を記しており，強いバージョンが，常に全面禁止措置やそれに近い強い措置を要求するとまで主張しているのではない。

強いバージョンが求める積極的対応にも各種各様なものがあり，そこにはEUコミュニケーションが示したように，比例性，無差別性，

---

(59) 「"完全な科学的確実性"など存在しない。われわれはつねに不確実性に直面しており，つねに不確実性のもとで判断しなければならない。"完全な科学的確実性の欠如"は，意思決定にとって特別に難しい事例ではなく，すべての意思決定にみられる一般的事例である。この予防原則のバージョンは，真の問題，つまり（避けられない）不確実性に直面し，いかなる行動がなされるべきかという問題に，なんら解答を示さない」(Jonathan B. Wiener, Precaution in a Multirisk World, in Human and Ecological Risk Assessment: Theory and Practice 1514 (Dennis J. Paustenbach ed., 2002))。

(60) Rosie Cooney, From Promise to Practicabilities: The Precautionary Principle in Biodiversity Conservation and Natural Resource Management, in Biodiversity and the Precautionary Principle 7 (Rosie Cooney & Barney Dickson eds., 2005). 環境保護団体グリンピースも，「予防原則は，因果関係についてたとえ (even if) 不十分または不適切な証明しか存在しない場合でも，環境に対する損害を引きおこすことがある物質の放出の禁止を要求する」と主張しているようである。Jordan & O'Riordan, supra note 53, at 25.

第4章　予防原則の構成要件と分類

一貫性など，行政的意思決定がふまえるべき一般原則（本書134頁，231頁（注129））の適用があることは当然である。

第2に，予防原則批判者の多くが，予防的対応を検討するなかに，経済的事項を含めるかどうかで，弱いバージョンと強いバージョンを区別する。経済的事項を考量するための厳格な手法が費用便益分析であるが，ここでは，費用対効果分析，リスク・トレードオフ分析などもこれに含めて考えよう。

たとえばリオ宣言原則15は弱いバージョンの代表例とされるが，その理由は「環境の悪化を防止するための措置」に「費用対効果のある」という重大な制約を定めているからである。ほかに「費用と便益のバランス」，「可能な限り最小の費用によって」などの表現も，予防的措置を実施するにあたり，経済的事項の考慮を容認する趣旨と評される[61]。

これに対し，強いバージョンは，環境以外の要素の考慮や費用対効果の衡量を否定し，リスクに対する無制限の対応（コスト無視）を要求するというのが，予防原則批判者の主張である。

強い予防原則はコスト無視か

たとえば，ノルケンパー（アムステルダム大学）は強い予防原則を批判し，「厳格で独裁主義的な（予防）原則の解釈は，リスクの防止

---

[61] 「多くの（すべてではない）弱い定式には，予防的措置のコストを考量するという明確な要件が付けられる。（リオ宣言と気候変動枠組条約の文言を引用）。弱いバージョンは，費用対便益の衡量を排除しない。科学的確実性の欠如とは異なり，経済的考慮は行動を遅らせるための正当な理由を提供しうるのである」（Deborah C. Peterson, Precaution: Principles and Practice in Australian Environmental and Natural Resource Management, 50 Austral. J. Agric. & Resource Econ. 469, 471 (2006)）。なお，すでに説明したように，このリオ宣言の「費用対効果のある」という文言は，アメリカ代表団の口頭による修正要求に応じて原則に追加されたものである。本書9頁（注8）。

155

を唯一かつ非妥協的な目的にかかげ，費用便益分析が示唆するであろうことを無視し，リスクに対する環境保護をめざすためにコスト無視基準の使用を求める」[62]と主張し，スチュアートも，「多くの強い予防原則の定式においては，一度（ひとたび）予防原則の適用が可能なリスクの入口要件が満たされると，規制は強制的である。すなわち，規制上の禁止または制限に服する活動の期待利益に含まれる社会的コストを含め，規制に適合するためのコストは，規制的決定において考慮される要素には含まれない」[63]と明言する。

　ソールは，「強い定式を弱いバージョンから区別する主たる特徴は，環境リスク以外の諸要素の考慮が欠落していること」であるとし，弱い形式は他の要素を無視し（override）環境リスクを最重要な決定事項とする権限を規制者にあたえるが，その行使は強制的ではなく選択的であるのに対し，強い解釈は，環境リスクを，ありうる利益から切り離して検討するという制約を規制者に課し，予防は選択的ではなく強制的である」[64]という

　アーテンスー（トゥルク大学・フィンランド）は予防原則擁護者であるが，彼も，「強い解釈は，ある行動が受け入れることができない損

---

(62)　Nollkaemper, supra note 50, at 87. ゴクラニーも，CAA の NAAQS は予防原則の絶対主義的バージョンを実質的に機能させるものであり，「同法は，NAAQS 第 1 次基準が社会的または経済的コストを考量することなく定められるべきことを要求するだけではなく，すべての州が，基準に適合する上での難しさやコストを無視し，一定の期限までに基準に適合することを要求する」（Goklany, supra note 50, at 4）と述べ，強い予防原則がコスト無視であるとの主張を繰り返す。

(63)　Stewart, supra note 37, at 79.「予防原則④のもとでは，潜在的なリスクがより重大ではないと判定され，または活動の社会的便益が高いと判断された場合に，"サンセット"や見直しに従いつつ，わずかにかぎられた期初期間について禁止的統制が採用され，またはフィールドにおける試験が許されることになるだろう」（Id.）。

(64)　Soule, supra note 30, at 25, 22-24.

第4章　予防原則の構成要件と分類

害を引きおこすことが確かなときは，その行動は禁止されるべきこと
を含意する。禁止は画一的であり，指示された予防的措置の費用や便
益は考慮されることがない。……法学テキストにおける予防原則のい
くつかの定式は，費用無視基準の使用を含意している。それに対し，
弱い解釈は，"注意深く，しかし行動せよ"の理念で表現される。直
接的禁止や技術および製造物の凍結のかわりに，予防的措置は，たと
えば幅広いリスク評価や厳格なモニタリング手続から成り立つことが
できる。結局のところ，その理念は，選ばれた予防的措置は費用効果
的であるべきであるというものである」と述べ，費用対効果分析（衡
量）が弱い予防原則を特徴付けるとしている[65]。

　しかし，強い予防原則擁護者は，本当に費用や効果を無視した予防
的対応を規制権限者に要求（強制）するのであろうか。

（4）強制の側面
　予防原則が適用された場合に，環境規制者がおうべき義務の拘束力
についても，弱いバージョンと強いバージョンとでは差異が生じる。
　まず，弱い予防原則は，規制者に対して，不確実性の存在を根拠に
リスクに「対応しないこと」を正当化してはならないという消極的義

---

(65)　Ahteensuu, supra note 54, at 114. サンディンの主張する論議的
　　（argumentative）予防原則と命令的（prescriptive）予防原則の区別も強制
　　力の有無に着目した区分といえる。サンディンによると，論議的バージョン
　　とは，不確実性のもとで意思決定する際に，どの理由付けや主張が正当（有
　　効）かに関する原則であり，不確実性の存在は行動を先延ばしする理由とは
　　認められないと定めたリオ宣言原則15がこれに該当する（したがって，実
　　体的原則ではない）。それに対して命令的バージョンは，不確実性下におけ
　　る特定の行動の形式を規定したもので，共通する一定の要件（本書125頁）
　　が満たされた場合に機能するところの，より厳格な原則である（Sandin,
　　supra note 1, at 289-290. See also Per Sandin, A Paradox Out of Context :
　　Harris and Holm on the Precautionary Principle, 15 Cambridge Q.
　　Healthcare Ethics 175, 177(2006).

務を課す。では，弱い予防原則は，それ以上に，規制者のリスク対応を容認するという効果があるのか。この点は，証明責任の所在と関わるので，つぎに検討しよう。

他方で強いバージョンは，単に規制者の積極的な対応を容認するにとどまらず，具体的な対応を政府の義務として求めている（shall，must）ものといえる[66]。なお，コンコ（保守系シンクタンク Competitive Enterprise Institute）のように，弱いバージョンと強いバージョンの主要な違いを，規制者が予防的対応を立案するにあたり，規制者により多くの裁量を認めるか，または特定の措置（禁止措置）を強制するのか，に求める見解もある[67]。

予防原則と証明責任の転換

費用対効果・費用便益の適用とならび，これまで弱いバージョンと

---

[66] should をどう解釈するのかについては，意見が分かれる。サックスは，強い予防原則における should は，ひとの健康や環境への危険に対する積極的な要求（call）を表しているという（Sachs, supra note 46, at 1295 n.43)。これに対し，ゴクラニーは，気候変動枠組条約 3 条(3)および生物多様性条約を引き合いに，「とくに注意すべきは，それが must よりは should を用いていることである」（Goklany, supra note 50, at 4）と述べており，should と must を区別する（ようである）。

なお，ハーグ閣僚宣言（本書 7 頁）は，「損害を引きおこす能力のある」（potentially damaging impact）有害物質の影響を回避するための行動をとるべきである（is to take action）」と述べており，発動要件を引き下げるとともに，積極的な活動を促している。そこでピーターソンは，これを弱い予防原則と強い予防原則の中間に位置する「穏便な予防原則」と分類している（Peterson, supra note 61, at 472)。

[67] Conko, supra note 26, at 641. スチュアートも「この予防原則のバージョン（④）は，規制を促すのにはどの程度重大な不確実リスクが存在しなければならないかの決定について，規制者にいくらかの判断余地を認めるが，関連のリスク要件が満たされた場合にどのような規制がなされなければならないのかについては，規制者に明確な，しかし非常に厳格な指示を与えている」（Stewart, supra note 37, at 78）としている。

第4章　予防原則の構成要件と分類

強いバージョンを区別するもっとも明確な基準とされてきたのが，証明責任の分配である。証明責任の分配とは，「リスクがある活動を進めることが許されるべきかどうか」を証明する責任が，リスクを規制する側にあるか，あるいはリスクを作り出すであろう側にあるかという問題である[68]。

伝統的な不法行為理論によれば，損害賠償は，すでに生じた，および他者の活動から生じたことが証明された損害に対して，事後にのみ認められ，差止命令による事前の救済は，活動が重大で回復不可能な損害について急迫した実質的蓋然性（可能性）を引きおこす場合にのみ認められる。このアナロジーで，ほとんどの規制プログラムでは，規制的措置を執行するに先立ち，規制者が重大な損害のリスクを証明する責任をおっている[69]。予防原則は，この伝統的な証明責任論にど

---

(68)　ワイントラウブは，「予防的レジームにおいては，不法行為アプローチが証明責任の転換を要求するのと同じやり方で"証明責任"が"転換"される」(Bernard A. Weintraub, Science, International Environmental Regulation, and the Precautionary Principle: Setting Standards and Defining Terms, 1 N.Y.U. Envtl. L.J. 173, 204 (1992)) と述べ，サンズ（ロンドン大学）も「予防原則を，環境上の理由に基づき特定の活動に反対する者から，ありうる規制に従い活動を行う者に証明責任を転換するものと解釈することによって，より根本的な変化がえられるだろう。……この解釈は，いまだ一般的に適用されるルールとは考えられていないが，次第に承認をえられつつあるということを示唆するいくつかの証拠がある」(Philippe Sands, The "Greening" of International Law: Emerging Principles and Rules, 1 Ind. J. Global Legal Stud. 293, 301 (1994)) という。しかし，予防原則が一般的に証明責任の転換を要求するという解釈は，国際法分野では受け入れられても，国内法の分野では例外的な見解に属するだろう。

(69)　Stewart, supra note 37, at 74. 証明責任は，証拠提出責任と説得責任に区別されるが，ここで重要なのは後者の説得責任である。民事事件においては，一般に「証拠の優越」の基準が適用され，反対当事者の証明よりも証拠の重さや証明力が全体として優越していることが要求される。過失による不法行為（negligence）訴訟においては，①注意義務の存在，②注意義務違反，③因果関係，④損害の4要件のすべてについて被害者が証明責任を負ってお

159

のような変更をくわえたのか。

　まず，弱いバージョンを，対策を先延ばしにしてはならない，ある
いは規制的対応を容認するだけであると解すると，弱いバージョンは
証明責任の分配と証明の程度にはなんら変更をくわえていないともい
える。しかし，マンソンは，予防原則を支持する立場から，「弱い予
防原則は証明責任免除原則である。規制者はもはや因果関係に関する
通常の科学的基準に適合する必要はなく，因果関係に関する合理的な
疑いがあれば，規制を正当化するのに十分である」と述べ，弱い予防
原則の法効果を指摘する[70]。同じくアーテンスーも，「弱い解釈は，
意思決定者が企業の行動や科学団体により簡単に接触できる，という
見解を具体化したものである。この点で，予防原則は，計画された行
動が損害を引きおこすという科学的証拠がない場合に，政策決定者が
規制を正当化するために用いられる政策手段とみることができる」と
述べ，カルタヘナ議定書の「科学的確実性のないことは，……生物の
輸入について3に規定する決定を行うことを妨げるものではない」と
いう規定を引用する[71]。

　　り，反対当事者はなにも証明する必要がない（樋口範雄『はじめてのアメリ
　　カ法（補訂版）』118頁（有斐閣，2013年），伊藤正己・木下毅『アメリカ法
　　入門（第5版）』179頁（日本評論社，2012年））。そこで，「証拠の優越」の
　　基準に基づき，被害者が事実の存否について心証50％を超える程度の証明を
　　する必要である。これを予防原則に適用する場合は，③および④について証
　　明責任の分配と証明の程度が問題となるだろう。

(70)　Neil A. Manson, The Precautionary Principle, the Catastrophe
　　Argument, and Pascal's Wager, 4 J. Ends & Means 12, 12 (1999), cited in
　　Ahteensuu, supra note 65, at 111.

(71)　Ahteensuu, supra note 54, at 111. しかし，このカルタヘナ議定書の規定
　　については，評価が分かれる。まずソールは，「議定書は私の弱い（予防原
　　則の）カテゴリーに属する。というのは，議定書は通常禁止権限を任意（選
　　択的）のものとしているからである。実際，議定書は，他の多数の要素に基
　　づきGM害虫保護植物の環境上のリスクを受容する余地を当事国に認めてい
　　る」（Soule, supra note 30, at 24）という。スチュアートは，これが弱いバー

これに対し強い予防原則の提唱者は，「活動もしくは加工または化学物質の申請者または提案者は，公衆または規制集団を納得させるために，環境もしくは公衆の健康が安全であろうことを証明する必要がある。証明責任は，活動から利益を取得することを欲し，情報を有している可能性がもっとも高い当事者または団体に転換されなければならない」と述べ，一般に伝統的なコモンローが定める証明責任の転換を主張する[72]。

マンソンも，「強い予防原則は，証明責任追加原則である。これは，提案された技術的または企業的活動は環境への有害な影響を引きおこさないという証明をしなければならないことを要求する。もしそれが高度の確実性をもって証明されないときは，当該活動は許されるべき

ジョンに属するとしつつも，「カルタヘナ議定書はさらに一歩進め，不確実性は，規制しないという決定のみならず，おそらく規制を課すという選択肢も正当化することができないということを明確にした」と述べる（Stewart, supra note 37, at 77. See also Richard B. Stewart, Environmental Regulatory Decisionmaking Under Uncertainty, University College London Symposium on the Law & Economics of Environmental Policy, Sept. 5-7 2001, at 7, available at www.ucl.ac.uk/cserge/Stewart.pdf（lase visited August 16, 2017））。これに対して，ゴクラニーは，そもそもこれを弱いバージョンではなく，強いバージョンに加え，「議定書は，意思決定およびリスク評価の基礎として予防原則を繰り返し用いている。……良かれ悪しかれ，フランス・スミスがいうように，カルタヘナ議定書は，予防原則のより絶対的なバージョンとその提唱者にとって大きな勝利とされている」（Goklany, supra note 50, at 6）と批評しており，サンスティーンもこのゴクラニーの説明を引用し，第1回ヨーロッパ危機にある海洋会議・最終宣言と「2000年に採択されたカルタヘナ議定書は強いバージョンを採用しているようである」（Sunstein, supra note 43, at 20; サンスティーン（角松・内野監訳）・前掲（注43）25頁）と述べている。

(72) Peter L. deFur, The Precautionary Principle: Application to Policies Regarding Endocrine-Disrupting Chemicals, in Raffensperger & Tickner eds., supra note 53, at 345-346.

ではない」[73]と解説する。

　同じくスチュアートも，強い予防原則のもとで，「規制の提案者は，まず最初に，（重大な損害の可能性を含め）活動が不確実な損害のリスクを生じさせることを証明しなければならない。しかし，この入口要件の証明が一度満たされると，不確実性を解消し，およびそれが重大な損害の可能性を有しないことを証明する責任は，活動の提案者に転換される」[74]と説明する（本書 145 頁参照）。

　証明責任の転換は強い予防原則の主要な特徴のひとつとされており[75]，それ故に，予防原則批判者の格好の標的となりうるところでもある。代表的論者であるモリスは，つぎのようにいう。

　　「害がないことが証明されるまで技術は認められるべきでないという要求は，無限に高い証明水準を要求するのに等しい。こんな水準は達成できないことが明白であり，認識論上の不条理である。それはまったく達成されることのできない知識の水準を要求している。あるものに害がないことを証明するのは，庭の隅に小妖精がいないことを証明できないのと同じ位に不可能である。ウイルダフスキーが言うように，もし最初に害がないことの証明を強いられていたなら，もっとも有益

───────────

(73)　Manson, supra note 70, at 12, cited in Ahteensuu, supra note 54, at 110.

(74)　Stewart, supra note 37, at 79 & n.35. しかし，スチュアートは証明責任の転換要件は多数の興味をそそられる問題を含んでいるとし，規制提案者は発生するリスクの程度と損害の種類が不明な場合に，入口要件に適合するためにどのような証明ができるのか，規制される側の反証は一応の証明でたりるのか，またはすべての場合に積極的に安全を証明する責任をおうのか，などの問題は未だ十分に議論されていないという（Id. at 79 n.35）。

(75)　「予防原則絶対主義から引き落とされる第 3 の要素は，閾値レベルに到達したかどうかの証明責任の一般的な分配である。高度な不確実性のもとで，リスクを引きおこす活動の進行が許されるかどうかを決定するにあたり，証明責任の分配が結論を左右する。"不確実の世界では，証明責任と説得が統治する"（ロジャース）。予防原則の絶対的構築は，リスクを引きおこす活動を企てることを提案する者に証明責任を分配することにより促進されるだろう」（Nollkaemper, supra note 50, at 84）。

第 4 章　予防原則の構成要件と分類

な技術を含め，これまでいかなる技術が確立していたのかを問うべき
である」[76]。

　なるほど，モリスやウイルダフスキーの主張は，簡明で，俗受けす
る議論である。しかし，はたして（強い）予防原則の支持者は，安全
性について全面的な証明責任の転換や，無限に高い証明を求めている
のであろうか。

　第 1 に，「不確実性のもとでは，証明責任が究極を支配する」とい
うのは，ロジャースの有名な指摘である[77]。しかし，強い予防原則が
めざす証明責任の転換は不完全なものであり，規制機関に規制の主導
権をもたらすまでには至っていない[78]。スチュアートが先に指摘した
ように，「規制の提案者は，まず最初に，（重大な損害の可能性を含め）
活動が不確実な損害のリスクを生じさせることを証明しなければなら
ない」ことには変わりがないからである[79]。

　第 2 に，強い予防原則が「公衆ではなく，活動の提案者が証明責任
をおうべきである」といっても，それによって証明責任の分配や証明
の程度が一律に定まるわけではない。サンスティーンやボダンスキー
が自認するように，実際のところは，「証明責任をおう者が，とくに

---

(76)　Morris, supra note 26, at 10.

(77)　William H. Rodgers, Jr., Benefits, Costs, and Risks: Oversight of Health
　　and Environmental Decisionmaking, 4 Harv. Envtl. L. Rev. 205, 225(1980).

(78)　「製品の安全性について重大な不確実性が存在し，説得力のある証拠が
　　ない場合には，だれが証明責任をおうのかが本質的に実体的結論を決定する。
　　このことは，予防的な証明責任転換アプローチをいつ適用するのが正当かと
　　いう第 1 の問題を，重要なものとする」(Daniel Bodansky, The Precautionary
　　Principle in US Environmental Law, in O'Riordan & Cameron eds., supra
　　note 9, at 212)。

(79)　ボダンスキーも，世界気候会議閣僚宣言（本書 7 頁）を引用し，「この
　　定式は，安全を証明する責任を他の側に転化する前に，活動が重大で回復不
　　可能な損害を引きおこすことがあるという証明がいまだ必要であるとしてお
　　り，証明責任を完全には転換していない」という (Bodansky, id)。

163

（とりわけ）なにを証明しなければならないのかに，すべてはかかっている」[80]からである。

4 EU コミュニケーションは弱い予防原則

予防原則の適用をめぐり，アメリカと EU はしばしば対立してきたが，EU の予防原則は強いバージョンと弱いバージョンのいずれに属するのか。そのリトマス紙となるのが，EU コミュニケーション（本書131頁）である。コミュニケーションはいろいろな読み方ができるが，ここで重要なのは，以下の部分である。

「予防原則は，条約では明確に定義されていないが，……その範囲は実際ははるかに広く，とくに予備的・客観的・科学的証拠が，環境，人，動物または植物の健康にとって危険になりうる影響が，加盟国のために選択された保護水準に適合しないかもしれないという懸念に合理的な根拠があることを示している場合に適用される」（3頁）。「予防原則への依存は，ある現象，製品または工程から生じる危険になりうる影響が特定され，および科学的評価により十分な確実性をもってリスクを確定することができないことを前提とする。予防原則に基づくアプローチの執行は，可能なかぎり完全な科学的評価から開始し，可能な場合は（リスク分析の）それぞれの段階で科学的不確実性の大きさを特定すべきである」（4頁）。

「事前承認手続がない場合に，危険の性質およびリスクの水準を証明する責任は，利用者か公的機関に課されることになろう。このような場合，証明責任を生産者，製造者または輸入者に課すための特別の予防的措置がとられることができるが，これを一般的ルールとすることはできない」（5頁）。

---

(80) Sunstein, supra note 43, at 19; サンスティーン（角松・内野監訳）・前掲（注43）24頁。「証明責任の転換は，オール・オア・ナッシングである必要はない。問題は，だれが，どのような争点について，どのような証明責任をおうのかにある」（Bodansky, supra note 78, at 211）のであり，FIFRA も，殺虫剤の登録延期手続や回収手続においては，EPA に（それほど高くはないが）証明責任を課している。

第4章　予防原則の構成要件と分類

　「潜在的悪影響の科学的評価は，当該措置が，環境，人，動物または植物の健康を保護するために必要かどうかを検討する際に，利用可能なデータに基づきなされるべきである。予防原則を発動するかどうかを決定するにあたり，それが実行可能な場合には，リスクの評価が検討されるべきである」（14頁）。

　「採用される措置は，行動することおよび行動しないことの便益と費用の検討を前提とする。この検討は，それが適切で実行可能な場合には，経済学的な費用便益分析を含むべきである」（20頁）。

　このコミュニケーションは，(1)予防原則を適用するにあたり潜在的危険の存在について合理的な理由の根拠を求め，科学的評価（リスク評価）が先行すべきであるとしていること，(2)とられるべき措置について便益と費用の検討（費用便益分析を含む）を求めていること，(3)危険の性質やリスクの水準を証明する責任を消費者や公的機関に課し，生産者の証明責任を否定していることの3点において，強い予防原則とは明らかに性質を異にする。ある論者によれば，これは「簡単に見つけることができる弱い解釈のサンプル」である[81]。

　しかし，予防原則批判者によれば，弱い予防原則は「まったく異論の余地のないものであり，あたりまえのことを言っただけのつまらないもの」（サンスティーン）[82]でしかなく，「過去30年以上にわたり，多数の国により国内レベルで，さらに国際協定により採用されてきた多数の確立した規制プログラムと完全に両立し，しばしばその中に取

---

(81)　Ahteensuu, supra note 54, at 109, 115. モリスもEUコミュニケーションを評し，「一見したところ，これは予防原則の適用のために科学的評価があらかじめ必要であることを要件とすることを意味しており，未だかつてすべての国際組織によって作成された予防原則のなかで，もっとも弱いバージョンである」（Morris, supra note 26, at 7）という。See also Conko, supra note 26, at 640-641.

(82)　Sunstein, supra note 43, at 24; サンスティーン（角松・内野監訳）・前掲（注43）30頁。

165

り入れられている」(スチュアート)[83] ものでもある。

　上記のような弱い予防原則に対する厳しい評価は，EU が発展させ蓄積してきた予防原則にも当てはまるのだろうか。それとも EU コミュニケーションは，EU の（強いはずの）予防原則を「相当数の科学者や技術者がおそれるような危険な概念とすべき必要がない」(グラハム)[84] とされた弱い予防原則へと変質させたのであろうか。その真意が問われるところである（なお，本書293頁，304頁参照）。

5　強い予防原則は実在するのか

　以上の議論から判明することは，第1に，弱い予防原則（バージョン）と強い予防原則（バージョン）の区分は，一見すると簡単であるが，より詳しく見ると，区分の基準は論者によってさまざまであり，かつ流動的であるということである。しかし，最大公約数的にみて，強い予防原則とは，①「損害」，「損害のおそれ」，「損害のリスク」などが（わずかでも）あれば直ちに予防原則の適用を認め，②予防的対応措置の検討にあたり，経済的事項の考慮（費用便益分析，費用対効果），リスクトレードオフ分析（対抗リスク，間接的影響，機会損失などの考慮）を一切認めず，③上記の要件等がクリアできた場合には，規制行政機

---

(83)　Stewart, supra note 37, at 77.

(84)　John D. Graham, A Future for the Precautionary Principle?, 4 J. Risk Research 109, 110(2001). グラハムは，他所で「予防という主題に関してヨーロッパを批判するのが流行であり，その批判の多くが当たっているが，予防に関する EC の公式見解は，よりニュアンスに富むことに注意すべきである。たとえば2000年2月のコミュニケーションの中に，われわれは以下のような合衆国政府の観点に類似する見解を見いだした」とのべ，「予防的措置の採用には，リスク評価と代替措置の費用便益分析を含む客観的で科学的な評価が先行すべきである」など，5つの項目を列挙している（John D. Graham, The Perils of the Precautionary Principle: Lessons from the American and European Experience（Oct. 20, 2003), in Heritage Lectures, Jan. 15, 2004, at 4)。

第4章　予防原則の構成要件と分類

関等に，全面禁止を含む規制措置を義務づけ（強要し），④上記①の判断に関連し，ある製品や活動について有害性が疑われる場合には，事業者に製品・活動が「損害を発生させない」ことの証明を求めるものといえる。

　第2に，そこで問題は，このような強い予防原則が（哲学的，倫理的議論をしばらくおき）実定法上の法原則となりうるのか，またはそれを実定法化した法システムが実際に存在するのかということである。

　サックスは，強い予防原則はすでに実定法により制度化されており，機能停止（思考停止）におちいることもなく円滑に運用されているという。その実例とされるのが，FFDCA の定める新薬の事前審査システムおよび FIFRA の定める殺虫剤登録システムである。

FFDCA や FIFRA は強い予防原則を取り入れている

　まず，FFDCA によると，「薬品」（drug）の定義に該当するすべての物質は，その製造者がリスク，副作用および効能に関する重要なデータを作成し，臨床試験を実施し，販売について FDA から肯定（イエス）の承認を得なければ，合衆国内での販売を禁止されるという推定をうける（21 U.S.C.§§301-399, esp. 355(b)-(d)）[85]。サックスによると「FDA の新薬審査システムは，強い予防原則のとくに力強い形態とみることができる。人の健康に対する試験されない薬品の重大な脅威に対応して執行される予防的措置として，完全な禁止措置がとられて」おり，しかも「この禁止措置は，刑罰により担保されており，薬品製造者がデフォルトに打ち勝ち，安全性と機能性の証明責任を履

---

(85)　サックスは，この安全性が証明されるまでの禁止の推定を「規制デフォルト」と名付けている（本書149頁）。FFDCA や FIFRA の事前審査システムにみられる強い予防原則は，「リスク（に対する）門番メカニズムを確立し，リスク調査を誘引するための手続的手段と，公衆の健康を保護するための実体的デフォルト・ルールの両者を提供している」（Sachs, supra note 46, at 1300）。

167

行できるまで（費用便益分析なしに）継続する」という特徴があるからである[86]。

つぎに，FIFRA によれば，「殺虫剤製造者は，製造責任（登録を申請した殺虫剤の健康上・環境上の影響に関するデータの収集）とともに，殺虫剤が法律の定める特別の基準（"環境に対する不合理な悪影響がなく意図した機能を発揮する"ことを含む）に適合することを証明する説得責任をおって」おり，「殺虫剤製造業者の証明責任の履行には，新殺虫剤の上市を禁止するという規制デフォルトが先行する」[87]。したがって，これも強い予防原則の要件を十分に満たしている。

批判者も，FFDCA や FIFRA の定める規制システムの一部（全部ではない）が証明責任の事業者への転換など，強い予防原則の要素をすでに実定法化しているという評価に同意する。たとえば，ボダンスキーは，「若干の環境法規が，証明責任の転換によって不確実性の問題に焦点をあてている」として，FFDCA，TSCA，海洋ほ乳動物保護法（MMPA），ESA，および FIFRA を例にあげている[88]。

---

(86) Sachs, supra note 46, at 1308. なお，サックスによると，これらの厳しい事前規制と証明責任の転換が，「生命を救助する抗生物質の市場や供給を消滅させることはなかった」(Id. at 1307)。

(87) Id. at 1308-1309. なお，アップルゲートは「とくに注目すべき FIFRA のような例外はあるが，環境リスクの存在およびその大きさを証明する責任は，規制を課すことを求める行政機関に一律に課されている」と述べる（Applegate, supra note 2, at 430）。しかしサックスは，強い予防原則は，FIFRA だけではなく，州，自治体，および連邦の許可・免許プログラムにおいて，あまねく（pervasively）適用されつつあるという（Sachs, supra note 46, at 1309）。

(88) Bodansky, supra note 78, at 210-212. ただしボダンスキーは，「たとえば FIFRA のような証明責任転換立法は，予防原則に関する多くの問題点を示している」として，①リスクの同定にあたり，政府は殺虫剤使用による費用便益を考慮しなければならない，②証明責任の転換は部分的である（本章（注92）参照），③DDT，CFCs などの毒性の強い物質が安全とみなされ，許可されている，④証明責任の転換をどの時点で認めるのが正当か（本章

168

第 4 章　予防原則の構成要件と分類

　ウィーナーも，FFDCA，FIFRA，TSCA を例に，「証明責任の転換」バージョンを議論している。ただし，ウィーナーは証明責任の転換の内容を，「証明責任の分配」と「証明の程度」の問題に区分し，証明の程度に関しては，実定法が「受け入れることができるリスクの証明」，「重大なリスクがないという証明」，「標的患者集団の利益」，「不合理なリスク」などの上限をすでに付しているとしている[89]。

　サックスは，このような実定環境法の検討に基づき，「強い予防原則の批判者は，これらの許可・免許プログラムを，合衆国法おいて長年続いた予防原則の影響の見本としてめったに（rarely）認めようとしない。代わりにグラハムのような批判者は，予防原則を，もし執行されたなら，"規制する者および規制される団体のエネルギー"を"公知のまたはもっともらしい危険から憶測による根拠薄弱な危険"へと目をそらす，奇抜で，真価が試されていない技術と見なしている。しかし，重要な公共的価値を保護するために，国が歴史的に予防原則に頼ってきたということは，この断定が誤りであることを示している」[90]と述べ，強い予防原則の伝統と実績を強調するのである。

┌─【コラム】オーストリアの GMO 規制は強い予防原則か ─────

　強い予防原則の具体例としてあげられているのが，オーストリアの遺伝子技術政策である。トルガーゼンらによれば，オーストリアの GMO 規制基準は，単に安全性だけではなく，有機農業の実践に対する影響まで考慮することを要求しており，他の EU 加盟国よりはるかに厳しい。所管大臣によれば，「ヨーロッパの他国の行政官は，リスクの証明があるかどうかだけで満足するが，オーストリアの行政官は，安全性に関するより一層の証拠と，（容認することができない）すべてのありうる不確実性の検討を要求する。……その結果は，より革新的な

───────────

　（注 78））などの論点を提示している（Id. at 211-212）。

(89)　Wiener, supra note 59, at 1516-1517.

(90)　Sachs, supra note 46, at 1310.

169

戦略，またはより強い意味の“予防”のようにみえる。EU指令の市場への適用に対するオーストリアの異議は，“リスク”の証明よりは，証明責任の転換に基づくものである。申請者はその計画された活動が公共の利益（その中に環境が含まれる）にとって有害ではないことを証明しなければならない。もしそれを十分に証明できなければ，申請は不受理と判定される」[91]のである。

　しかし，この大臣発言は，オーストリア国内の政治状況の中で，消費者の有機農業や有機食品に対する高い関心（GMOに対する強い警戒心）と，消費者の関心に応えようとする行政官僚の高いパターナリズム意識（広範囲におよぶ詳細な規制）が結合した所産ともいえる。したがって，これを予防的措置の一例と見るのは可能であるが，オーストリア政府が環境政策において一般的に強い予防原則を採択したことの証左にはならないだろう。また，同政府が，GMO以外の環境分野について同じような判断をくだすかどうかも不明である。

　以上の検討をベースにして，つぎのようにいうことができるだろう。第1に，アメリカの環境法研究者の大部分は，（予防原則に賛成か反対かを問わず）合衆国環境法が予防原則に対して常に敵対的であったわけではなく，予防的措置をさまざまな形で，かつ限定的に取り入れてきたことを認めているものといえる。この点は，本書20-22頁，28-31頁でもすでに指摘したところである。

　第2に，先に述べた強い予防原則の基準（本書167-168頁の①～④）を適用すれば，国際条約や国内実定法に定められた予防的措置を，弱いバージョンと強いバージョンの2つの類型（タイプ）に区別することは，おそらくそれほど難しくはないだろう。

　第3に，では上記の2分論には，どのような実践的な意義があるの

_____

(91)　Helge Torgersen & Franz Seifert, Austria: Precautionary Blockage of Agricultural Biotechnology, 3 J. Risk Research 209, 212(2000). Jordan & O'Riordan, supra note 53, at 18-19.; 立川雅司『遺伝子組み換え作物をめぐる「共存」』242-244頁（農林統計出版協会，2017年）参照。

第4章　予防原則の構成要件と分類

か。なるほど一見すると，強い予防原則のもとでは規制行政機関の権限が格段に強化されるが，行政機関が実際に行使できる権限の範囲は，さまざまな事項に配慮したうえで実定法によって具体的に定められる(92)。そこで，個々の規定の解釈・適用にあたり，強い予防原則というカテゴリー区分が行政機関の判断やそれを審査する裁判所の判断に影響を及ぼす可能性はほとんどない。

　第4に，さらに実定法に実際に組み込まれた予防的規制システムに注目しよう。そうすると，強い予防原則と名指しされたのは，国際文書では，世界自然憲章，ベルゲン閣僚宣言，バマコ条約，カルタヘナ議定書など，また合衆国の国内法規では，FFDCA，FIFRA，TSCA，CAA，CWA，ESA，MMPAなどの法律（のごく一部の規定）にすぎない。そこで，具体の制度の設計においても強い予防原則というカテゴリーから得られるものはほとんどなく，個別に問題を検討することが必要となる。現に「強い予防原則の救済」を強く提唱するサックスも，「強い予防原則が，われわれ社会が当面するすべてのリスクを管理するための普遍的な枠組みとしてドグマティックに適用されるべきではない」ことを認め，TSCAに代わる法律においては強い予防原則を適用し，化学製品が人の健康や環境に対する重大なリスクを引きおこさないことの証明責任を製造業者に負担させるような新しい許可

──────────

(92)　強い予防原則批判者も，「もっともアグレッシヴな予防原則のバージョンは，誇張された（rhetorical），非拘束的な宣言のなかにみられる」が，「予防原則が（各国の）政府によって国内法の中で採用される場合には，より穏健なものとなり」，「同じく合衆国における予防の適用も，一般に穏健なものであった」（Wiener, supra note 59, at 1515），「予防原則は，政府が現実の環境上の被害が生じるまで行動を伝統的に躊躇するということに対する有益な解決方法である。しかし，合衆国の環境規制は予防的アプローチの執行の難しさも同時に示している」（Bodansky, supra note 78, at 204）などと述べ，強い予防原則がそのままに立法化された実例はほとんどないことを認めている。

171

システムを提言するにすぎないのである[93]。

第5に，そうすると，弱い予防原則・強い予防原則という二分類を主張する論者のねらいは，その実践的意義よりは，理論的意義（あるいは思想的意義）にある。言い換えると，弱い予防原則・強い予防原則という区分のねらいは，前者を「当たり前のことしか述べていないので問題ない」と容認する一方で，後者を純粋モデル化し，それを批判することにあるといえそうである。

サンスティーンは，予防原則を「さしあたり強い意味のバージョンで理解」し，「もっとも強いバージョンが，最終的にはだれも支持しようとはしない立場を反映しているとしても，それはそれで構わない」という。理由は「その欠点を理解することが，いかにリスクと恐怖に向き合い前進するのかをより有用に理解し，予防原則を精緻にする道を拓く」[94]からなのである。

6　予防原則の分類

予防原則を，「弱い予防原則・強い予防原則」とは異なる観点から分類する試みもなされている。ここでは，2，3の主張を簡単に紹介しよう。

まず，ウィーナーは，予防の程度（介入の時期と規制の強度）に応じて，予防原則を，バージョン①不確実性は，行動しないことを正当化しない，バージョン②不確実性は行動を正当化する，バージョン③証明責任を転換し，安全性が証明されるまで禁止する，の3つに分類する。ウィーナーによると，①と②を比べると，①が規制的介入を認める（permit）だけなのに対し，②は介入を駆り立てる（impel）という

---

(93)　Sachs, supra note 46, at 1285, 1291, 1325-27.

(94)　Sunstein, supra note 43, at 24-25; サンスティーン（角松・内野監訳）・前掲（注43）30-31頁。サンステーンが想定する強い予防原則については，本書146-147頁で触れた。

第4章　予防原則の構成要件と分類

点で，より予防的であるという。しかし，かれは①と②は「どのような行動・措置がとられるべきかという現実の問題に答えない」とも述べており，①と②を区別する意義があいまいである[95]。

ウィーナーの主張で着目すべきは，絶対主義的予防原則と「最適な予防」という区別であろう。かれは，「複合的リスクと不完全な政府という現実世界では，攻撃的な予防は規制の論拠を弱め，または反転させる対抗リスクを引きおこすことがある。予防自体がリスクのある活動となりうる。複合的リスクのまっただ中で，予防原則は，極端な予防に対する予防が必要であることを示唆している。複合的に関連したリスクという現実を受けいれ，最大限の予防よりは"最適な予防"の原則が必要である」としたうえで，「もっとも攻撃的な予防原則のバージョンは，言葉だけで拘束力のない宣言に思える。一般に，法的手段をより強く拘束するにつれ，予防原則の適用はより穏便になる。このことは，予防は複合的リスクという現実に直面しなければならず，絶対主義的"予防原則"は，よりプラグマティックな"最適な予防"へと移行することを示している」と述べる[96]。

つぎに，スチュアートは，非排斥予防原則，安全領域予防原則，BAT予防原則，禁止的予防原則という4区分を主張する。その内容はすでに紹介したとおりである（本書143頁）。弱いバージョンと強いバージョンをさらに細分し，それぞれに安全領域予防原則とBAT予防原則を設けたところに，予防原則を法的・政策的基準として，より規範化しようとするスチュアートの意図がうかがわれる。

しかしスチュアート自身が認めるように，安全領域予防原則は，一

---

(95)　Wiener, supra note 59, at 1515. But see id. at 1521, 1526. なお，ウィーナーは，ウイングスプレッド声明は②③に属するというが，同声明は強い予防原則の代表例である。そうすれば，ウィーナーは「不確実性は行動を正当化する」という効果を，弱い予防原則ではなく，強い予防原則の属性と解していることになる。

(96)　Id. at 1521, 1524.

173

般的な保守主義の一部としてすでに実定法化されており，「現在の未然防止規制プログラムは十分に"予防的"ではないので，予防原則を反映するために根本的に変更される必要があるという主張の根拠になるものではない」ものとされる（本書144頁）。そうすれば，これをわざわざ予防原則の一類型とする必要性が疑われる。

　また，スチュアートは，BAT予防原則については，「いかなる種類の規制が（規制しないことを含め）要求されるのかを規制者が決定することを許さないようにみえる。すなわち，もし重大な損害の不確実リスクがあるときは，BAT措置が要求されるべきである」と説明したうえで，ロンドン閣僚宣言（1987年）のフレーズを実例にあげる[97]。BAT予防原則の内容に関するスチュアートの説明はこれにつきる。しかし，これだけでは，BAT予防原則というカテゴリーをとくに設けた意義が不明である[98]。

---

(97)　Stewart, supra note 37, at 78. スチュアートは「しかしながら，BAT予防原則のもとでもある種の柔軟性がありうる。というのは，BATの強度は，比例原則に従い，潜在的なリスクの大きさに基づき変化しうるからである」（Id.）とも述べ，強いバージョンであるBAT予防原則から自動的に特定の措置が導かれるものではないことを認める。

(98)　〔余白が生じたので，本章（注44）を若干補足する〕さらに調査を続行したところ，Thomas Lundmark, Systemizing Environmental Law on a German Model, 7 Dick. J. Envtl. L. & Pol'y 1, 13(1998) に，「予防的政策に従うと，環境政策は，すべての意思決定のなかに安全マージンを設けることによって，環境劣化の問題の一歩手前にとどまらなければならない」という記述を発見した。サンスティーンは，原典を確認せずに，ロンボルグの誤記を転写（孫引き）したのであろう。なお，Lundmark論文に「本質的には」，「これがヨーロッパ大陸ではよりふつうの解釈である」などの記述は見当たらない。

第5章　予防原則をめぐる論争

1　予防原則に対する激しい批判

ウイングスプレッド声明が発表された前後から，学会誌，業界誌，公的・私的機関の報告書，それにインターネット上には，予防原則を支持する議論と批判する議論が溢れかえることになった。最近は，英国，アメリカにとどまらず，ドイツ，フランス，北欧，カナダ，オーストラリア，ニュージーランドなどにまで論議が拡大し，参加する研究者の範囲も，国際法・国内法研究者に限らず，経済学者，政策学者，哲学者，医学者，心理学者などへと広がっている。ここでは，アメリカの研究者，それも国内法学者（環境法，行政法など）の著書・論文を中心に，その概要を把握することにしたい。

まず，予防原則の個別の論点を検討する前に，予防原則に対してあびせられた激しい批判のさわりの部分を列挙してみよう。

・「予防原則は見事なレトリックの作品である。それは発言者を市民の側におく——私はあなたの健康のために行動しています——そして，計画された禁止または規制の反対者を，公衆の健康に無関心または敵意をもっているかのごとく描き出すのである。このレトリックは部分的に機能するが，それは実際に証明されるべきこと，とりわけ健康に対する目前の行動の影響は他のものに優先するであろうことを当然の前提としているからである。そして，この比較は唯一のありうる方向にのみ有利に，つまり提案されている規制からは健康上の損失が生じないという前提に基づきなされる。このレトリックは，健康と金銭の間の選択を提示しており，またはいかなる損失もない

175

健康さえ主張しているようにみえる。そしてそれは，企業は安全な
だけではなく，より良質で安全な方法を発見するだろうという仮定
と結びついている。なにも失うことなく（禁止や規制による健康への
悪影響はない），なにか（健康）が得られるのであるのである」。「私
人の行為は損害がないことの証明を要求する。政府の行為は損害の
証明を要求しない。市民と国家の相関的役割は逆転した。これまで，
行動する資格があるのは市民であり，国家は介入を正当化しなけれ
ばならなかった。いまや国家が権限に基づき介入し，市民は行動の
理由を示さなければならない。それが顕著に意味するのは，通常の
行動のコースの逆転である」（ウィルダフスキー）[1]。

・「しばしば，環境規制においては，フォールス・ネガティブ（現実
問題の規制の不足）よりもフォールス・ポジティブ（不要な規制）の
方が，より善であると主張される。前者はカタストロフィーとなる
ことがあるが，後者は単にわずかな金銭の無駄となると考えられて
いる。実際は，前者よりも後者が健康に対するより大きな脅威とな
ることがある」[2]。「ほとんどの注釈者によって無視されているが，
予防原則の真の致命的欠点は，公衆の健康保護をめざした行動は，
公衆の健康にマイナスな影響をおそらくあたえるはずがないという
根拠のない仮定である。これら予期しない悪影響はまったくどこに
でもあるのだ。予防原則は，存在しないかもしれない不確実な危険
に対してさえ行動するよう助言するが，その行動の結果から生じた
実際の健康悪影響がかしこにあるということは，規制はしばしば健
康にとって善よりは悪を引きおこすことを意味するのである。……
政府が可能性のあるリスクの最後の一片を取り除こうと努力すれば

---

(1)　Aaron Wildavsky, But Is It True? A Citizen's Guide to Environmental
Health and Safety Issues 428, 430 (1995).

(2)　Frank B. Cross, Paradoxical Perils of the Precautionary Principle, 53
Wash. & Lee L. Rev. 851, 852 n.8 (1996).

第5章　予防原則をめぐる論争

するほど，逆の（対抗する）結果を引きおこす危険が大きくなる」[3]。
「予防原則は，理論上は，ある特定の政策またはその他の政策を提言するうえできわめて有益であるが，実際上は破滅的であり，自己破滅的（自爆的）でさえある。公衆の健康保護は，規制行為の結果の複雑性を認めることを求める。単純なレトリックの道具は，この複雑性を説明できない。環境保護は，より注意深い対応を要求する」（クロス）[4]。

・「目標とされたリスクに対する保護のための個々の介入は，同時にそれに対抗するリスクを生み出す可能性がある。これらのリスクトレードオフは，少なくとも介入による利益の総額を減少させ，場合によっては，介入が便益よりも多くの損害（害毒）をもたらすことを意味する」（ウィーナー・グラハム）[5]。

・「合理的選択原則としての予防原則は，われわれの思考を麻痺させるだろう。……予防原則は，もしも少しでも理論上の損害の可能性があれば，すべての技術開発を阻止するであろう。道徳的選択を立法に転換するという企ての中に，予防原則の致命的弱点が示されている。ひとつの絶対的な，そして簡単に適用できる原則を見つけ出したいという誘惑は大きい。しかし，かかる原則はしばしば単純であり，適用されると不当な結論をまねくであろう。道徳的選択の多くは複雑であり，政治的決定をするにあたり，われわれはこの複雑

---

(3)　Id. at 859-860.「予防原則は，環境および人の福祉のために執行するにはあまりに理不尽（邪道）である」（Id. at 851-852）。

(4)　Id. at 925.

(5)　John D. Graham & Jonathan Baert Wiener eds., Risk vs. Risk: Tradeoffs in Protecting Health and the Environment 226 (1995)：ジョン・D・グラハム＝ジョナサン・B・ウィーナー（菅原努監訳）『リスク対リスク─環境と健康のリスクを減らすために』217頁（昭和堂, 1998））（以下後者から引用する。ただし一部を修正した）。

な視点を見失うべきではない」[6]。

・「予防原則が新しいというのは明らかな誤りである。しかし，多数の箇所，とくにヨーロッパにおいて，予防原則は規制的意思決定の基礎であるリスク分析に取って代わるおそれがある。ヨーロッパにおけるリスク管理決定は，リスクではなく危険（ハザード）ベースでなされつつある。……予防原則はリスクベースの意思決定にとって代わるものではない。危険なのは，予防原則がリスク管理意思決定の要素を無視するライセンスとして使われるであろうことである。予防原則はリスク分析の代わりに用いられるべきであるという人がいる。リスク管理の基礎としてのリスク評価を排除しようとする反リスク感情と運動がある。……賢明かつ建設的に使用されるなら，予防原則は意思決定および優先順位設定の有益な構成要素となりうる。リスクの検討を欠いたままで使用されるなら，それは恐怖を推進し，科学を政治化する」（リスク分析学会理事長チャンレー）[7]。

「私は，科学を無視することにより予防原則を誤って使用する者からリスク分析を防御することをリスク分析学会会員に呼びかけた」。（ガリレオの地動説を例にひき）「人は自然を理解するためにいかに努力してきたのか。ひとつはイデオロギー，もうひとつが科学である。特殊創造説は，結局，自然の理解に対するイデオロギー的アプローチであった。対照的に，リスク分析は，自然を理解し記述し保護について決定するのを助ける。17世紀においてでや，経験的証拠に基づかない自然に関する仮説は，科学に"居場所がない"ことを認めていたのである」[8]。

「予防原則は，リスク評価に"とって代わりる""新しいパラダイ

---

(6) Søren Holm & John Harris, Precautionary Principle Stifles Discovery, 400 Nature 398, 398(1999).

(7) Gail Charnley, President's Message, 19(2) Risk Newsletter 2(1999).

(8) Gail Charnley, President's Message, 19(3) Risk Newsletter 2(1999).

第5章　予防原則をめぐる論争

ム"と評されている。……それは宗教のごときである。一方の側に
は，なにか悪いことが起こるであろう確率について結論を引き出す
ために科学を駆使する技法があり，他方の側には，科学の代わりに
予防原則がわれわれのすべての問題を解決するだろうという信念が
ある。しかし，これは誤った対比である。予防とリスクは協力でき
ず，かつ協力していない。予防原則は政策判断において不確実性が
もつ基本的役割を承認し，不作為ではなく作為を怠る証明責任を転
換しようと試みる。遺憾ながら，予防原則を誤用する者は，知識を
権威付ける代わりの根拠を示さずに，意思決定の卓越した基礎であ
る科学の役割に挑戦しているのである」[9]。

・「環境主義者は，予防原則を絶対に誤りのない，当然のものとして
利用している。彼らはこの原則を盾に取り，理屈に合わない最大限
のリスク回避性向を擁護しようとする」。「環境主義者が，規制介入
や規制を正当化するため，予防原則を金科玉条にしているのを，私
たちは目の当たりにしている。このような規制を実行するには—差
し迫った大災厄についてたっぷり説明した後—未来に関する単純き
わまる道徳的で，崇高な説教をし，アル・ゴア流の人類に関する
"不安"を示しさえすればいいのである。……何かを実行に移せば，
かならず何かしらの影響が出てくる。人間が活動すればかならずな
んらかの二次的影響が現れ，そのためのコストがかかる。だから
"予防原則"の手法を利用すれば，ほとんどどんなことでも禁止で
きるようになってしまう」（クラウス）[10]。

・「予防原則は，"君子危うきに近寄らず（安全第一）"という良識に
アピールするが，実際は，すべての新しい技術導入を規制する側に

(9)　Gail Charnley, 1999 Annual Meeting: Past President's Message: Risk
　　Analysis Under Fire, 20(1) Risk Newsletter 3(2000).
(10)　ヴァーツラフ・クラウス（住友進訳）『環境主義は本当に正しいか』90頁，
　　92-93頁（日本経済新聞社，2010年）。

片寄った意見をもっている。予防原則の採用を主張する者は公衆の健康や環境の保護のために行動していると主張するが，予防原則は，より多くの後悔とよりすくない安全をもたらす」[11]。「問題は，リスクの一面（これらは，ある面でいくぶん不確実な影響のある新しい技術導入により生じる）に焦点をあわせることによって，技術開発がなされないことにより生じ，またはより悪化する損害を見て見ぬふりをすることである。不都合な現実は，ひとつのリスクを規制しようとする努力は，しばしばより危険な別のリスクを作り出すことがあるということである」。「極論すると，実質的費用を課す規制は死亡率全体を増加させることさえある。高度経済成長と富の集積は，死亡率および罹病率の減少と強い相関関係がある」[12]。「これは驚くべきことではない。富の蓄積が，医学研究に資金を提供し，進歩した生命救助技術の市場を支え，より良い食料配分に必要な基盤を建設するうえで必要だからである。ひと言でいうと，貧乏人ほど病人で，金持ちほど健康人である。タダな健康はない。環境保護についても同じことがいえる」（アドラー）[13]。

・「そのもっとも強い定式によると，予防原則は，新しい技術の採用が許可される前に，安全性の絶対的証明を要求すると解釈することができる。世界自然憲章は，"潜在的な悪影響が十分に理解されない場合は，新たな技術を進めるべきではない"と述べている。もし

---

(11)　Jonathan H. Adler, More Sorry Than Safe: Assessing the Precautionary Principle and the Proposed International Biosafety Protocol, 35 Tex. Int'l L. J. 173, 195 (2000).

(12)　アドラーは，ここで「ある学術調査は，1% の失業率の増加は，5 年間で 1 万 9000 人以上の心臓発作と 1100 人以上の自殺者を生み出し，さらにリスクは世帯所得に反比例し，1% の所得の増加は死亡率を平均で 0.05% 減少させると主張している」というブライアーの記述（Stephen R. Breyer, Breaking the Vicious Circle: Toward Effective Risk Regulation 23 (1993)）を引用する。

(13)　Adler, supra note 11, at 197.

第5章　予防原則をめぐる論争

これを文字通りに解釈するなら，いかなる新しい技術もこの要件に適合することができないだろう。(それが良いか悪いかは見方によるが) 何もしないことになる予防原則の使用に対しては，おそらくもっとも強い形式の予防原則が適用されるべきである」[14]。

・「驚くべきことに，多数の組織が彼らの総じて反企業的世界観に一致する強い予防原則を支持している。しかし，彼らはまた強い予防原則を推進する他の動機を有している。もしも強い予防原則が一般的な法原則として受け入れられたなら，環境・消費者団体には，その技術が安全であることを証明できなかった会社に対して訴訟を提起する権限が与えられることになりそうだ」(モリス)[15]。

・農業・食料バイオ技術に適用される予防原則は，新しい製品が引きおこすかもしれない理論上のリスクに大部分の関心を注ぐことにより，これらの製品によって緩和または除去されることができるまさに真実の存在するリスクを無視している。もし予防原則が数十年前にポリオワクチンや抗生物質のような新技術に適用されていたなら，規制者は，これらの製品の同意を遅らせまたは拒否することによって，重大でしばしば致命的な副作用を時たま防止できたかもしれない。しかし，その予防は伝染病により失われる数百万の生命を代償にして実現するのである。絶対的確実性に近づく安全性の確保を求めるのではなく，新しい製品を迅速に受け入れるリスク (タイプ1のエラー) と新しい技術を遅らせ中止させるリスク (タイプⅡのエラー) のバランスをとるべきである。個々人のリスク許容はきわめて雑多であることから，規制者は，より大量の情報に基づいた技術

---

(14)　Kenneth R. Foster et al., Science and the Precautionary Principle, 288 Science, 979, 979, 981 n.5 (2000).

(15)　Julian Morris, Defining the Precautionary Principle, in Rethinking Risk and Precautionary Principle 4 (Julian Morris ed. 2000).

181

の最終利用者の選択を受け入れるべきである」[16]。

・「政策自体が公衆の健康上・環境上のリスクを引きおこし，または長引かせるかもしれない。その結果，これらの政策上の指示は，削減をめざした疾病以上に，ひとや環境を悪化させることがある。真実は，われわれは小人から逃れることができるが，オオカミのあごで砕かれるかもしれない（トールキン・ホビット）ということである。予防原則の一面的な適用は，このような苦境を招くが，それはある行動（たとえばGM作物の禁止）が同時に不確実な便益や不確実な損害をもたらしうる状態において，予防原則を適用するための指針をなんら示さないからである。この点で，予防原則はヨギ・ベラのつぎの忠告を思い起こさせる。"分かれ道では，とにかく進め"（巧遅は拙速に如かず）」（ゴクラニー）[17]。

・「予防原則をより明確にすることは確かに可能である。しかし，"注意せよ"という以上に，明確なただひとつの原則を形作ることができるということを疑ういくつかの理由がある。われわれの注意を引きつける事柄は非常に多様である」。（コストに対する関心の違い，知および不知の条件の違い，費用と便益の不確実性，戦略的目標の違い，多様な対応メカニズム，リスクの許容に関する文化の違いなどを列挙）「その含意は，十分に伸縮性があり，すべての代替的な制度上の必要を包摂するようなただひとつの予防原則は存在せず，また存在しえないということである。……予防原則を"いかに適用するのか"が問題なのではない。私は，ただひとつの予防原則が存在するという主張を疑問視しているのである」（ストーン）[18]。

---

(16) Henry I. Miller & Gregory Conko, Genetically Modified Fear and the International Regulation of Biotechnology, in Morris ed., supra note 15, at 100.

(17) Indur M. Goklany, The Precautionary Principle: A Critical Appraisal of Environmental Risk Assessment 7(2001).

(18) Christopher D. Stone, Is There a Precautionary Principle?, 31 Envtl. L.

第5章　予防原則をめぐる論争

・「もしも，われわれが社会にける資源の最善の可能な分配を達成したいのであれば，優先順位付けが絶対的に必要である。環境はこの社会的な優先順位付けに他のすべての領域と平等な条件で参加しなければならない。環境上のイニシアティヴはしっかりとした議論を提示し，その長所と短所に基づき評価されなければならない。しかし，そのためには，予防原則が厳格に制限されることが必要である」。「もしわれわれがある領域でより安全になろうと試みると，われわれは他の領域で良いことするために使えなくなる資源を消費することになる。それ故，多額の費用で必要以上の生命を救うことは，きわめて確実に，他の領域においてより安価でより多数の生命を救う機会を失うことを意味する」。「優先順位付けで重要なのは，すべての利用可能な情報に基づき，われわれの資源を可能なかぎり上手に使うことである。そこで，秤を環境に有利な方に少しだけ傾けるために予防原則は使われるべきではない。分配そのものが，もはやありうる最善の状態ではないからである。要するに，予防原則は実際はわれわれが望む以上に大きな誤った決定をもたらすのである」（ロンボルグ）[19]。

・「予防原則の大部分の定式は，あたかも規制者がひとつの時点でひとつのリスクを取り上げるかのごとく設計されている。唯一の問題は，そこで規制者が当該のリスクをいかに確信するかである。しかし，現実世界で規制者はすべてのリスクに関して不確実であり，現実の問題は複合的リスクと代替行動をどう処理するかである。複合的リスクという現実世界における予防原則は，過剰な予防による現

Rep. 10790, 10799 (2001).

(19)　Bjørn Lomborg, The Skeptical Environmentalist: Measuring the Real State of the World 348-350 (2001); ビョルン・ロンボルグ（山形浩訳）『環境危機をあおってはいけない　地球環境のホントの実態』568頁，570頁（文藝春秋，2003年）（以下，原著から直接引用する）。

実の損害が存在する（ポジティブな誤り，費用，技術革新の抑圧，および規制的介入の対抗リスク）という認識によって修正されなければならない。……もし予防的行動自体が対抗リスクを引きおこすのなら，予防原則の強いバージョンは自分を飲み込んでしまう。つまり，予防原則は予防に対する予防を要求する。それ故，知的な規制を導くために予防原則は修正される必要がある」（ウィーナー）[20]。

・「強い形式の予防原則の真の問題は一貫性に欠けることである。予防原則は指針をあたえることを目的としているが，まさにそれが要求する手段を糾弾することから，指針をあたえることに失敗してしまう。予防原則が要求する規制は，つねにそれ自体のリスクを引きおこす。つまり，予防原則はそれが命じたことを同時に禁止してしまう。そこでわたしは，予防原則が誤った方向に導くからではなく，それを一所懸命読んでも，まったくどこへも導かない（何の指針も示さない）ことから，予防原則への挑戦をもくろむのである。予防原則は，作為と不作為およびその間のすべての方法を麻痺させ，禁止するおそれがある。予防原則は，われわれがリスクに関連する状況のさまざまな側面に目をつぶり，問題となっている事柄の狭い部分に注目したときにのみ役にたつ。自分に対して目をつぶることで，予防原則が指針をあたえているかのごとく見えるのである」[21]。「予防が誤りである，あるいは予防原則を良識的な根拠に基づき再構築することが不可能であると主張するのではない。ここでの私の唯一の主張は，予防原則は荒削りで，しばしば望ましい目標を推進するには道理に反する方法であり，そして文字通りに用いると，それは

---

(20)　Jonathan B. Wiener, Precaution in a Multirisk World, in Human and Ecological Risk Assessment 1526 (Dennis J. Paustenbach ed., 2002).

(21)　Cass R. Sunstein, Laws of Fear: Beyond the Precautionary Principle 14-15 (2007); キャス・サンスティーン（角松生史・内野美穂監訳）『恐怖の法則 予防原則を超えて』19頁（勁草書房，2015年）。

機能不全におちいり，まったく役にたたないというものである」
（サンスティーン）[22]。

・「予防原則のような主観的概念は，保守的学者が"原則なき予防"
とよぶ事柄を許すがゆえに危険である。予防に対する極端なアプ
ローチには，2つの重大な危険がある。第1は，技術革新が封殺さ
れ，経済発展が妨げられることである。第2は，より巧妙であるが，
規制する者と規制される者の活力が，既知のまたはもっともな危険
（ハザード）から憶測による根拠薄弱な危険へとそむけられること
により，公衆の健康と環境が損害をうけることである」。「以上の理
由から，規制政策における普遍的な予防原則を採用せよとの呼びか
けに対して，合衆国政府が引き続き予防的アプローチをとっても驚
くなかれ」（グラハム）[23]。

・「（予防原則を論じた欧米の）諸文献には，非常に多くの異なる予防
原則の定式が記されている。しかしそれが人の健康と環境に適用さ
れた場合，それらすべてに共通するテーマは，転ばぬ先の杖（it is
better to be safe than sorry）である」[24]。「もしそれが道徳原則なの
であれば，あいまいさが問題である。あいまいな原則は特定の事案
に対する特定の判断を示さない。もしそれが意思決定ルールなので
あれば，同じくあいまいさが問題である。あいまいなルールは，あ
たえられた事案に対する特定の政策を勧奨しない。……予防原則の
あいまいさは，レトリックの観点からのみ美点に見え，道徳哲学お

---

(22)　Sunstein, supra note 21, at 34; サンスティーン（角松・内野監訳）・前掲
　　（注 21）43-44 頁。

(23)　John D. Graham, The Perils of the Precautionary Principle, Lesson from
　　the American and European Experience(Oct. 20, 2003), in Heritage
　　Lectures, Jan. 15, 2004, at, 1, 4.

(24)　Derek Turner & Lauren Hartzell, The Lack of Clarity in the
　　Precautionary Principle, 13 Envtl. Values, 449, 450(2004). なお，後掲（注
　　39）参照。

よび実践的意思決定の観点からは弱点にしか見えない。予防原則の
もっとも目につく問題のひとつは，それがいかなる種類の原則たる
べきかを誰も十分に明らかにしなかったことである」[25]。

・「予防原則のもっとも単純な解釈——転ばぬ先の杖——でさえ，複雑
な問題を引きおこす。まず手始めに，政策決定者にとって本質的な
ジレンマは，もし"安全"を望むのなら，なにをすべきなのかが明
らかでないことである。どれ位安全なら十分か。安全性を確保する
費用を考えることなく，この疑問に答えることは事実上不可能であ
る。予防的規制に好意的な者にとっては，もっと大きな概念上の難
点がある。（しばしば予測できない）リスクは，不作為からではなく
作為からも生じる。イラク戦争を考えてみよ。そしてひとつの政策
領域（たとえば環境）のリスクを軽減することは，とくに資源が不
足している場合には，他の領域（たとえば国防）のリスクを増加さ
せことがある。強い予防原則の主要な問題は，それが論理的に矛盾
していることである。それは，しばしば—現状維持を含む—すべて
の政策を考慮外とする。というのは，ほとんどすべての政策は，ひ
とつまたはその他のリスクを引きおこすからである」[26]。「まじめに
考えるなら，予防原則は判断停止であり，（費用便益衡量とは対照的
に）まったく何の指針も示さない」（ハーン・サンスティーン）[27]。

・「"跳ぶ前に見よ"。まことに合理的に聞こえるではないか。しかし，
この公知の知恵がどれだけ合理的なのか，これを連邦跳躍委員会に
当てはめてみよう。環境主義者運動は，まさにこれに等しい道徳を
創ることをめざしている。実際，あなたそしてだれもが同じく，跳

---

(25) Id. at 459.
(26) Robert W. Hahn & Cass R. Sunstein, The Precautionary Principle as a Basis for Decision Making, The Economists' Voice, 2005 Issue 2, Art. 8 at 1-2.
(27) Id. at 7. サンスティーンは，Cass R. Sunstein, Cost-Benefit State: The Future of Regulatory Protection 23-24 (2002) でも同じ議論を展開している。

ぶ前に所定の方法で前もって見るだけではなく，もし跳んでも現在
および未来永劫にわたり怪我をしないだけではなく，他のいかなる
生物も傷つかないことを証明しなければならないだろう。それでも
しもあなたがすべてを証明できないなら，委員会は跳躍許可をあた
えることを拒否するだろう」。「"転ばぬ先の杖"は，ある人びと（森
の中の集中暖房住宅の所有者）にとっては良い忠告である。他の人び
とは，同様の格言に留意するのがより賢明であろう。"ためらう者
は破滅する（機会を逃す）"」（リバタリアン科学ライター・ベイリー）[28]。

・「知識人一般と同じく，法律教授は明らかに公衆を代表しない意見，
つまり非常にしばしば全体として社会の左の意見をもっている。合
衆国では，民主党寄りの法律教授が共和党寄りの法律教授を，およ
そ5対1で上回っている。……法律学界は政治的スペクトルの左に
片寄っており，企業理念に対する共感も少ない。そこで，現代慣習
国際法ルールは，自由市場やその他の古典的リベラル理念に対する
偏見を内包する傾向があったのである。たとえば，多数の学者が，
慣習国際法は予防原則と称されるものを含んでいるとの主張を試み
てきた。これは，技術からすべてのリスクを排除できないのであれ
ば，新しい技術の導入を禁止するというルールである。この原則が，
新しい技術が命を救うであろう人びとよりも，すでに順境にある人
びとに，よりアピールすることは明らかである」[29]。

・「EU は，国際取引の分野における国際的経済利得のために，持続
的発展を追求するという偽装のもとで予防原則を意図的に利用して
きたという世界的な認識が高まりつつある。EU は，合衆国の高度
に技術的でより経済的効率的な工業加工輸出製品と，発展途上国の

---

(28)　Ronald Bailey, Precautionary Tale, Reason, April 1999, at 37, 37-38, 41.

(29)　John O. McGinnis, Individualism and World Order, The National
　　　Interest, Winter, 2005, at 41, 46-48. 著者はノースウェスタン大学教授，保守
　　　系・リバタリアン法律家団体フェデラリスト協会の会員。

低コスト商品向け農業・自然資源関連の輸出品を，体系的に予防原則の標的としてきた。いいかえると，EU は経済的競技のフィールドを，比較をすると経済的不利益を被る，停滞した，怠惰な，または未発達な EU 企業のために平らにするための保護主義者の道具として，予防原則を利用したのである」。「合衆国の実業界は，予防原則によりもたらされた複雑な脅威の撲滅にむけ，それを支援することができるすべての考えられ得る，そして利用可能な選択肢，機会および手段を全体的に探査すべきである」[30]。

「予防原則のもっとも基本的な問題は，過大な予防は過小な予防と同じように危険でありうることを認めないことである。いくつかの予防は健康・安全・環境規制プログラムにとって賢明であり，かつ実際に必要なものであるが，過大な予防原則は，有益な新しい技術や製品（その多くはそれが置き換えるであろう古い製品よりはリスクが低い）を不当に遅延させ，阻止することがある。多数の論者が顔をしかめつつ言うように，もし予防原則を念入りに適用すべきなのであれば，ひどく危険なので禁止されるべき最初の標的は予防原則自身である」[31]。

・「私見によれば，予防原則は一貫性に欠ける。臨床試験が危険かもしれないので，不必要なリスクを避けるために予防的措置が取られるべきことには疑いがない。しかし予防原則は意思決定について，

---

(30)　Lawrence A. Kogan eds., Exporting Precaution: How Europe's Risk-Free Regulatory Agenda Threatens American Free Enterprise 102, 115 (2005).

(31)　Gary E. Marchant, Observation XⅧ, in Kogan eds., supra note 30, at 115.「批判者は，不明確で融通無碍な予防"原則"の特徴が，それが悪意のないまたは不適切な（たとえば保護主義的）動機のためかどうかを問わず，そうでなければ正当化されない製品や技術を制限するほとんど無制限の裁量を規制者に付与することを，正当にも危惧している」(Gary E. Marchant & Kenneth L. Mossman, Arbitrary and Capricious: The Precautionary Principle in the European Union Courts 2(2004))。

第 5 章 予防原則をめぐる論争

もっと強い要求をする。予防原則は，伝統的な費用便益分析を，発生するかもしれないネガティブな影響を問題にした（焦点をあてた）不明確な理由によって置き換えることをわれわれに告げる。予防原則は，故にリスクと便益のバランスを，全くのペシミズムと表するのがもっともふさわしいものに置き換えるのである」。「予防原則は本質的に明確なひとつの観念ではなく，リスク回避，証明責任，回復不可能な損害，それに規範的責務をあいまいに関係付けた直観のかたまりと表現するのがより的確である。ほとんどの予防原則擁護者は，ひとつの精緻な定式化に自ら関与しようとはしない。代わりに，核心的理念や基本的見識を漠然と語り，予防原則の完全に機能しうるバージョンの定式化という責務を後の機会に先送りするというのが，お定まりの策略である。知的観点からすると，これでは十分でない」(32)。

2　予防原則論争の論点

予防原則をめぐっては，すでに述べたように，これまで支持・不支持の立場からおびただしい数の著書・論文が公表されており，両者の主張を照合させ，論点を整理するのにも苦労するというのが実情である。そこでまず最初に，代表的な予防原則支持者であるサンディンら（ストックホルム王立技術院・地域計画・哲学部門所属の 5 名），アーテンスー（トゥルク大学・フインランド），サックス，ホワイトサイドらが予防原則批判者に対しておこなった反批判を参考に，予防原則をめぐる論争の争点を整理してみよう。

サンディンらによれば，予防原則の問題点として批判者が掲げるのは，①定義の不明確さ，②独裁主義，③リスク負担の増加，④価値判断またはイデオロギー，⑤非科学的または科学の役割の否定の 5 つで

---

(32) Martin Peterson, The Precautionary Principle Should Not Be Used as a Basis for Decision-making, 8 EMBO Reports 305, 306 (2007).

ある(33)。また，アーテンスーは，予防原則に対する一般的批判として，⑥不明確・あいまい・空虚，⑦一貫性のなさ，⑧逆にリスクを増大させるの3つをあげ，サックスは，強い予防原則に対する批判として，⑨機能せず，思考停止におちいる，⑩すべてのリスクを禁じる独裁主義（ゼロ・リスク）である，⑪リスクトレードオフや代替案を認めないの3点をあげる(34)。

最後にホワイトサイドは，「科学に基づくリスク管理」主義者の主張として，⑫規制は科学的証拠に基づくべきで，風説，憶測または根拠のない怖れに基づくべきではない，⑬検討は感情や特定の利害に影響されず，客観的になされるべきで，観察の数値化と科学的証明が客観性を保証する最善の方法である，⑭リスク管理には，費用対効果的で，最大限の純社会利益を得るための包括的アプローチが適用されるべきである，⑮選択肢のランク付けは，良く知られた尺度（すなわち金銭または生涯期待利益）によるべきであるで，の4つをあげる(35)。

ホワイトサイドの掲げる項目（⑫～⑮）の整理には多少の工夫を要するが，①⑥⑦⑨は予防原則の多義性，不明確性を，②⑩はわずかなリスクも認めない安全独裁主義とその論理的矛盾を，③⑧⑪は予防原

――――――――――――――

(33) Per Sandin et al., Five Charges Against the Precautionary Principle, 5 J. Risk Research 287, 288-296 (2002).

(34) Marko Ahteensuu, Defending the Precautionary Principle Against Three Criticisms, 11 TRAMES: A Journal of Humanities and Social Sciences 366, 367-368 (2007).

(35) Kerry H. Whiteside, Precautionary Politics: Principle and Practice in Confronting Environmental Risk 39-45 (2006)（著者はフランクリン・マーシャル大学行政学部教授）。なお，Daniel Steel, Philosophy and the Precautionary Principle: Science, Evidence, and Environmental Policy 44-94 (2015)（著者はミシガン・ステート大学哲学部准教授）は，予防原則は自己矛盾であり，一貫性を欠き，どうにもしようがない程漠然としているという批判に対し，科学哲学の観点から詳細な反論を展開している。本書はそのごく一部を紹介する。

則がリスクトレードオフを否定することを，④⑬は予防原則がイデオロギーであって，科学ではないことを，⑤⑫は予防原則が科学の役割を否定することを，⑭は予防原則が費用対効果（or 費用便益分析）を無視していることを，それぞれ論難するものといえる。ここでは，その中から，つぎの8つのテーマを取り上げ，予防原則批判者および予防原則擁護者の主張をつきあわせてみよう。

3　予防原則は，あいまいで漠然としている

予防原則を明記したいくつかの環境条約およびフランス環境憲章には，予防原則の定義ないし内容を示す記述がある。しかし，国際法的または国内法的に合意された予防原則の定義なるものは存在しないというのが正しいだろう。そこで批判者は，予防原則についてはさまざまの異なる定義や理解があり，普遍的・一般的な法原則または意思決定原則とはなりないと主張する。

「予防原則の問題は，それがあまりに漠然としておりかつ抽象的であり，およびあまりに一貫性がなく，民主的議論を構築する賢明な基礎を提供できないことである」[36]。「予防原則は，あまりに漠然としており，規制的基準としは役にたたない。それは，(1)どのようなレベルのリスクが予防的行動を正当とするのか，(2)どのようなレベルの予防が正当なのか，そしてどのような対価で，という重要な2つの質問のいずれにも答を示さない」[37]。「遺憾ながら，予防原則は広範囲な不確

---

(36)　Sunstein, supra note 21, at 55; サンスティーン（角松・内野監訳）・前掲（注21）72頁。

(37)　Daniel Bodansky, Remarks, New Developments in International Environmental Law, 85 Am. Soc'y Int'l L. Proc. 413, 415 (1991).「文献上のほとんどすべての予防原則の定式は不明確であり，すべての者が同意できるような単一の定式は存在しない。すべての研究者や機関が自身のバージョンをもっている。各々の定式の長所・短所に関する議論にいかに努力を傾注しても，一般的に受け入れられる定式は現れないであろうことを，膨大なそして

実性のグレーゾーン（つまり，ほとんどすべての環境上の意思決定がさ
れなければならないゾーン）において，いかに正確に意思決定するのか
に関する実体的指針を示さない」。「意思決定のための明確な判断基準
を提示しないが故に，予防原則は規制的意思決定のための明瞭な原則
を提供するというテストに失敗している。……議論し適用することが
できる特定の指針を提示できなければ，予防原則は単なるレトリック
であり，環境的意思決定に役立つ指針を提示しない。多数の多様な定
式に鑑みると，'特定の'原則と称するのさえ誤解をまねくようにみ
える」。「予防原則の役割は制定法や条約の一般的前文に限定されるべ
きであり，個別の文脈における特定の結果を指示する実体的で執行可
能な意思決定判断基準として扱われるべきではない。しかし，予防原
則の支持者でこのような限られた役割を心に描くものはいまだにほと
んどいない」[38]。「（ウイングスプレッド声明）バージョンは，だれが予
防のコストを負担しなければならないのか，なにが損害の脅威を構成
するか，どれ位予防すれば十分なのか，環境への影響と人の健康への
影響が対立した場合にはどうすべきなのかを提示できていない」[39]。
「この予防原則のバージョンは，まったく役立たない。第1に，これ
は行動を命じるのではなく，行動を認めるにすぎない。第2に，これ

　　今も増え続ける予防原則に関する文献が示している」（Peterson, supra note
　　32, at 306）。

(38)　Gary E. Marchant, The Precautionary Principle: An 'Unprincipled'
　　Approach to Biotechnology Regulation, 4 J. Risk Research 143, 146-148
　　(2001). See also Marchant & Mossman, supra note 31, at 9-10.

(39)　Turner & Hartzell, supra note 24, at 449. 主張の概要は，予防原則は科
　　学的不確実性の存在（科学的知見の不足）を前提とするが，予防原則には，
　　科学的不確実性が大きければ（大きいほど）予防原則の構成要件である「脅
　　威のリスク」の存否，および「是正措置」の費用対効果を判定することが困
　　難になり，費用便益分析を適用しリスクの大きさに適合した（比例した）費
　　用対効果のある予防的措置を決定しなければ，「予防の行き過ぎ（過剰）」を
　　招くというものである（Id. at 453-458）。

第5章　予防原則をめぐる論争

は“十分な科学的確実性がない”状況に対応するにすぎない。弱い
バージョンは，（避けられない）不確実性に直面し，どのような行動が
とられるべきかという現実的な問題に答をださないのである」[40]。

　この激しい批判に対抗し，予防原則擁護者はさまざまな反論を試み
ている。

　第1に，予防原則は，他の憲法上の原則や統治の原則と比較し，こ
とされに抽象的で漠然としてはいないという反論である。

　サックスは，「予防原則は，個々の事件における繰り返しの適用や
論争を通してその意味が明らかにされてきたデュー・プロセスや平等
保護などの合衆国政府の類似の幅広い原則と比較することが可能であ
る。あるいは，冷戦時の封じ込め理論のように，歴代の執行府に緩い
指針を与えてきた非憲法的原則と比較することも可能であろう」とし，
「私は予防原則が普遍的に（例外なく）適用される必要はないことを
主張する」[41]という。

　アーテンスーは，問題を，①予防原則は不明確で，あいまいで，無
内容か，②そうだとすれば，それは放棄されるべきかの2つに区分し，
①については反論できないとしつつ，②については，「予防原則は今
のところいくつかの点で漠然としているが，われわれが用いている他
の意思決定原則も漠然としている。漠然性という理由で予防原則が放
棄されるべきであると証明するためには，なぜ予防原則が漠然性とい

---

(40)　Wiener, supra note 20, at 1515. ウィーナーは，予防原則を，バージョン
　　①（何かをすることが許される），バージョン②（何かをすべきである），
　　バージョン③（安全性が証明されるまで禁止する）に分類し，科学には常に
　　不確実性が伴うのであり，バージョン①・②は「どのような行動がとられる
　　べきか」をまったく明らかにしないとも批判する（Id. at 1509）。

(41)　Noah M. Sachs, Rescuing the Strong Precautionary Principle from Its
　　Critics, 2011 U. Ill. L. Rev. 1285, 1297-98.「強い予防原則は，重大な環境上お
　　よび公衆の健康上の脅威に向けた枠組みを備えることにより，封じ込め理論
　　と同じような役割をはたすことができる」（Id. at 1297）。

193

う点で他の原則と異なるのか，なぜより問題があるのか，そしてこの理由（漠然性）が予防原則を拒否するのに十分であることを示さなければならない」[42]という。

ディナも，「もしも不確定性が原則を無意味にするのであれば，民主主義，デュー・プロセス，ルール・オブ・ローなど，れわれの法的・政治的伝統の基本原則の大部分も無意味になるだろう」[43]と述べる。しかし，他にも内容が不明確な意思決定原則があるというだけでは，予防原則を擁護したことにはならない[44]。そこで，ディナは予防原則の実体的意義よりは手続的意義を強調し，予防原則は内容が不確定であるが，そのことは予防原則を無意味にするのではなく，「予防原則は，一組の特定された実体的結果を指示することなく，価値へのかかわり合い（コミットメント）と意思決定構造を手続的に表明し，強化することができる」というのである[45]。

アダムス（ランカスター大学）ら，ヨーロッパの研究者も，内容が不明確なことは，その欠点にならず，むしろ議論の場を提供する役割を果たしているという[46]。さらにジョーダン・オリオーダン（イース

---

(42)　Ahteensuu, supra note 34, at 371.

(43)　David A. Dana, A Behavioral Economic Defense of the Precautionary Principle, 97 Nw. U. L. Rev. 1315, 1317-18 (2003).

(44)　Sandin et al., supra note 33, at 289. サンディンらは，「他の意思決定ルールも予防原則のように内容が不明確であるという主張は，予防原則の弱々しい擁護」であり，また原則としては予防原則ほどに明確に定義されてはいなくても，それが長期にわたり使用されることで解釈上や実務上の実体部分が明らかになったものがあるという。

(45)　Dana, supra note 43, at 1317-18.「原則は明らかに極端な選択肢を議論から除外し，政治集団におけるある者の擁護者の志気を高め，その集団の他の者を，彼らの地位を代表してより多くの証人を結集させるように押し進めるのを助けるであろう」(Id. at 1318)。

(46)　Mags D. Adams, The Precautionary Principle and the Rhetoric Behind It, 5 J. Risk Research 301, 302 (2002). その他，ヨーロッパの研究者による予防原則擁護論として，Elizabeth Fisher, Is the Precautionary Principle

ト・アングリア大学・英国）は，予防原則が未だ一般的・抽象的にしか
定義されないことを逆手にとり，やや挑戦的に「われわれは，逆説的
であるが，その内容をわざと不明確にし，行動コードに不完全に翻訳
され続けるかぎり，予防（原則）は政治的影響力を持続するであろう
との結論をくだす」，「予防の詳細な意義は，個々の状況ごとの決定，
便益とコストの交換，および受け入れることができる（できない）損
害のレベルの決定のために利害関係者が集合したときにのみ明らかに
なる」[47]という。ただし，内容が不明確な社会的意思決定ルールを使
い続けるのが好ましいかどうかについては，（とくに法的観点からは）
議論のあるところであろう[48]。

　予防原則が，デュー・プロセス，ルール・オブ・ローなどの確立し
た法原則と比較し，内容が不明確で漠然としていることは否定しよう
がない。しかし，多くの法原則や（政府の）意思決定原則は長期にわ
たる解釈適用や判例法を通じて内容が確定したものであり，予防原則
についてのみ最初から「完成品」を求めるのはおそらく公平ではない。
EUコミュニケーションの「定義がなければ法的不確実性が必ず生じ
ると結論づけるのは誤りである。EU機関の予防原則に関する実際

　　Justifiable, 13 Envtl. L. 315(2001); Andrew Stirling, Risk, Uncertainty and
　　Precaution: Some Instrumental Implications from the Social Sciences, in
　　Negotiating Environmental Change 49-55 (Frans Berkhout et al eds.,
　　2003) などを参照。
(47)　Andrew Jordan & Timothy O'Riordan, The Precautionary Principle in
　　Contemporary Environmental Policy and Politics, in Protecting Public
　　Health and the Environment: Implementing the Precautionary Principle, 15,
　　18 (Carolyn Raffensperger & Joel A. Tickner eds., 1999).
(48)　ガーディナーは，このジョーダン・オリオーダンの見解を「政治的予防
　　原則」と名付け，この主張は，一般原則としての予防原則への信頼をおとし
　　め，悲観的・自滅的であって，多くの人を結集させる組織原則として役立た
　　ない点で，「不当に収縮的」であると批判する (Stephen M. Gardiner, A
　　Core Precautionary Principle, 14 J. Pol. Phil. 33, 40(2006))。

（実務）の経験とその司法審査が，予防原則をより良く扱うことを可能にする」[49]という見解にも一理ある。

　サンディンらも，予防原則に明確な定義が欠けていること認めたうえで，予防原則を機能しうるものにするためには，予防原則の大部分を構成する4つの要素（本書125頁）の内容を，より具体的に明確にする作業が必要であるという。「予防原則は，ある点でほとんど定義されておらず，正確な定義の欠損を補うことができる解釈の主要部や実際の経験が，競合する決定ルールよりも不足していることを認めなければならない。しかし，この点は是正できる（是正されるべきである）。予防原則の解釈が，実際の経験の中から姿をあらわし始めた」[50]とサンディンらは，希望をこめていうのである。

　結局のところ，予防原則は，それ自体は抽象的な意思決定原則であり，具体的事案への適用にあたってその都度内容を確認する必要があるという主張は，きわめて穏当なものであり，多くの者の支持をえられるだろう。たとえば，つぎのノルケンパー（オランダ）の主張がそれである。少し長くなるが，引用してみよう。

　　「予防原則がひとつの原則であるという事実は，それが絶対的な義務を明言するものではないということを意味する。原則は具体的義務を課すよりは，指針（ガイドライン）を提供するものである。予防原則は予防の側に向けた議論をする理由を述べるが，完全な防止を保証するような特定の決定を強いるものではない。（それが適切なときは）他の原則や法的な事項を考慮し，予防原則を単独に適用して達成することができる結果とは異なる結果を得ることもできる。この点で，予防

---

(49)　Commission of the European Communities, Communication from the Commission on the　Precautionary Principle, COM (2000) 1 final (Feb. 2, 2000), at 10, available at http://europa/eu/int/comm/dfs/heaalth_consumer/library/pub/pub07_en.pdf (last visited Mar. 20, 2018)（本書131頁（注13）参照）。

(50)　Sandin et al., supra note 33, at 289-290.

原則は，最近流行の汚染者支払原則のような他の原則と異なるところはない。……同じことが予防原則にも当てはまる。予防原則の原則という地位（ステータス）は，リスクに対するバランスのとれたアプローチを許容する。それはリスク回避という利益に奉仕する。しかし，それは他の考慮をアプリオリにくつがえすトランプカードではない」[51]。

第2に，予防原則は漠然としており，なにをすべきかについて具体的な指針を示さないという批判に対して，しばしば引用されるのが，ドゥオーキンの提唱する「原則」と「ルール」の違いである。ドゥオーキンの見解については，すでに大塚教授その他の紹介があるが[52]，ここで簡単に触れておくべきだろう。

ルール，原則，政策の違い

ドゥオーキンによれば，法的な権利義務を判断したり争ったりする場合に用いられる規準（standard）には，ルールの他に，原則，政策，およびその他の規準があるという[53]。

まず，ルールとはオール・オア・ナッシングの形で適用され，ルー

---

(51) André Nollkaemper, "What you risk reveals what you value" and Other Dilemmas Encountered in the Legal Assaults on Risks., in The Precautionary Principle and International Law: The Challenge of Implementation 80-81 (David Freestone & Ellen Hey eds., 1996). 本稿は著者がワシントン大学（シアトル）滞在中に執筆されたもので，アメリカの法令・判例にも十分な配慮がなされている。

(52) 大塚直「予防原則・予防的アプローチ補論」法学教室 313 号 68 頁（2006年），大塚直「予防原則の法的課題——予防原則の国内適用に関する論点と課題」植田和弘・大塚直監修／損保ジャパン環境財団編『環境リスク管理と予防原則——法学的・経済学的検討』294 頁（有斐閣，2010 年）。松井芳郎『国際環境法の基本原則』57-59 頁（東信堂，2010 年）にも詳しい分析がある。亀本洋『法的思考』第 2 章（有斐閣，2006 年），宇佐美誠・濱真一郎編『ドゥオーキン：法哲学と政治哲学』131-134 頁（勁草書房，2011 年）も参照。

(53) Ronald Dworkin, Taking Rights Seriously 22-28 (1978)；ドゥオーキン（木下毅・野坂泰司・小林公訳）『権利論』14-23 頁（木鐸社，2001 年）。

ルに規定された事実が存在するときは，当該ルールに効力があれば，ルールが指示する解決がそのまま受容されるべきであり，逆にルールに効力がなければ，それは判断に何ら寄与しないというものである。それに対し，原則（原理）は，論証を一定方向へと導く根拠を提供するものであり，公務員がひとつまたは他の方向へと気持ちが傾いたときに（それが重要であれば）考慮しなければならないものである。ただし，原則は特定の決定を必然的に生み出すことはなく，したがって原則が無視されたからといって，この原則が法体系における原則ではないということを意味しない。

ルールと原則にはもうひとつの違いがある。まず2つのルールが抵触するときには，どちらかひとつが優越し，もうひとつは無効を宣言されなければならない。一方のルールがより重要であるという理由で他方のルールに取って代わるということはありえない。それに対し，複数の原則が抵触しあうときには，他方の原則が有効か無効かを考慮することなく，一方の原則を優越させることができる。その際，この抵触を解決すべき者は，それぞれの原則の相対的重みを考慮にいれる必要がある。この重要性と重み（付け）が，原則概念の不可欠な要素である。

最後に，政策とは，到達すべき規準，たとえば一般的に地域社会の経済的，政治的，または社会的特質の発展などを設定するものである（……から保護するなど目標が消極的なこともある）。ドゥオーキンによれば，政策は，好ましいとみなされる経済的，政治的，社会的状態を推進または保護するものであるが，原則は正義，公正，その他の道徳の側面が要請するものである。ただしドゥオーキンは，当面，ルールと原則の違いが必要であり，政策と原則の違いは問題でないという[54]。

(54) Dworkin, supra note 53, at 22; ドゥオーキン（木下ほか訳）・前掲（注53）15頁。なおドゥオーキンは，「原則や政策，その他の種類の規準（スタンダード）」の全体を示すために，一般的に「原則」という用語を用いると

第5章　予防原則をめぐる論争

　予防原則擁護者によれば，多くの予防原則は，構成要件が満たされた場合に直ちに特定の行動を要求するようなものではないという点で「原則」に該当する。また予防的行動の内容は，複数の原則相互間における重要性や重みを考慮しつつ，予防原則を解釈適用するプロセスを通して具体的に判断される。したがって，予防原則は内容が不明確で，特定の行動規準を示さないという批判者の主張は，予防原則が「原則」であることを否定しないというのである[(55)]。

　しかし，この反論にはやや疑問がある（以下は，畠山の私見である）。第1に，ドゥオーキンは，「規準の形式だけでは，それがルールか原則か必ずしもはっきりしない場合がある」，「多くの場合，両者を区別することは難しい」[(56)]という。そこで，予防原則が，ルール，原則のいずれに該当するのかを，さらに検討する必要がある。第2に，さらにやっかいなのは，ドゥオーキンが，「ルールと原則はまったく同一の機能を果たすことがあり，両者の相違がほとんど形式の問題にすぎないことがある」と述べ，「不合理な」「無視しうる」「不正な」「重要な」といった用語は，しばしばこのような機能をもつことがある，と述べていることである[(57)]。予防原則のいくつかの定義にはこの種の表

───────────────

　　いう。

(55)　Ahteensuu, supra note 34, at 370-371. その他，Barnabas Dickson, The Precautionary Principle in CITES: A Critical Assessment, 39 Nat. Resources J. 211, 222-223 (1999); Joakim Zander, The Application of the Precautionary Principle in Practice: 29-31(2010); Marr Simon, The Precautionary Principle in the Law of the Sea: Modern Decision Making in International Law 12-13 (2003) などが，ドゥオーキンの「原則」「ルール」の区別を用いて予防原則の法的性質を検討する。Nicolas de Sadeleer, Environmental Principles: From Political Slogans to Legal Rules 306-310(2002) は，さらに精妙な分析を試みている。

(56)　Dworkin, supra note 53, at 27; ドゥオーキン（木下ほか訳）・前掲（注53）21頁，Dickson, supra note 55, at 223.

(57)　Dworkin, supra note 53, at 28; ドゥオーキン（木下ほか訳）・前掲（注53）22頁。

現が用いられており，注意を要する。

第3に，予防原則が「原則」に該当するとしても，ルールと原則の区別が（場合によって）はっきりしないことや，両者がまったく同一の機能を果たすことがあることを考えるならば，予防原則の内容をより明確にする作業はやはり必要であろう。しかし，この点は，すでにサンディンが指摘するところである。

4 予防原則には一貫性がない（規制活動にも予防原則を適用せよ）

この主張にもいくつかのバリエーションがあるが[58]，ここでは，予防原則は産業活動だけではなく，対抗リスクを発生させるおそれのある規制活動に対しても，首尾一貫して（coherently）適用すべきであるという主張をとりあげよう。たとえばクロスおよびアドラーは，つぎのようにいう。

> 「それを完全かつ論理的に適用すると，予防原則は自身を共食いし，すべての環境規制を完全破壊してしまう可能性がある。環境主義者は，原則を化学物質や企業に適用しようとするが，しかしなぜ環境規制自体に予防原則を適用しないのか」，「証明責任転換アプローチによると，規制の提唱者は，規制自体の効果に起因する健康への対抗的効果がないことが確実であるとの証明を求められる。規制の実際の結果は不確実なので，提唱者は一般にこの責任を果たすことができず，かくして予防原則はそれ以上の規制を不可能にする」[59]。
> 「新しい技術に関する予防的アプローチの提唱者は，不確実性によってより強い規制が正当化されることを強調する。しかし，同じ議論を新しい技術革新の規制に対してもすることができる。新しい技術が未

---

(58) たとえば，Martin Peterson, The Precautionary Principle is Incoherent, 26 Risk Analysis 595-601 (2006) と Thomas Boyer-Kassem, Is the Precautionary Principle Really Incoherent?, 37 Risk Analysis 2026 (2017) の論争を参照。ただし，中身は予防原則をめぐる哲学的議論が中心なので，ここでは立ち入らない。

(59) Cross, supra note 2, at 861.

第5章　予防原則をめぐる論争

知のリスクを生じさせる可能性があるのは疑いのない真実である。今日比較的良好にみえるる技術が，明日には損害を引き起こす可能性があるという疑いが明らかになるかもしれない。同様に，安全と環境保護を推進するようにみえる規制が，実際は重大な損害を引き起こすかもしれない。政府規制は，技術を進歩させるだけでなく，多数の意図せざる影響をあたえることができる。技術に関する不確実性の存在は，それだけでは，もっと多くの規制が求められるという仮定を証明することができない[60]。

最先端の環境問題（化学物質，気候変動，GM 作物，ナノテクノロジーなどの健康・生態系影響）について，行政機関等は，十分な科学的知見が得られないままになんらかの意思決定をせざるをえない。そこで，規制活動が想定を超える対抗リスクを発生させる可能性を完全に否定することは困難である（副作用のない規制活動は，おそらく皆無である）。そこで予防原則のロジックを公的機関の規制活動に機械的に適用すると，すべての規制活動を停止せざるをえなくなる可能性がある。しかし，リスクフリーな規制活動が存在しえないことを根拠に，予防的規制自体が予防原則に反するという主張は妥当か（以下，第1〜第3は畠山の私見である）。

第1に，予防原則の定式を政府規制に当てはめるのは，それほど簡単ではない。たとえばリオ宣言原則15やウイングスプレッド声明の定式を政府規制に適用してみよう。それが意義のある規範にはなりえないことは明らかである[61]。したがって，予防原則はそもそも事業者

----

(60)　Adler, supra note 11, at 205.

(61)　政府規制に予防原則を適用した場合，どのような方法で，最初の発動要件である「重大なまたは回復不可能な損害のおそれ」を認定するのかという問題が生じるだろう。伝統的なリスク分析手法を政府活動に適用するのは不可能であり，リスクトレードオフ分析には，さらに大きな不確実性が伴う。次に，リオ宣言原則15を「政府の規制」に適用しても，意味のある命題になりえず，ウイングスプレッド声明（本書11頁）をそれに適用すると，「政府の規制が人の健康または環境に対するおそれを引きおこすときは，たとえ

が引きおこすリスクへの適用を想定したものであり，政府規制が引き
おこすリスクは含まれないと解するのが妥当である。

　第2に，批判者の主張が唯一当たっているとすれば，証明責任転換
法理を政府規制に当てはめるめると，政府規制そのものが立ちゆかな
くなる（クロス）という部分である。批判者の主張は，ロジカルに考
えると正当である[62]。しかし重要なのは，証明責任転換法理を主張す
る予防原則論者にあっても，リスクフリー（ゼロリスク）の証明を主
張する者は少数であるという事実である（この点は後述する）。

　第3に，「安全と環境保護を推進するようにみえる規制が，実際は
重大な損害を引き起こすかもしれない」（アドラー）という主張には
一理ある。しかし，これは予防的措置に特有の問題ではなく，政府規
制全般に当てはまる指摘である。また多くの予防原則が，予防的規制
が極端な結果を引きおこさないように，取るべき措置の内容に歯止め
を設けている。リオ宣言原則15の「費用対効果のある」という条件
が代表的なものである。また，強い予防原則の代表とされるウィング
スプレッド声明が「予防原則を適用するプロセスは，……広範な代替
案の検証を含まなければならない」（本書11頁）と明確に述べている
ことにも注意する必要がある[63]。

　政府規制（原因）と結果の因果関係が科学的に証明されていなくても，規制
　を中止し，または縮小すべきである」という命題になる。しかし，政府規制
　が健康・環境リスクを引きおこすおそれがあるときは，予防原則を適用する
　までもなく，活動が停止されるだろう。

(62)　たとえば「当該の者は，彼の行動が環境に対する損害を引きおこさない
　　ことを証明しなければならない」（危機にある海洋会議・最終宣言（本書10
　　頁））という定式を政府規制に当てはめられたい。

(63)　ウィングスプレッド会議の組織者のひとりであるティックナーは，クロ
　　スの批判に反応し，「ひとつの危険が，未知のしかし潜在的により大きな危
　　険に取って代わられないようにするために，潜在的危険に対する代替案のも
　　つ影響を調査するための体系的で包括的な仕組みがなければならない」（Joel
　　A. Tickner, A Map Toward Precautionary Decision Making, in

第 5 章　予防原則をめぐる論争

　予防原則擁護者も，第 6 章で改めて議論するように，予防的手段に段階（階層）を設ける[64]，（予防的措置の）代替案を検討し，評価するなど，さまざまの工夫や提案を試みている。ここでは，つぎのサンディンらの主張を引用し，ひとまず締めとしよう。「ここで，レトリック手段として用いられる予防原則は，実際は特定の目に付きやすい脅威を取り上げ，対抗リスクを無視するように誘導する可能性があることを認めなければならない。しかし，このことは予防原則を放棄する理由とされるべきではなく，予防原則を合理的で熟慮された方法で適用することを要求しているのである。とりわけ予防原則は，予防原則それ自体によって指示された予防的措置に対しても適用されるべきである」[65]と。

予防原則は機能不全であり，役立たずである

　上記に主張から派生するのが，「パラライズ」論（以下，「機能不全」，「思考麻痺」などと訳する）。すなわち，この世のすべての事象や人間活動は，なんらかの不確実で予測できない結果を引きおこす可能性をもっている。公的機関がする規制活動も同様である。そうすると，予防原則は，将来予想される害悪をさけるために「規制せよ」という指

　　Raffensperger & Tickner eds., supra note 47, at 174）と述べている。

（64）　「予防原則のもとで講じられうる予防的措置は，当然ながら，予期されるリスクの確率と科学的証拠の強さに応じて異なる」（Sachs, supra note 41, at 1295 n. 42）。とりうる予防的措置の具体的内容について，Ahteensuu, supra note 34, at 378; Whiteside, supra note35, at 52-57 参照。

（65）　Sandin, supra note 33, at 293-294.「原則という点で，予防原則は他の意思決定原則よりも漠然としており，不明確なわけではない。他の原則と同様，それは推敲や実践を通して精巧なものになりうる。これは，予防原則の支持者にとっても，さらなる検討が緊急に必要とされる分野である」（Id. at 296）。「（予防的措置に）リスクがある可能性があり，そのものを取り除くことができないという事実は，予防原則を結果的に拒否するのではなく，その一応信頼できる組み立てのために限界を設けるべきことを示唆している」（Ahteensuu, supra note 34, at 373-374）。

203

令と，規制によって生じるかもしれない害悪を避けるために「規制する
な」という相矛盾する指令を（意思決定者に対して）同時に発する
ことになるので，機能不全であるというのである。その代表的論客は，
いうまでもなくサンスティーンである。

> 「もし予防原則が重大な損害をあたえる小さなリスクのあるいかなる
> 行動に対しても異議を唱えるのであれば，われわれは，リスクを減ら
> すために多くの金銭を支出することを，単純にそれらの支出そのもの
> にリスクがあるという理由で躊躇すべきである。予防原則は文字通り
> に用いると機能不全であるとは，以上のことを意味する。規制する，
> 規制しない，およびその間にあるすべてに対して，予防原則は障害と
> なる」[66]。

　予防原則擁護者は，これらの批判にどのように反論するのか。サッ
クスは，医師・看護師免許や空港の（安全面からの）立地規制を例に
あげ，強い予防原則を適用し，安全が立証されないかぎり医師免許や
操業許可をあたえないという決定は当然であり，そこには予防原則の
機能不全などはみられないという。さらに，批判者が予防原則の機能
不全を示すために好んで用いる事例，すなわちDDTの禁止が途上国
におけるマラリアの蔓延と公衆衛生の低下を招くという事例について
も[67]，サックスは強い予防原則を適用しDDTを全面禁止したのちに，
特定地域について例外を認める協議を進めれば足りるという[68]。

---

(66)　Sunstein, supra note 21, at 33; サンスティーン（角松・内野監訳）・前掲
　　（注21）42頁。

(67)　Cross, supra note 2, at 890-891; Goklany, supra note 17, at 26-27;
　　Sunstein, supra note 21, at 31-32; サンスティーン（角松・内野監訳）・前掲
　　（注21）40頁。

(68)　Sachs, supra note 41, at 1324.

5 予防原則は証明責任の転換と高い証明を強制する

予防原則批判は，それが（強い）予防原則が要求する立証責任の転換に向けられると，さらに激しいものになる。まず，スチュアートは法学者らしく，冷静につぎのようにいう。

「証明の基準は，安全性に関する最終的な証明責任をどの当事者が負担するかにかかわらず，規制プログラムが順調に機能するように，合理的かつ実行可能なように定められなければならない。いくつかの強い予防原則の定式においては，重大な損害が生じる可能性があるという証明がなくても，活動を継続できないことがある。このような意思決定ルールのもとでは，どちらの当事者がリスクの不存在を証明する責任を負担するかにかかわらず，活動を継続することが極めて困難である」。「このような意思決定ルールは，証拠提出責任や説得責任の分配よりは規制の結果にはるかに大きな影響をあたえだろう。というのは，それは，なんびとも証明するのが本来的にきわめて難しい事実の証明を要求するからである」。「証明責任の転換という予防原則の要件は，他の予防原則の規制要件と同じ基本的な欠点，つまりあまりに偏っているという欠点をもっている。健全な規制政策は，より柔軟で差異のあるアプローチを要求することを，再確認したい」[69]。

ミラー・コンコも，つぎのようにいう。

「予防原則は，実際は，その批判者によって独断的に要求され，そしてめったに適合することができない基準に適合し，無罪が証明されるまで，ある生産品または技術は有罪とみなされるべきことを意味すると解釈されている」。「なにか新しい活動を進める前に，潜在的リスクが考慮されるべきことに異存はない。しかし予防原則は，実際は，変

---

[69]　Richard B. Stewart, Environmental Regulatory Decision Making Under Uncertainty, 20 Res. L. & Econ. 103, 123 n.93 (Timothy Swanson ed., 2002). サンスティーンも，リスクがまったくないという要件に適合していることの証明は不可能な負担であるという。Sunstein, supra note 21, at 19; サンスティーン（角松・内野監訳）・前掲（注21）25頁。

化つまり技術革新に対して本来的に偏見のある片寄った意思決定プロセスを確立している。主として新しい生産品が引きおこすかもしれない理論上のリスクに着目することにより、予防原則は、まさに実際に存在する、そしてこの生産品によって緩和または除去されうるリスクを無視している」[70]。

ベイリーは、これを皮肉り、「いかなる新しいものも、無罪が証明されるまでは有罪である。それはまるで新生児に対して、退院が許される前に、決して連続殺人犯にはなりません、または学校のガキ大将には育ちませんという証明を要求するようなものである」という[71]。

これらは、確かに俗受けする批判ではある。しかし、強い予防原則に含まれる証明責任の転換が、すべての新しい技術や活動に対して、リスクゼロの証明や、その達成を求めていると決めつけるのはどうか。ジョーダン・オリオーダンは、つぎのようにいう。

「予防原則は、すべての種類の開発を進めることができる以前に、これらの施設や工程に"合理的な環境損害がない"ことを示す証明責任が、最初の開発者に転嫁される（could）と主張する。
　……このような責任ルールの逆転は真にラジカルで、執行が難しいだろう。というのは、無害（損害がない）の定義（またはもし責任が完全に逆転されるべきであれば、無害の尺度）が関係するからである」。「証明責任の全面的な改正は、現状の変更を提案する者に明確で法的拘束力のある注意義務を課すことから、極端にラジカルである。それが、（改善措置を講じながら）計算可能なリスクを取り、技術を革新し、ありうる損失を償う自由の程度に関して、難解な問題を引きおこすことはいうまでもない」。「産業社会において、予防の強い解釈が広がるこ

---

(70)　Henry I. Miller & Gregory Conko, The Science of Biotechnology Meets the Politics of Global Regulation, 17(1) Issues in Sci. & Tech. 47-54 (Fall, 2000), available at http://issues.org/17-1/miller/ (last visited June 10, 2018).

(71)　Bailey, supra note 28, at 39.

第5章　予防原則をめぐる論争

とはありそうもない」[72]。

「強い予防原則の救出」を主張するサックスも，つぎのようにいう。

「強い予防原則は，すべての当事者にゼロリスクを証明する責任を課
し，リスクを発生させる可能性のある活動は禁止されなければならな
いと主張するものではない。むしろ予防原則は証明責任を政府から取
り除き，重要な証明責任をあえて無制約のままとし，民主的熟議に従
わせたのである。予防原則は，その製品や活動が，いかなる程度のリ
スクが所与の論議の分野において耐えられうるか，または許容できる
かに関する特別の基準に適合することの証明を提案者に求めるが，こ
の証明の基準は，リスクを管理する基準が現在の公衆の健康または環
境立法を考慮し異なりうるように，さまざまな方法で設定される」[73]。

サックスによれば，証明責任の転換には2つの問題がある。第1は，
転換させた証明責任を負わせる主体が存在しないか，主体が不明確な
場合（自然災害，伝染病，堆積した廃棄物，気候変動など）があること
である。国が緊急の責務から目をそらすことに証明責任転換の議論が
使われるべきではない。第2は，強い予防原則の執行には，私的当事
者から提出されたリスクデータの審査，（転換された）証明責任の適合
審査などに高度の専門家が必要である。しかし，強い予防原則が（政
府から事業者への）証明責任の転換により意図したのとは反対の結果
（行政官僚の肥大化）を招くようなことは避けなければならない。

以上の理由から，サックスは「強い予防原則が備える門番メカニズ
ムは，より干渉的ではないメカニズムを通して取り組むことができな
い重大な脅威の（除去の）ために保存されるべきであり，多様な形の
リスクのために，強い予防原則に暗に含まれるリスクに対する攻撃的
な事前アプローチに訴える必要はない」というのである[74]。

---

(72)　Jordan & O'Riordan, supra note 47, at 28, 29.

(73)　Sachs, supra note 41, at 1313.

(74)　Id. at 1325-1326. なお，サックスのいう「門番メカニズム」とは，リス

207

証明責任の分配は画一的に定まるのではなく，個別の主張理由ごとに異なり，しかも各種の利益衡量のうえに判断されるのであって，ゼロ・サムゲームではない。また，すでに多くの実定環境法が，その趣旨を反映したシステムを備えている[75]。反対者の批判は，おそらく杞憂にすぎない。

6　予防原則は環境独裁主義であり，社会の発展を妨げる

予防原則批判者は，（強い）予防原則は微細なリスクの除去やゼロリスクを要求する厳格主義であり，環境（保護）をすべての社会的価値に優先させる環境独裁主義であって，社会の発展や技術の進歩を妨げると主張する。クロスの次のような批判がそれを代表する。

「予防原則は，その性質上，政府規制に服する物質からいかなる微量のリスクをも取り除こうとする独裁主義的な目標を実際はめざしている。このアプローチは，政府活動の"深さ"と"広さ"の間に必ず生じるトレードオフを計算にいれていない。あるひとつの物質に対するより厳格なまたはより強い規制は，より多くのリスクに対する広範な規制を無意識のうちに妨げるであろう追加的資源を要求する」[76]。

ク調査を誘引するための手続的手段と，公衆の健康を保護するための実体的デフォルト・ルールの両者を意味する（Id. at 1300; 本書 167 頁（注 85））。

[75]　予防原則を批判するボダンスキーが指摘するように，多くの実定法システムが（中途半端ではあるが）証明責任の一部を企業側に負担させている（Daniel Bodansky, The Precautionary Principle in US Environmental Law, in Interpreting the Precautionary Principle 209-213（Timothy O'Riordan & James Cameron eds., 1994））。「いくつかの強いバージョンを除くと，予防原則のもとでの証明責任の転換が，現在の責任よりは顕著に煩わしいものかどうかははっきりしない」（Deborah C. Peterson, Precaution: Principles and Practice in Australian Environmental and Natural Resource Management, 50 Australian J. Agric. & Resource Econ. 469, 475（2006））。

[76]　Cross, supra note 2, at 912. ここでクロスは，ブライアーが主張する「最後の 10 パーセント」問題を引用する。これは，有害物質の 90% を除去する費用と，最後の 10% を除去する費用を比べると，後者が桁違いに大きいとい

第5章　予防原則をめぐる論争

「個々の規制におけるこれまで以上に高い安全領域に向けた予防原則の
しつこい要求は，道理に反し公衆の健康のための効果的な規制の全体
量を減少させるのに奉仕する」[77]。

マーチャントも，予防原則とノーリスクを強く結びつけ，「リスク
の不存在のような無（ネガティブ）を証明するのは論理的に不可能で
ある。作用物質に関してどれくらいの試験やデータが利用できるかど
うかにかかわらず，十分に評価できなかったいくつかの可能性のある
影響および暴露／受容体経路が必ず存在し，不確実さが残る。さらに
十分な評価が実行できたとしても，すべてのありうる状況にあって完
全にリスクのない製品や技術など存在しない。いくらかの不確実性や
リスクは常に存在するが故に，ノーリスクの確実性を要求する明確な
線引きルールのもとでは，いかなる製品や技術も許可されることがな
い」[78]と論断する。

サンスティーンも，「ありそうもないことだが」と断ったうえで，
「もしも，わたしたちがすべてのリスクに対して費用のかかる手段を
とったなら，わたしたちは急速に貧しくなり，……予防原則は"暗い
未来をつくる"ことになる。それはまた，人びとの生活をより安楽で，
より便利で，より健康的で，より長生きできるようにできる技術や戦

うものである（Breyer, supra note 12, at 11, 18-19）。

(77)　Cross, supra note 2, at 914. ノルケンパーも，「独裁主義」という表現を
用い，「いくつかの条約において，予防原則は独裁主義的用語で定式化され
ている。それは，ひとたび，一定の大きさのリスクが特定されると，そのリ
スクを緩和するための未然防止措置は義務的（強制的）であると規定する」，
「リスクの敷居（適用要件）をまたぐやいなや，それに関わる活動は，その
効果に対する決定が農業や企業活動の利益にいかに衝撃的な影響をあたえて
も着手されるべきではない（と予防原則は規定する）。この独裁主義的特徴
は条約法に強固な基礎をもつ」という（Nollkaemper, supra note 51, at 73,
75-76）。See also Stewart, supra note 69, at 79.

(78)　Marchant, supra note 38, at 145.

209

略を消し去ってしまうだろう」[79]と述べている。

しかし，これは予防原則の極端な解釈（歪曲）であり，グリンピースのような環境団体の主張を除き，このような厳格な予防原則を主張する者は見当たらない。他ならぬサンスティーンが，サンディンの論稿を引用しつつ，「賢明な人であれば，ある活動が単に"いくらかの"損害のリスクを引きおこすという理由で禁止されるべきであると信じるひとはいないだろう。この意味で，予防原則の絶対的バージョンは，（実際面ではしばしば影響があるが）予防原則の支持者に対してさえ理論的魅力を欠く」と述べるのである[80]。

サンディンは，そこで「予防原則は危険かもしれない（might）すべてのものを禁止することを要求すると論難されている。独裁主義という批判は，明らかに予防原則の誤った解釈に基づいている。原則は，十分な科学的確実性がない場合であっても行動がなされるべきことを要求する。しかしこれは，可能性のある危険（ハザード）の存在について個別の科学的またはその他の証拠がない場合に，予防的措置が要求されることを意味しない。実際，われわれは，このような極端な要求を支持した原則に関する信頼できる記述や解釈を，いまだ見いだすことができない」[81]と述べるのである（なお，本書276頁以下参照）。

7　予防原則の適用は社会的損失を増大させる

ゼロリスク批判と一体なのが，予防原則は特定のリスクの除去にこだわるあまり，かえって社会全体のリスクを増大させるという主張である[82]。これにもさまざまなバリエーションがあるが，ここでは，つ

---

(79)　Sunstein, supra note 21, at 25; サンスティーン（角松・内野監訳）・前掲（注21）31頁。

(80)　Id. at 120; 同前・164頁。

(81)　Sandin et al., supra note 33, at 290-291.

(82)　Wiener, supra note 20, at 1518-19（本書183-184頁）；Cross, supra note 2, at 863, 880-882（本書98頁，176-177頁）.; Adler, supra note 11, at 195（本

ぎの3つの主張を取り上げよう。

第1は，予防原則を厳格に適用し，特定の製品や技術を禁止すると，その製品や技術から将来得られたはずの利益（機会便益）が失われるという主張である。

「いくつかの事例では，規制が工程や活動の"機会便益"を奪い，その結果，防止できたはずの死を引きおこす。もしそうであれば，そのような規制はとうてい予防的ではない」[83]というサンスティーンの主張や，「環境規制の他の重要な目に見えないコストは，規制された物質または活動から得られる健康便益の消失である。代替案がもつリスクと同様，活動の健康便益は，規制が目論まれる際に一般に無視される」[84]というクロスの主張は，その典型例である。

さらにグラハムは，予防原則を科学全般に適用した場合の弊害を，「もしも予防が極端におし進められるなら，技術革新にとって非常に有害である。いまが1850年で，いかなる技術革新も革新の提唱者によって完全に安全であると証明されることがないかぎり，およびそれまで採用することができないとの決定がなされたと想像しよう。このシナリオのもとで，電気，内燃機関，プラスチック，医薬品，コンピューター，インターネット，携帯電話などについて，なにが起こっていただろうか」[85]との疑問を呈する。電気から携帯電話までの消失が機会費用ということになる。

ミラー・コンコも，すでに引用したように（本書181-182頁），もしも予防原則を適用しポリオワクチンや抗生物質の使用を規制していれ

書180-181頁）。

(83)　Sunstein, supra note 21, at 29; サンスティーン（角松・内野監訳）・前掲（注21）37頁。

(84)　Cross, supra note 2, at 882.

(85)　John D. Graham, The Role of Precaution in Risk Assessment and Management: An American's View, www.whitehouse.gov/omb/inforeg/eu-speech.html（last visited at April 15, 2017）.

ば，ワクチンの副作用患者の発生は防止できたが，代わりに感染症により何百万人の命が失われた（機会費用が発生した）であろうとの趣旨を述べている[86]。

　ゴクラニーの「DDT に対する蚊の抵抗力の増大にもかかわらず，マラリアが一般風土病である地域で DDT の屋内散布が中止されていれば，世界全体の死亡総数はより多かったであろうという確かな証拠がある」，「より重要なことは，DDT の代替物（もしそれが利用できればの話だが）が，もしも DDT より高額であれば，途上国においてはコストが重要な要素なので，必ずしも DDT に匹敵するマラリア発生の減少をもたらさなかったことである」[87]という主張も，その変形である。

　やや実証的データに基づくようにみえるのが，ザンビア政府がアメリカ政府が寄付した GM トウモロコシの使用を辞退したために 290万人のひとが飢餓の危険にさらされ，WHO の「控え目な」シナリオによると 3 万 5 千人が餓死するだろうというという推定である。サンスティーンは，これを「明らかにばかげた結果」をもたらしたと批判する[88]。

　これらの諸説については，その科学的な信憑性をふくめ，さらに細かな検証が要求されるが，それ以前に，これらの主張は，「もしも予防原則が適用され，○○の使用が禁止されていれば（○○が存在しなければ）」という（大部分が）歴史的事実に反する仮定に基づくだけに，その当否を実証的に検証することができない。ある製品や技術が使用できなければ，代替手段として毒性のより低い製品の開発や，より有効な疾病防止策がとられたかもしれない。また，ある製品や技術がプ

---

(86)　Miller & Conko, supra note 16, at 100.

(87)　Goklany, supra note 17, at 15, 16.

(88)　Sunstein, supra note 21, at 31; サンスティーン（角松・内野監訳）・前掲（注 21）40 頁。See also Marchant & Mossman, supra note 31, at 16.

第5章　予防原則をめぐる論争

ラスの効果を発揮したのは，他のさまざまな施策との相乗効果であったかもしれないからである[89]。

　第2は，予防原則は小さなリスクの除去に執着し，その結果，大きなリスクの除去に向けるべき社会的資源を消費させ，かえって社会全体のリスクを増大させるという主張である。「おそらくもっとも深刻なのは，小さなリスクの規制は，それが防止したよりも多くの健康損害を引きおこすことで，矛盾した結果を生み出しうることである」[90]というブライアーの主張や，「人為的物質への（関心の）集中は理解できる。しかし，もしそれらが一括してどちらかというと些細なものなら，他に比べさして重要ではない健康や環境への影響を心配する時間，エネルギーおよび資源を浪費するほうが危険だ。安全対策からの健康への被害が，その救済を上回ることもある」[91]というウィルダフスキーの主張にその趣旨がうかがえる。

　アーテンスーは，これらの議論を「経験的監察や研究を参照しない条件形式のもの」であると批判し，たとえ予防策をとったことが事実上有害な結果を引きおこしたとしても，それは予防的措置の結果に対する配慮を欠いたからであり，予防原則そのものの欠陥ではないという[92]。

　第3に，ブライアーやウイルダヴスキーの主張を発展させたのが，

---

(89)　Ahteensuu, supra note 34, at 376. サンスティーンらが好んで取り上げるザンビアの例についても，アーテンスーは，「おそらくこの高度に有害な結果も，複数の影響要因が存在することから，正確な推定は困難または不可能であろう」（Id. at 377）という。

(90)　Breyer, supra note 12, at 23.

(91)　Aaron Wildavsky, Searching for Safety 54-55 (1988). See also Wildavsky, supra note 1, at 428-429.

(92)　Ahteensuu, supra note 34, at 377-378. アーテンスーは，「ある脅威に対する予防的対応が他の受け入れることができないリスクを生じさせるのであれば，2つのリスクが体系的に検討されるべき」であり，「新たな予防的リスク評価手法の確立と実行」をめざした予防的対応が必要であるという（Id.）。

213

特定の（ひとつの）タイプのリスクに焦点をあてた対策は，逆にさまざまの直接的・間接的なリスクを引きおこし，かえって社会全体のリスクを増加させるというものである。この問題は，対抗リスク，間接リスク，リスク対リスク，リスクトレードオフなどと名付けられ，日本でもしばしば取り上げられる[93]。そこで節をあらため，やや詳しく議論しよう。

8　予防原則はリスクトレードオフを無視している

（1）なぜリスクトレードオフが問題となるのか

　グラハム・ウィーナーやクロスの議論はすでに紹介したが（本書97頁），これをさらに拡幅したのがサンスティーンの「健康・健康トレードオフ」論である。

　　「規制の効果に関する新しい実証的研究によると，合衆国政府が自己に課せられた任務を十分に達成するの失敗し，しばしばより悪化させていることが明らかである。規制のコストが便益を正当化するのかどうかが，より一層問われている。そして規制の達成成果の評価はより一層費用便益分析の判定指針という形式をとり，アメリカ行政国家はより一層費用便益国家となりつつある。……問題は，ある健康リスクの削減が同時に他のリスクを増加させることである」。「リスク総体を増加させる行政決定は，連邦行政手続法のもとで断定的・恣意的と判断されるべきであることを，私は主張する」。「もしも，たとえば行政機関の法解釈に対する司法機関の尊重（敬譲）を含む行政法理論が全体のコストを引き下げ，規制法の合理性を高める見込みがあるのであれば，この理論には十分な根拠がある」[94]。

---

(93)　黒川哲志『環境行政の法理と手法』6頁，10頁，72頁（成文堂，2004年），谷口武俊『リスク意思決定論』92頁，97-102頁（大阪大学出版会，2008年），中西準子「環境リスクの考え方」橘木俊詔ほか編『リスク学入門1 リスク学とは何か』164-169頁（岩波書店，2007年），黒坂則子「環境リスク概念」環境管理44巻1号60頁（2008年）など。

(94)　Cass R. Sunstein, Health-Health Tradeoffs, 63 U. Chi. L. Rev. 1533, 1535,

第5章　予防原則をめぐる論争

　サンスティーンは，ここでは（同年に公刊された）クロスの論稿の
ような予防原則批判（本書99-101頁）を直接には展開していないが，
2003年の論稿ではつぎのように述べている。

　　「いくつかの事例では，厳格な規制自体が実際に予防原則に抵触する
　であろうことが容易にわかる。もっとも単純な理由は，それらの規制
　が社会から重要な便益を奪い，それゆえ厳格な規制をしなければ生じ
　なかったはずのおびただしい数の死をもたらすからである」。「規制は，
　その結果として危険（ハザード）という形で発現し，または増加する
　代替リスクを引きおこすので，予防原則に反することがある。核（原
　子力）発電を考えてみよう。最近の選択肢を念頭におくと，核発電の
　禁止が地球温暖化を引きおこす化石燃料への依存を増加させるであろ
　うと考えるのが合理的である」。「費用が高くつく規制が生命や健康に
　対する悪影響をしばしばもちうることについては，おびただしい数の
　証拠がある」[95]。

ゴクラニーの主張も引用しよう。コメントはおそらく不要である。

　　「予防原則は技術一般の予期せざる結果を，回避はできなくても，最

　　1537, 1539(1996).

(95)　Cass R. Sunstein, Beyond the Precautionary Principle, 151 U. Pa. L.Rev.
　1003, 1023, 1024, 1027(2003). 核発電の役割に対する高い評価と信頼は，予防
　原則批判者に共通のものである。Cross, supra note 2, at 865-869; Sunstein,
　supra note 21, at 27-28; サンスティーン（角松・内野監訳）・前掲（注21）
　35頁。「アメリカでも，われわれは予防原則の主張が不幸な結果をまねくと
　いう苦難の道のりを学習した。例えばエネルギー政策で，ある人たちは，核
　発電に関する歴史上の決定を後悔している。予防への要求と建設費用の高騰
　が加わり，核発電の潜在的リスクは合衆国における新たな核発電施設建設の
　事実上の中止をもたらした。30年後，われわれは今，環境への懸念と予防の
　要求のおもな原因となっている化石燃料に，以前よりもさらに深く依存して
　いることに気が付いた。答の一部は，よりクリーンな石炭技術，再生可能エ
　ネルギーおよび省エネルギーのなかにある。しかし，高度な核オプションを
　閉め出すことは，非常に愚かであろう」，「われわれは，高度な核オプション
　を閉め出すべきではない」(Graham, supra note 23, at 2-3)。

小にするためのアプローチとして人を引きつけてきた。しかし，本書で考察した3つの政策（DDT，GMO，気候変動）が十分に示すように，予防原則それ自体が予期せざる結果から免れられない。環境の保護のために予防的に進められたこれらの政策は，地獄への道は善意で敷き詰められているという定理の正しさを証明する。慣習的な環境的知恵によって好まれる政策は，それが終結させ，減少させ，または未然に防止した健康・環境リスクによって貸方に記載されるが，それが創り出し，増加させ，または引き延ばしたリスクによって借方に記載されることはないという事実から，結果と意図の間の大きなギャップが生じる。財政的誠実さが会計士に貸方と借方を記載するよう要求するのと同じように，知的誠実さは，環境政策の評価がリスクの元帳の両欄を考慮することを要求する」[96]。

(2) リスクトレードオフとは何か

では，環境政策の成果の貸方と借方を，どのように政策帳簿に記載するのか。そこで，登場するのがリスクトレードオフ（リスク・リスクトレードオフともよばれる）である。その提唱者であるグラハム・ウィーナーによると，「リスクトレードオフとは，目標リスクを減少させるための介入によって（故意または不注意で）対抗リスクが生じたときに起こるリスクの位置づけ（ポートフォリオ）の変化を意味する」[97]。この定義だけでは内容が分かりにくいが，他所では，「目標とされたリスクから保護するための介入は，同時に対抗するリスクを生み出す。このリスクトレードオフは，少なくとも介入による利益の総量を減少させ，時には介入が利益よりも多くの損害をあたえであろうことを意味する」と説明されている[98]。

(96)　Goklany, supra note 17, at 94.

(97)　グラハム・ウィーナー（菅原監訳）・前掲（注5）23頁。彼らは，それを，リスクオフセット，リスクの移動，リスクの代替え，リスクの変換の4タイプに区分する（同前24頁）。

(98)　同前・10-12頁，217頁。See also Cross, supra note 2, at 921-924. なお，ベイリーは「ひとつのやっかいな問題は，ひとの健康を推進する活動が"環

第5章 予防原則をめぐる論争

　注意深く読むと分かるように，リスクトレードオフとは，行政的介入によって減少するAリスクの総量（＝利益）と介入により生じるBリスクの総量（＝費用）の2つを比較し，A＞Bのときに行政的介入をおこなうというものであり，その構造は，費用便益分析または規制影響分析と同じである[99]。グラハム・ウィーナーは，リスクトレードオフ分析を用いて，エストロゲン，ガソリン添加剤，塩素，鉛，農薬の規制など，8つの事例を検討しており，さらにその後，この提言をうけて，EPAなどの連邦行政機関や研究者が，さまざまなリスクトレードオフ分析に取り組んでいる。

(3) リスクトレードオフは実際は機能しない

　ある特定のリスクを規制するための行政的介入には，直接または間接のさまざまな影響，あるいは作用・副作用があり，ときには故意にまたは不注意によって別の種類のリスクが生じることがある。そこで立法者や政策担当者は，規制が引きおこす機会費用，対抗リスク，目標とされた効果以外の2次的効果などを含め，想定しうるすべての事情を考慮して意思決定しなければならない。これは賢明な意思決定が

境に対する損害のおそれを引きおこす"かもしれないことである。さらに環境を改善するであろうと考えられる活動が"ひとの健康に対する損害のおそれを引きおこす"ことがありうる。殺虫剤を取り上げよう。人類は疾病を運搬する昆虫をよりうまくコントロールするためにこれを用いてきた。殺虫剤使用が何百万人もの多数の人びとの健康を著しく改善したことは明らかである。しかし，いくつかの殺虫剤は，非標的種に害をあたえるような環境に対する副作用をもっている。予防原則は，ひとの健康と非有害種（生態系）保護とのトレードオフをどう行うべきかについて何の指針もあたえない」（Bailey, supra note 28, at 39）という。ベイリーは，ここで「トレードオフ」という言葉を使っているが，かれは殺虫剤の作用と副作用を比較しているのであって，グラハム・ウィーナーのいう「トレードオフ」とは意味が異なる。

(99)　Richard L. Revesz & Michael A. Livermore, Retaking Rationality: How Cost-Benefit Analysis Can Better Protect the Environment and Our Health 55, 58 (2008).

ふまえるべき一般原則であり[100]，予防原則に基づく規制措置にも当てはまる（ただし予防原則に固有の問題ではない）。そうすれば，リスクトレードオフの要求はしごく当然のようにもおもえる。予防原則擁護者は，この一見すると強固な批判にどのように反論するのか。

　まず（第1に）パーシヴァルの反批判から紹介しよう。パーシヴァルは，まずリスクトレードオフ論が，現実的にはありえない想定のうえに成り立っていることを批判する。

　　「既知のリスクの規制に関連し，他のあまり知られていないリスクが生じるかもしれず，そちらがもっと重要である可能性があるので，当該の（既知の）リスクは規制されるべきではないと主張する議論には，きわめて問題がある。歴史が教えるように，社会がリスクに気付くもっとも通常の方法は，損害が実際に表面化することである。であれば，それに替わる活動や製品には必然的により大きなリスクがあるであろうという仮定は相当に疑わしい。リスクの規制にたずさわる行政機関が直面する実質的障害を考えると，予防的規制を呼び起こすのに十分に深刻な理論上のリスクの方が，未知の規制されていないリスクよりも系統だって損害が少ないということは，ありそうもない」。「クロスは，アスベストや鉛汚染を浄化するための努力が，不注意によってこれらの有害物質をより多く排出することにより，しばしば事態をより悪くするという事実をリスクトレードオフの例として引用する。これらの汚染を実際に浄化するのがきわめて難しいという現実は，これらの物質を最初に環境に導入するのを未然に防止するための高度の予防的措置をより強く正当化する，と多くの人は考えるであろう」[101]。

　パーシヴァルの言いたいことは，実際の環境規制は（さまざまな制約から）被害が明白になってようやく実施されるのが一般的であり，

---

(100)　Sachs, supra note 41, at 1317.

(101)　Robert V. Percival, Who's Afraid of the Precautionary Principle?, 23 Pace Envtl. L. Rev. 21, 31 (2005-2006). 「鉛およびアスベスト規制の歴史は，一般的に，社会に対するフォールス・ネガティブの結果は，フォールス・ポジティブの結果よりはるかに悪いことを示している」（Id. at 80）。

第5章　予防原則をめぐる論争

目前の被害を，将来発生するかもしれない（規制による）2次的，3次的被害が上回ることなどありえない，ということである。

　第2に，サンディンらは，リスク対リスクの問題は，予防的規制の効果を評価する枠の設定（フレーミング）に関わる問題であり，予防原則自体から生じる問題ではないという。たとえば，ある特定のリスク（たとえば神経毒性のある農薬）にのみ着目し，それを減らすことのみを考えると，逆にその直接・間接の影響（他の発がん性農薬の使用，病原菌対策，飢饉，農業所得の低下など）によって他方のリスク（対抗リスク）を増大させることがありうる。そこで同じルールを適用しても，穀物の保護のみを個別に考えるか，栄養補給や健康を含めたより広い問題を設定するかで，答は異なってくるというのである[(102)]。

　サンディンらが指摘するように，リスクトレードオフを議論する際には，フレームの取り方が決定的に重要である[(103)]。たとえば，大多数のアメリカの研究者は，GM作物が無害であることを前提に，

---

(102)　Sandin et al., supra note 33, at 293.

(103)　「フレーミングとは，問題を取り扱ううえで，何が重要で何を無視してよいかに照らして，現象の全体から特定の側面（要素や変数など）を切り出し，因果モデルなどの理論的前提と結びつけ，問題を具体的に定式化することを意味している。科学的主張はすべて，特定のフレーミングのもとで定式化された「問題」に対する「答」である。また，答の正しさは，そのフレーミングに基づいて選ばれた特定の実験デザイン，観測・検出・分析の方法，証拠規準，装置その他の検証条件のもとで検証されるものであり，別の条件ではその度合いは大きく変わる可能性がある」（平川秀幸「遺伝子組換え作物規制における欧州の事前警戒原則の経験——不確実性をめぐる科学と政治」『環境ホルモン［文明・社会・生命］』3巻（2003-4）109頁（2003））。なお，サンスティーンが信奉する行動経済学では，フレームが異なることによって異なる判断や選択が導かれることを「フレーミング効果」と名付けている。「統計データをどのようにフレーミングするかは，個人にとってばかりではなく，社会全体にとってもきわめて重大な政治的・社会的影響をおよぼす（クワトロンとトヴェルスキー）」（友野典男『行動経済学　経済は「感情」で動いている』176頁，183頁（光文社，2006年））。

219

GMOは人口増加に対応した食糧増産に貢献する，健康な社会にとって十分な量の食料の確保が最初のステップである，生物生息地の農地転換を防止し生物多様性保護に寄与するなどのメリットを強調し，GMO規制をEUのレント・シーキング（超過利潤ねらい）であるなどと批判する[104]。しかし，ヨーロッパの消費者や政府は，食料増産や農耕の効率化だけではなく，有機農業への影響，オーガニック食品を尊重する伝統的食文化への影響など，さまざまな社会的リスクまで視野にいれ，幅広い議論を展開する[105]。

　GM作物の規制は，アメリカ人から見ると食糧不足というリスクしかもたらさないが，EU住民から見ると，有機農業の拡大や伝統文化の復活というメリットをもたらす。リスクトレードオフの項目や結論はフレーミングによって大きく変わる可能性があり[106]，そこに不確実性や恣意が介在する余地がある。

　第3に，ハンセンらは，予防原則批判者によってリスクトレードオフと特徴付けられた33の事例を詳細に検討し直したが，結果は，実際にリスクトレードオフが考慮された事例はわずかであった。大多数の事例では，より安全な側の代替案が（対抗リスクを回避する機会を用意しつつ）意思決定に用いられており，いくつかの事例ではリスクト

---

(104)　Adler, supra note 11, at 198-204; Goklany, supra note 17, at 38, 47-48, 55-56; Miller & Conko, supra note 70.

(105)　平川・前掲（注103）111-112頁に詳しい説明がある。最近話題になったロブ・ダン（髙橋洋訳）『世界からバナナがなくなるまえに―食糧危機に立ち向かう科学者たち』（青土社，2017年）は，GM作物の人・環境への悪影響を否定しつつも，GM作物の発達により作物が単一品種になり，病気で全滅する可能性を指摘する。GM作物の安全性議論については，このような視点も重要である。

(106)　「リスク評価で何が重大なリスクや不確実性とされ，どんな事実がより重要なものとみなされるかは，社会の価値観や政策的考慮など，社会的な文脈によって変わりうる」（平川・前掲（注103）110頁）。この指摘は，リスクトレードオフ分析にも当てはまる。

第5章　予防原則をめぐる論争

レードオフがまったくなされておらず，あるいは対抗リスクが無視されていた[107]。つまり，リスクトレードオフと称される事例の大部分は想定の域をでないもので，実務には定着しておらず，あるいは，リスクトレードオフで考慮されるべき事項は，予防的規制の過程ですでに十分な議論がなされていたというのである[108]。

(4) すべての悪影響の評価は不可能である

サンスティーンは，「より良いアプローチは，なにもしないこと（不作為），規制すること，およびその間にあるすべてのことから広範な種類の悪影響が生じうるということを認めることである。このアプローチは，単に悪影響の一部ではなく，これらの悪影響のすべてを考慮しようと試みるのである」[109]という。しかし，行政機関の不作為，規制，およびその間にあるすべての対応がもたらす悪影響を，本当にすべて考慮できるのか。

---

(107)　Steffen Foss Hansen, Martin Krayer von Krauss & Joel A. Tickner, The Precautionary Principle and Risk-Risk Tradeoffs, 11 J. Risk Research 423, 423-424, 426(2008).

(108)　当然のことながら，既知の問題を解決する一方で新たな問題の発生を回避することは，予防原則の重要な側面である。しかしハンセンらは，リスクトレードオフではなく，意思決定過程におけるより広い視点，学際科学的視野，システム的観点，問題の「危険信号」と「早い警告」のために公衆健康への介入を調査する方法の開発など，「広範囲の未然防止手段を探求し，執行することにより，リスクトレードオフを最小にし，または回避するすることができる」という (Id. at 439-440)。

(109)　Sunstein, supra note 21, at 62; サンスティーン（角松・内野監訳）・前掲（注21）82頁。「課された課題は，関連するリスクのすべての分野（the full universe）を同定し，適切な手法を特定し，そして"標的"となるリスクおよびリスクの削減に結びついたリスクの双方に緊密に調和した安全領域を定めることである」(Id. at 122; 同前・167頁)，「さまざまな選択肢の予想される影響の評価は，賢明な意思決定の重要な部分である。予想される便益は貨幣等価額に変換すべきである」(Id. at 169; 同前・236頁)。

221

サックスは，予防原則は規制者に対する指針としてよりは，立法者に対する指針であるべきであるという観点から，「リスクトレードオフ分析は，リスクを正確に特定し，すべての事業の損害の期待値を金銭換算できる」という前提にたつが，環境法の立法スタッフが，すべてのありうる意思決定経路について包括的な費用便益分析をすることなど到底不可能であり，「すべてのトレードオフの定量化を追い求めるのは，超総覧主義であり，サンスティーンが強い予防原則に一貫していると主張する"分析麻痺"以上のさまざまな"機能不全"を招来することになりうる」と批判する[110]。

　ディナは，予防原則には環境上の損失や損害を軽視するという認識論上の偏向を正す役割があるという観点から，リスクトレードオフ分析の非現実性を批判し，「最大の困難は，2次的・3次的リスクの多くについてはほとんど知られておらず，それらに，ある確率を割り当てたり，または確率の行列に位置づけるのさえ不可能なことである」[111]

---

(110)　Sachs, supra note 41, at 1319. サックスは，後に実際に法律を執行するのは行政機関であり，それより以前に立法者が各種の立法提案の費用と便益を事前に知るのは困難であるという。さらに，環境・健康立法についてリスクの削減効果を金銭評価したり，立法のコストを推定したりするのが難しいことは誰もが知っており，「もしある技術または活動から生じる重大なリスクについて信頼できる証拠があるが，（しかし）確率を付記し，金銭価値を割り当てることができないような場合，われわれは，まさに強い予防原則がもっとも目立った特徴を発揮する広大な不確実の領域にいるのである」（Id. at 1318）という。

(111)　Dana, supra note 43, at 1337. その理由は，理論的に，1次的リスクを規制しなければ，またそれまでは，規制から生じる2次的・3次的リスクの評価が不可能だからである。さらに，規制はしばしばより優れた代替手段を生み出すインセンティヴになるが，1次的リスクを規制しなければ，このインセンティヴが失われるともいう。なお，ディナは「リスク評価を1次的リスクの規制から生じる2次的リスク（および3次的リスク，およびそれ以上）に拡大することは，情報を向上させることにより意思決定全体の質を高めるが，同時に認知バイアスをより大きくし，意思決定の全体的質を低下させるおそれがある」（Id. at 1336）という。これは，ディナが，予防原則には

という。

　同じくスチールも予防原則は歴史的に環境上の損失や損害を軽視してきたという誤りを正す役割があると述べ，控訴裁判所が地上オゾンには紫外線暴露を軽減する便益があるという産業界の主張を容れ，便益評価を命じたために，地上オゾン規制値の設定が6年間も遅れた事件[112]を例に，「地上オゾンの有害影響は科学的および実体的に十分に証明されているのに対し，スモッグの健康保護上の遮断効果に関する証拠は薄弱であり，たとえあってもわずかなものである」，紫外線から身体を防御する方法は多々あり，「この場合の賢明な政策は，地上オゾンの削減と紫外線暴露からの効果的な保護を組み合わせることである。これに比較すると，紫外線に対する過剰な暴露から公衆を保護する方法としてスモッグを提唱することは，ばかばかしいほどに効果がない。1997年のオゾン基準を正当化するにあたり，当初EPAが"スモッグの遮断"効果を真面目に検討するのを躊躇したのは，おそらくこれが理由である」[113]と述べ，リスクトレードオフの効果に疑

　　　　将来の確実ではない（健康・環境上の）損失よりも直近の（経済的損失）を
　　　　重視するという認知バイアスを是正するという意義があるという見解をとっ
　　　　ているからである（本書254頁参照）。

(112)　American Trucking Associations v. EPA, 175 F.3d 1027(D.C.Cir.
　　　　1999)（本書60頁⑰事件参照）。ウイリアム裁判官は，EPAに対し地上レベ
　　　　ルオゾンの規制値を定める規則の制定にあたり，オゾンの健康悪影響だけで
　　　　はなく，紫外線影響の緩和などのオゾンの便益も同等に分析すべきことを命
　　　　じた（本章（注124）参照）。EPAは，この部分が裁判官の全員一致の判断
　　　　であったことから最高裁判所には上訴せず，便益評価手続をやり直した（Gary
　　　　E. Marchant, A Regulatory Precedent for Hormesis, 20 Human &
　　　　Experimental Toxicology 143, 144((2001))。

(113)　Steel, supra note 35, at 88-89. なお，グラハム・ウィーナーは，このオ
　　　　ゾン規制基準をめぐるEPAの対応を，リスクトレードオフ概念の適用例と
　　　　して高く評価し，マーチャントは控訴裁判所判決（本章（注112））を，司法
　　　　審査が規制行政機関に対してリスクトレードオフを強制する効果的なメカニ
　　　　ズムを提供しうることを示した好例と評価する（John D. Graham &

223

問を呈する。

(5) リスクトレードオフは規制の便益を無視している

「リスクトレードオフは，その支持者がいうように，全体のリスクを
削減するための公正なアプローチではなく，明らかに環境規制に対す
る偏見をもっている。規制の意図せざる結果に対する公正なアプロー
チは，生じる可能性のある積極的影響と消極的影響の両方を重視する
が，リスクトレードオフ分析は，両者のうち消極的な側面をもっぱら
取り上げる。しかし，意図せざる積極的結果が環境規制から生じうる
ことは明らかである。たとえば，有害な物質や活動が，規制の標的と
して特定された悪影響のほかにさまざまな悪影響をもつときに，それ
が生じうる。この場合，ひとつの悪影響を緩和することをめざした規
制が，思いもよらず他の悪影響を減少させることがある。（鉛ガソリン
の段階的規制が暴力犯罪の低下に寄与した事例を紹介）しかし，規制
の意図せざる積極的効果は，リスクトレードオフ分析の提唱者が語り
たがるものではない。その結果，リスクトレードオフ分析は，一般に
人の健康や環境を保護するための規制に反対する主張を創り出す方法
を探す秘訣（レシピ）として機能するのである」[114]。

スチールが引用するように，この主張の先鞭をつけたのは，ラスコ
フ・レヴェスである。彼らは，リスクトレードオフには，方法論的な，
さらには構造的なバイアスがあるという。つまり，リスクトレードオ
フ分析は，目標リスクの規制がもたらすネガティヴな（つまりリスク

Jonathan B. Wiener, Empirical Evidence for Risk-Risk Tradeoffs: A
Rejoinder to Hansen and Tickner, 11 J. Risk Research 485, 487(2008);
Marchant, supra note 112, at 144)。

(114) Steel, supra note 35, at 88-89.「連邦議会は，すぐにリスクトレードオ
フ分析に注目した。いくつかの包括的改革法案が，対抗リスクの衡量を行政
機関に求める条文を含んでいた。これらの法案は，主要な規制から生じるか
もしれない対抗リスク──法案の文言によると代替リスク──の考慮を行政機
関に求めようとしていた」（Revesz & Livermore, supra note 99, at 56)。そ
の経緯は，本書106頁に記したとおりである。

第5章　予防原則をめぐる論争

の増幅という）2次的効果の特定にのみ関心を示し，リスク規制がも
たらす付随的利益（目標リスクの減少にプラスして——および直接・間接
の結果として——得られるリスクの減少）には目を向けず，さらに2次
的効果に対する行政の無関心は行政不服審査や司法審査でも反復され，
その結果，明らかに規制に反対する側に特権をあたえる構造（反規制
バイアス）ができているという。「リスクトレードオフと付随的利益
は相互対照的（鏡像）である。前者に特権をあたえ，後者を無視する
正当な理由はない」[115]。

　レヴェスは，2008 年の著書でも「付随的便益への無関心が，リス
クトレードオフ分析に関する指導的な学者およびび裁判官の著述の顕
著な特徴である」，「付随的便益は，リスクトレードオフ分析を支持す
る学界および政策決定者によってほとんど無視されてきたが，付随的
便益が対抗リスクよりも少ないと考える理由はない」，「リスクトレー
ドオフ分析の提唱者は，一般的に重要な付随的便益がありうることを
否定するのではなく，単にそれを考慮しないのである。この盲点は，
イデオロギー的判断と経路依存性の結果である。もしだれかが規制を
悪とみる方向に傾くと，対抗リスクの問題が直感的に認識され，付随
的便益はないものとされてしまう。そして一度リスクトレードオフ分
析に弾みがつくと，重要な批判的分析もなく，単純にそれに沿って
突っ走るのである」[116]と述べ，グラハム，ウィーナー，サンスティー

---

(115)　Samuel J. Rascoff & Richard L. Revesz, The Biases of Risk Tradeoff
　　　Analysis: Towards Parity in Environmental and Health-and-Safety
　　　Regulation, 69 U. Chi.. L. Rev. 1763, 1793 (2002). 彼らは，一酸化炭素排気ガ
　　　スの規制が，その付随的効果として，一酸化炭素事故や自殺を顕著に減少さ
　　　せた事例，二酸化炭素の排出規制が燃料の転換やエネルギーの効率を促し，
　　　二酸化イオウ・オゾンなどの一般汚染物質の削減に寄与した事例，湿地造成
　　　による水質改善策が公衆の利用や生息地保存につながった事例などをあげる
　　　（Id. at 1776-1808）。

(116)　Revesz & Livermore, supra note 99, at 60, 61.「リスクトレードオフ分
　　　析は，非常に大きな反規制の効果をもっている。それは対抗リスクを考慮し

225

ンらに容赦ない批判をくわえている。

　ディナも同様に，予防原則批判者は，予防原則が基になっていると思われる政策の極端な（それ故）悪い結果のみを強調し，予防原則の主張が政策の結果に実際にどのように影響をあたえたのか，あたえようとしているのか（たとえば広範囲の禁止を望んでいたのか）をなんら検討していないと反論し，予防原則の適用がたとえ悪い結果に終わったとしても，同時に予防原則の適用がもたらした良い結果を考慮しなければ，選択が誤りであったと決めつけることはできないと述べる。ディナの結論は，「賢明な評価は，予防原則に帰せられる良い結果と悪い結果の双方を考慮し，……悪い結果というコストなくして良い結果という便益を確保するための代替的手段が存在するかどうかを検討しなければならない」[117]というものである。

　最後に，最近のファーバーの主張を紹介しよう。ファーバーは，簡潔に「サンスティーンの批判は大げさすぎる。いくつかの状況では，一方の側のリスクが他方の側のリスクより明らかにより重大であることがあり，また，すべての想定しうるトレードオフを考慮することなど，そもそも非現実的である。さらに予防原則は，生じうるリスクを調査し，疑いをはらすための情報提供インセンティヴを企業に対して創造するなどの目的に役立つことができる」[118]と述べている。

　　ない費用便益分析のもとでは承認されたであろう規則（つまり EPA の従来の規制規則・畠山）を拒否する方に導く。リスクトレードオフ分析は，規制者に対して対抗リスクの調査のみを命じ，付随的便益の調査を命じない。それ故，費用便益分析を規制に反対する方向に偏らせる」（Id. at 63）。

(117)　Dana, supra note 43, at 1318-19.

(118)　Daniel A. Farber, Coping With Uncertainty: Cost-Benefit Analysis, The Precautionary Principle, and Climate Change, 90 Wash. L. Rev. 1659, 1677 (2015).

第5章　予防原則をめぐる論争

【コラム】「金持ちほど健康」テーゼは正しいか

　サンスティーンはいう。「非常に多くの証拠が費用のかかる規制が生命および健康に悪影響をあたえることがあることを示している。700万ドルの支出ごとに統計上は1名の命が失われると主張されている。また，別の研究は，貧しい人がとくにこの影響を受けやすいことを示唆している」，「この点で，単に規制が“機会便益”失わせる，または代替リスクを生じさせ，増大させる場合だけではなく，規制コストが莫大な額に達するようなすべての場合において，予防原則は適用困難になる。そうであれば，予防原則はまさにそれが理由で，多数の規制に対する疑いを生じさせる。もし予防原則が重大な危害を生じさせる小さなリスクをもたらすいかなる行動に対しても異議を唱えるのであれば，われわれは，それらの支出そのものがリスクをもたらすという単純な理由で，リスクを減らすために多くの金銭を費やすことを躊躇すべきである」[119]。

　クロスは，サンスティーンに先駆け，「より豊かな社会は健康保護により多くの関心を示す傾向があり，経済成長は，より新しくて安全な製品の開発を促進することができる。平均すると，より高いGNPは罹病率と致死率の低減を表す」[120]と主張している。アドラーの主張は，すでに紹介したとおりである（本書180頁）。

　サンスティーン，クロス，アドラーらの主張の帰結は，環境対策のために費やされる多額の費用は国の経済の負担となり（また公的資金を減少させ），社会的弱者である低所得者の生活水準を引き下げ，その結果，その生命・健康状態を悪化させるので，環境対策よりは経済成長や賃金の向上，福祉などに金銭を振り向ける方が良策であるというものである[121]。しかし，どこかおかしくはないか。

---

(119)　Sunstein, supra note 21, at 32-33; サンスティーン（角松・内野監訳）・前掲（注21）41-42頁。

(120)　Cross, supra note 2, at 917-919. See also Frank B. Cross, When Environmental Regulation Kill: The Role of Health-Health Analysis, 22 Ecology L. Q. 729, 736-743(1995).

(121)　「規制のための支出は，資源を他の用途から転換させ，社会に対する機会費用となる。これらの資金は，より多くのヘルスケア，食料，住宅，その他の個々人の長寿を推進する物やサービスを提供することができた」（W.

ディナは，このテーゼを「規制は富の減少と関連し，富の減少は健康の低下と関連する」と再構成する。そのうえで，富が健康にあたえる影響は所得階層により異なる，規制コストは経済を推進させる効果により相殺されることがある，健康が良好であるほど富の蓄積や保存が容易になる，重大な疾病や両親の死亡ほど家計収入や安定性を荒廃させるものはない，実業界も労働者の健康と労働生産性の関係を承知しており，労働者健康改善計画に対する投資を増やしているなどと反論している[122]。

　レベス・リバモアーも詳細な反論を展開しているが，その要点は，富と健康は相関するが，他の要因（教育，禁煙など）が関係している可能性があり，富が健康の原因とは限らない，「金持ち＝健康」論者の主張は仮説にすぎず，実証されていない，低所得者の健康状態を改善するには，規制緩和ではなく規制コストや社会資源の再分配および損失補償を重視すべきである，環境規制こそがアメリカ人を健康で安全にし，経済的生産性を高める効果があるというものである[123]。

　なお，この「金持ちほど健康」テーゼを単なるロジックやジョークなどと，あなどってはならない。International Union, UAW v. OSHA, 938 F. 2d 1310（D.C.Cir.1991）では，ロックアウト・タグアウト（機械の誤操作による労働災害から作業員を守るための製品）の装着を義務づける OSHA 規則の適法性が争われたが，控訴裁判所は規則制定のやり直しを命じた，保守派のウィリアム裁判官[124]は個別同意意見のなか

　　Kip Viscussi, Regulating the Regulators, 63 U. Chi. L. Rev.1423, 1452(1996))。なお，「金持ちほど健康」テーゼを最初に展開したのはウィルダフスキーである。Aaron Wildavsky, Richer Is Safer, 60 Public Interest 23(1980); Aaron Wildavsky, Wealthier Is Healthier, 4(1) Regulation 10(Jan./Feb 1980); Wildavsky, supra note 91, at 59-71.

(122)　Dana, supra note 43, at 1339.

(123)　Revesz & Livermore, supra note 99, at 71-75.

(124)　ウイリアム裁判官は連邦裁判官のなかでもっとも包み隠しのないリスクトレードオフ分析の提唱者と評され，本件を含むいくつかの裁判（本章（注112）参照）で連邦行政機関に対し環境規制のもたらす対抗リスクの評価を命じている（Revesz & Livermore, supra note 99, at 57, 70-71)。また，ブライアーも，このテーゼの熱心な支持者である。Breyer, supra note 12, at 23;

第5章 予防原則をめぐる論争

で，サンスティーン，キーニー（Keeney），ウィルダフスキーなどの著作を引用し，「より強い規制は，会社価値の低下，商品価格の上昇，規制される企業の就業の減少・労賃の低下の連結を意味する。これら3つは労働者の家計をより厳しくする。そして，より大きな所得は人びとがより安全に暮らすことを可能にする。ある研究は，1%の所得の増加は約 0.05% の死亡の減少につながるとしている」(938 F. 2d at 1326)と述べたからである。OMB は早速これに便乗し，OSHA に対して，規則の遵守コスト1億6300万ドルは死亡者を22人増加させ，これはロックアウト・タグアウトにより救済されると OSHA が主張する8人から12人を上回るとの異議を述べた。結局，OMB は批判をうけ異議を撤回したが，規則制定において「金持ちほど健康」テーゼが考慮されるべきであるとの主張は撤回しなかった[125]。

9 予防原則は費用便益分析を否定する

費用便益分析の意義を，ここでは，(1)行政的介入によって生じる費用（介入により失われる利益）と便益を総合的に比較し，意思決定に役立てようとする思考方法（広義の費用便益分析），(2)上記の費用と便益を金銭換算し，定量的に比較検討するための経済学的手法（狭義の費用便益分析）の2つに分けて考えよう。

まず第1に，(1)広義の費用便益分析（費用と便益の緩やかな比較）は，賢明な意思決定がふまえるべき一般原則として誰もが認めるものであり，これを否定するものはいないだろう。というよりは，ジョーダン・オリオーダン（英国）が，科学的な証明に先立って行動するという意思の根底には「（対応の）それ以上の遅れは，最終的に，社会および自然にとってより大きなコストとなるであろう」[126]というコス

Whitman v. American Trucking Associations, 531 U.S. 457, 495-496(2001) (Breyer, J., concurring).

(125) Robert V. Percival et al., Environmental Regulation: Law, Science, and Policy 275(7th ed., 2013).

(126) Jordann & O'Riordan, supra note 47, at 24.

ト判断があるというように，予防原則自体が，リスクに対する事後救済よりは事前介入の方が社会的費用が少なく，全体的な利益にかなうという費用便益判断に根拠をおいているといえる。

ジョーダン・オリオーダンは，そのうえで，予防原則とより広い費用便益分析の組合せを主張する。

「（予防原則の）強い概念は意思決定における科学的判断に限られた役割しかあたえない。しかし予防は，実際は，リスク，金銭的コストおよび便益のなんらかの考慮としばしばリンクしている。たとえばドイツでは，予防の適用がほかの２つの法の一般原則，すなわち行政行為の比例原則と過剰費用の回避原則によって緩和（調整）されている」，「意思決定において，リスク，金銭的考慮，および高度に不確実な科学を，適切なタイムリミットで統合するのが容易でないことは明らかである。しかも予防原則は，これらの本質的に異なる要素のバランスをとる厳格な仕組みを備えていない。環境経済学者は，より広く開発の社会的および環境的費用を費用便益分析の標準的技術に組み入れることを主張するのが現実的な行動方針であると信じている。その際，高い環境の質に有利な推定がなされるべきであり，開発は行動の便益が付随する費用を（単に上回る，または等しいというのではなく）大幅に上回る場合にのみ許されるべきである」[127]。

第２に，予防原則と狭義の費用便益分析の関係はどうか。

なるほど，強いバージョンの支持者の間には，一般に費用便益分析（あるいは費用対効果分析）に対する警戒心がつよい。というのは，ア

---

(127)　Id. at 25, 26. 英国の経済学者ピアスは，「予防原則の第２の解釈（最低限の安全基準アプローチ）は，行動の機会費用が非常に高額でないかぎり環境を損傷しないという推定があることを要求する。つまり，（環境）悪化に結びついた便益が悪化の費用を大幅に上回らないかぎり，重大な環境悪化が生じてはならないということである」，「費用と便益のなんらかのバランスは，予防原則が適用されべき場面に応じ，まだまだ役割を果たさなければならない 」（David Pearce, Precautionary Principle and Economic Analysis, in O'Riordan & Cameron eds., supra note 75, at 144, 145）と述べる。

230

第 5 章 予防原則をめぐる論争

メリカでは，予防原則の主張が，伝統的な環境意思決定手法であるリスクトレードオフ評価や費用便益分析に対する疑問や批判から出発しているからである[128]。この点は，終章で詳しく検討しよう。

とはいえ，強い予防原則は費用対効果分析や費用便益比較を拒否し，その結果，コストを無視した過剰な規制につながるという批判は，やや単純にすぎる[129]。予防原則擁護者の中にも，費用便益分析を完全に排除するのではなく，それぞれの役割を認める主張がみられるからである。

たとえばサックスは，「強い予防原則は必ずしも費用便益分析に反対するわけではなく，強い予防原則のもとでも費用便益分析は行動できる」としたうえで，しかし，ある活動の効用がリスクを上回ることが証明されるまで，予防的規制がなされるべきであるという[130]。

さらに最近ドリーセンは，適切な規制レベルとそのコストを提示で

---

(128) Donald M. Driesen, Cost-Benefit Analysis and the Precautionary
    Principle: Can They Be Reconciled, 2013 Mich. St. L. Rev. 771, 771-772, 792-
    794; Frank Ackerman & Lisa Heinzerling, Priceless: On Knowing the Price
    of Everything and the Value of Nothing 223-225(2004) などを参照。

(129) 以下は私見であるが，理由は，環境的意思決定には，予防原則のほか
    にも，持続性原則，原因者負担原則，世代間の衡平，さらに一般法原則であ
    る平等原則，比例原則など，さまざまな原則が複合的，重層的に適用される
    のであり，強い予防原則の適用が，ストレートに費用や効果を無視した決定
    を導くわけではないからである。See Ahteensuu, supra note 34, at 115.

(130) 「しかし，費用便益分析を実行する負担と説得の責任の両方をおうのは，
    政府ではなく活動の申請者である。効用主義的福利の最大化は，今後もその
    プロセスの最終目標であるだろう。しかし，伝統的な費用便益分析のやり方
    とは対照的に，ある活動がリスクに見合うことを申請者が証明する責任を果
    たすまで，その活動にはなんらかの事前の予防的制限が課されるであろう」，
    「予防原則はリスク・リスクトレードオフに目をつぶるのでも，規制のコス
    トを無視しなければならないものでもない。しかし予防原則は，潜在的な危
    険のある製品を上市する者は，リスクを調査し，正当化する責任をおうべき
    であるという直観（洞察）を反映したものである」(Sachs, supra note 41, at
    1313, 1338)。

きないという（弱い）予防原則の欠点と，便益・費用の数値化に多大な不確実がともなうという費用便益分析の欠点を相互に補完するために，予防的費用便益分析が必要であると主張する[131]。しかし，予防原則と費用便益分析の関係をどう理解するのかは，予防原則の根幹に関わる重要問題であって，簡単に評価をくだすべきではない。この問題も，終章で改めて議論しよう。

10　予防原則はイデオロギーであり，法の支配を否定する

(1)　予防原則は科学を否定し恐怖や感情に根拠をおく

「正しい科学」を信奉し，厳格なリスク評価や費用便益分析こそが正しい規制的判断を導くことができると主張する伝統的な見解に照らすと，両者と対立する予防原則は当然に科学に敵対するものであるということになる。「予防原則は，良識的またはハードで経験的な正しい科学よりは，政治的，倫理的および／または社会科学的事柄に基づき公衆のリスクを評価することを立法者に求める」[132]という批判は，まだ穏便な域にとどまる。批判は，「予防原則はリスク評価にとって代わる新しいパラダイムと評されている。それは宗教のごときである。……遺憾なことに，予防原則を誤用する者は，知識を権威付ける代わりの根拠を示さずに，意思決定の卓越した基礎である科学の役割に挑戦している」[133]，「予防原則は，規制者と資源を真の論点から憶測による関心事へと方向転換させる。予防原則の執行は，善よりは害を引きおこすことができる」[134]などとエスカレートし，予防原則はデマ

---

(131)　Driesen, supra note 128, at 825-826（本書 303 頁参照）。

(132)　Lawrence A. Kogan, The Extra-WTO Precautionary Principle: One European "Fashion" Export the United States Can Do Without, 17 Temp. Pol. & Civ. Rts. L. Rev. 491, 506-507 (2008).

(133)　Charnley, supra note 9, at 3; 本書 178-179 頁。

(134)　Edward Soule, Assessing the Precautionary Principle, 14 Pub. Aff. Q. 309, 313(2000).

232

第 5 章　予防原則をめぐる論争

ゴーグであるという主張にまで発展する。「だれでも，怖いという想像以上の証拠もなしに，単に“損害のおそれ”を掲げるだけで予防原則を発動できる。予防主義者は，彼らの恐怖について，なんらかの経験的根拠も示す必要がない。彼らは，なにかまずいことになる，さすればいかなる提案された行動も邪魔せよ，と無邪気に断言できるだろう」[135]というベイリーの主張が，それを代表する。

　予防原則は，科学的に十分な解明がなされていないリスクに対する積極的な対応を求める。そこで，これを科学的根拠を無視した憶測や思惑に基づく主観的な価値判断と名付けることは難しくない。しかし，予防原則擁護者が反科学を扇動するという主張は，おそらく過剰な反応である。

　第 1 に，予防原則の適用は無限定ではなく，その適用には科学的判断が先行する。「より一般的にいって，予防原則はなんらかの証拠がなければ適用することができない。不確実状態のもとで危険の決定的な科学的証拠を利用することはできないが，なんらかの種類の証拠は必要である」[136]。すでに見たように，多くの者が，「損害」や「脅威」の存在（または発生）などについて，客観的な科学的証拠に基づく証明を求めており（本書 127 頁，151 頁），恐怖心や感情だけで予防的な規制が実施されるようなことはほとんどない（規制にいたらない注意喚起，啓発などの弱い対応はありうるが）。ただし，証明の程度は，損害の性質や大きさにより当然異なってくる[137]。

---

(135)　Bailey, supra note 28, at 39.

(136)　Marko Ahteensuu, Weak and Strong Interpretations of the Precautionary Principle in the Risk Managment of Modern Biotechnology, in Yearbook 2006 of the Institute for Advanced Studies on Science, Technology and Society 110 (Arno Bammé et al. eds., 2007).

(137)　サンディンらは，予防原則の発動要件である「危険」の存在について，「強い科学的証明」，「強い疑いが科学的に支持された」などの定性的要件を付加する方法と，「デミニマス原則」（前書 50 頁参照）に基づく定量的な要

233

第2に，サンディンらは，「反科学的」の意味を，(1)科学に基づかない（弱い意義），(2)科学に反する（強い意義）の2つに区分し[138]，予防原則は，(1)には該当するが，(2)には該当しないと主張する。すなわち，予防原則は，それ自体は科学を基礎にした原則ではないが，それを適用する意思決定者に対し，科学的証拠（できうれば利用可能な最善の証拠）の使用や，さまざまな種類の証拠の重み付けを求める。異なるのは危険に対して行動するために要求される証拠の量だけであり，科学的証拠の提出や解釈には従来の科学的プロセスと異なるところがないというのである[139]。

第3に，より根本的な問題として，正しい科学論者のいう「科学的証明」なるものが価値判断から本当に自由かどうかにも，多くの疑問が寄せられている。科学的仮説を受け入れるかどうかの判断にあたっては，利用可能な経験的証拠だけではなく，誤った仮説を受け入れる，または正しい仮説を拒否するという2つのありうる誤りの重大性を考慮しなければならない。「もしそうであれば，科学者は科学者として，明確な価値判断をしなければならない。というのは，完全に証明された科学的仮説はいまだ存在せず，科学者は仮説を受け入れるにあたり，証拠が十分に強固かどうか，またはその確率が仮説の受け入れを正当とするのに十分な程に高いかどうかの判断をしなければならない」[140]。これは，しばしば引用されるラドナーの至言である。

件を付加するとともに，確率の証明の程度を引き下げる方法の2つを提案している。Sandin et al., supra note 33, at 291-292.

(138) たとえば，特殊創造説は(2)に該当する。しかし，人の審美的判断は(1)に該当するが，(2)には該当しない。Id. at 295.

(139) Id. at 296.

(140) Richard Rudner, The Scientist *qua* Scientist Makes Value Judgements, 20 Phil. Sci. 1, 2 (1953). さらに，仮説の証明が「十分」かどうか（how strong is strong enough）の判断も，際限のない事実の検証ではなく，大部分が調査（の）経済を考慮した割り切りのうえに成り立っており，科学的に望ましいとされる証明のレベルが実際に要求される証明のレベルと常に一致

第5章　予防原則をめぐる論争

　さらに遡ると，現代科学のパラダイムや科学的実証方法にも多くの価値観やイデオロギーが混在している[141]。したがって，問題は科学的仮説の評価にあたりすべての価値判断（価値基準）を排除することではなく，どのような価値が評価に影響をあたえるのを認めるのか，ということになる。

　第4に，予防原則は，リスクの存在について科学的根拠が十分に確実ではない場合であっても，公的権限の発動を求める。この点で，予防原則が科学をこえた判断を立法者や行政官に求めていることは疑いがない。しかしサンディンらがいうように，この予防原則主義者の主張が価値判断による誘導であるとすれば，予防的措置（正確には未然防止的措置）は十分な科学的証明がある場合に（のみ）とられるべきであるという批判者の主張も，それに劣らず価値判断であるといえる[142]。

　第5に，そうすると，予防原則と他の意思決定原則との間に大きな差異はみられず，批判者らが掲げる個々の批判も，予防原則の思慮に欠けた解釈（一部の極端な予防原則）に対しては有効であるが，原則そのものの有効性を否定するものではない[143]。

　　するとすれば，それはめずらしい符合といえる（Sandin et al., supra note 33, at 294）。

(141)　Sandin et al., supra note 33, at 294.

(142)　Id. at 295. 十分な科学的証明がない場合には環境の側にという主張がイデオロギーであれば，十分な科学的証明がない場合には技術開発の側にという主張も同じくイデオロギーであり，十分な科学的証明がない場合にはタイプⅠの失敗（フォールス・ポジティブ）を選択すべしという予防原則主義者の主張や，同じ場合にはタイプⅡの失敗（フォールス・ネガティブ）を選択すべしという批判者の主張も，イデオロギー的な価値判断（または政策的判断）といえる（Id.）。

(143)　Id. at 296.「予防原則に対する批判は，予防原則のすべてではなく，個々の（予防原則の）怪しげな解釈の放棄を導くものにすぎない」（Ahteensuu, supra note 34, at 367）。

235

ウイングスプレッド声明の参加者らも，科学的知見をまったく無視した政治的主張をしているわけではなく，従来のリスクベースに片寄った科学を批判し，その代替または修正を求めているのである。たとえば，サンティロ・ジョンストン・ストリンガーは，つぎのように述べている。

　　「予防原則は本質的に反科学であり，因果関係の証明がなくても未然防止的行動を押し進めると主張されてきた。リスクベースアプローチは，一般に科学ベースの代替案として提示される。この見解は，予防原則が予防的行動を導くために包括的で階層的な研究に根拠をおくことを認めていないようにみえる。リスクベースアプローチと予防的アプローチの根本的な違いは，一方が科学を利用し，一方が科学を利用しない点にあるのではなく，単に科学・政策の接点領域における意思決定について科学的証拠を用いる方法の違いにある」，「予防原則は，本来，環境に対する脅威を緩和するために欠くことのできない重要な科学的手段である。予防原則は科学的アプローチの代替物ではなく，むしろ分析的および予測的確実性がない場合に意思決定を導く包括的な原則たることを明確に意図している。それは，自然システムの本来的不確実性および不確定性を補填するメカニズムと，責任ある，時宜にかなった，そして信頼できる未然防止的行為を提供する」[144]。

　彼らの主張は，科学をリスクの評価や定量化のために（のみ）利用するのではなく，より早期の段階で環境全体に対する危険を除去するための一般的手段として広く利用しようとするところにある[145]。予

---

(144)　David Santillo, Paul Johnston, & Ruth Stringer, The Precautionary Principle in Practice: A Mandate for Anticipatory Preventative Action, in Raffensperger & Tickner, supra note 47, at 45-46.

(145)　サンティロほかは，予防原則（彼らは予防的行動の原則とよぶ）の構成要素として，「(1)重大なまたは回復不可能な生態系への損害は，損害を未然に防止しおよび損害の可能性を回避することによって，事前に回避されなければならない，(2)実際のまたは可能性のある影響を初期に除去するために，高度な質の科学的研究が駆使される」((3)(4)は省略）」の4つをあげる（Id. at 46）。彼らが科学的手法を否定ないし放棄していないことは明らかである。

防原則は独自の役割をもっており，伝統的な科学（リスク評価＋費用便益分析）の補完物ではない。「予防原則はリスク評価メカニズムのもとに組み込むことができず，また組み込むべきではない。」[146]。これが，ウイングスプレッド声明の参加者らの合意である。

(2) 予防原則はアメリカの伝統的法文化に反する

　「予防原則は，私的活動の規制を正当化する利益を特定する負担は政府に課されるべきであるというアメリカ憲法体系のもとにおける伝統的推定を逆転させるものである」[147]。「市民と国家の相対的地位は逆転された。これまで，市民は行動する資格（権利）を有し，国家はその介入を正当化しなければならなかった。今や，国家がその権利によりそこに介入し，そして市民は行動する理由を差し出さなければならない。これまでの行動指針の逆転が真に重大な意味合いをもつ」[148]。

アドラーやウィルダフスキーの上記の憲法観，国家観は，学問的検証に耐えうるものであろうか。しかし，アメリカ法を学習するという観点から興味があるのは，つぎのようなチャーンレー・エリオットの主張である。

　「合衆国の法は政府規制に対する伝統的な懸念を反映し，……"重大なリスク"を証明する包括的な事実の記録を要求している。この合衆国法文化の基本規範は，しばしば"適法性原則"とよばれ，予防的な環境・健康規制を困難にしている。というのは，政府はその行動を支える事実の記録を収集しなければならないからである」。「合衆国は規制における予防原則の適用について長い歴史を有するが，リスク評価とその根底にある科学的基盤を学習するにつれ，次第にそれから離れた。より大きな範囲でかつより地球的規模において，予防原則の登場

---

(146)　Id. at 46.「さらに，別の種類の予防的対応は，新たな予防的リスク評価手法の確立とその実行である」（Ahteensuu, supra note 34, at 378）。

(147)　Adler, supra note 11, at 205.

(148)　Wildavsky, supra note 1, at 430.

は，煩瑣な手続を要求する合衆国の法的伝統に対する反動である。
……ヨーロッパ人が国際フォーラムにおいて予防原則に基づく決定を
今日要求するとき，彼らは，政府規制行動を理由付けるための広範な
事実の記録を要求するアメリカ法文化の核心部分に挑戦しているので
ある。合衆国の伝統は，恣意的な政府の行為のリスクはきわめて大き
いので，正当化されない政府行動の危険を冒すよりは，手続の遅れや
手の込んだ適法性のコストを支払う方がベターであるという強い信念
を保持している」(149)。

　コーガン（貿易・規準・持続的発展研究所）も，国連海洋法条約にみ
られる予防的措置を「超 WTO 予防原則」と名付け，アメリカとヨー
ロッパの統治スタイルを比較したうえで，「ルール・バイ・ロー（人
の支配）に基づく条件付き積極的私有財産権のような集権的に計画化
された価値」を選ぶのか，「わが社会の基本原則，とりわけ経済的・
政治的自由と，合衆国憲法および付随した権利章典にうたわれ，貴族
なき国家にとどまることを可能にする自由市場，個人主義，および絶
対的（消極的）私有財産制度の基本理念を組み入れたルール・オブ・
ロー（法の支配）を防衛するための決定をするのか」(150)，合衆国の指
導者は重大な選択をすべきであると，熱弁をふるう。
　ここで注目されるのは，煩瑣な事前手続と文書による理由付け，お

---

(149)　Gail Charnley & E. Donald Elliott, Risk Versus Precaution:
Environmental Law and Public Health Protection, 32 Envtl. L. Rep. 10363,
10363, 10364 (2002).「合衆国における規制的決定は，一般に司法審査に服す
る広範な事実の記録によって理由付けられなければならない。（EPA 次官補
との面談によると）EPA の科学データ解析のうち，行政決定に達するのに必
要なものはわずか 10% にすぎず，残りの 90% は司法審査に向けた記録の作
成のために要求されている」(Id. at 10364)。

(150)　Kogan, supra note 132, at 601-602.「欧州委員会，欧州議会議員，……
および多くのアメリカ政治家・活動家が，ヨーロッパの健康・環境規範をア
メリカの法律・ビジネス実務に組み入れるために一致した努力をしている。
重要なのは，証明基準の引き下げ，証明責任の転換，推計有罪の 3 つであ
る」(Id. at 595)。

よびその厳格な司法審査というアメリカの法制度に，彼らが全幅の信頼をおいていることである。それは，この世界的にみると特異な対抗的法システムが，環境規制に反対し規制を遅らせるための法的武器として機能し，かつそれが十分な成果をもたらしてきたことを示している[151]。

11 サンスティーン『恐怖の法則』をめぐって

予防原則批判者の数はつきないが，法学者のなかでは，だれもが認める批判の急先鋒がサンスティーンである。サンスティーンは，これまで多数の予防原則を批判する論稿を公表してきたが，それらを『恐怖の法則』（原著2005年，翻訳書2015年）に集大成し，予防原則にかわる3つの法原則（反カタストロフィー原則，費用便益分析，リバタリアン・パターナリズム）を主張した。この著書は，アメリカ国内のみならず，国外でも大きな反響をよび，多数の書評が公刊された。

サンスティーンの主張は，要するに一般大衆のリスク判断は認知バイアスによって歪められているので，一般大衆の感情に依拠した予防的規制は大きな誤りであり，費用便益分析こそが誤った政策的判断を正すことができるというものである。ただし，サンスティーンは，古典的な費用便益分析を全面的に支持するわけではなく，またきわめて限られた範囲においてではあるが，予防原則にも積極的役割を認める。その点で，彼の主張はいかにも分かりにくい。ここではサンスティーンの主張の骨格をたどり，その問題点を簡単に指摘する（以下，本書の従前の記述と若干重複する箇所がある）。

---

(151)　一般的に参照，ロバート・A・ケイガン（北村喜宣ほか訳）『アメリカ社会の法動態 多元社会アメリカと当事者対抗的リーガリズム』265-269頁，289-290頁，310-313頁（慈学社，2007年）。

（1）弱いバージョンは問題ない

　サンスティーン，まずモリスにならい，予防原則を弱いバージョン
と強いバージョンに区分する。そのうえで，前者を「まったく異論が
な（い）」ものとして全面的に受け入れる。なぜなら，「弱いバージョ
ンは自明の理を述べており，原則そのものは議論の対象にならず」，
「凡庸とすらいえるもの」なので，これ以上議論する必要がないから
である[152]。

　もし弱い予防原則に必要性があるとすれば，それは「実際上は，公
衆の混乱や，合理的な社会が求めないような損害に関する明確な証拠
を要求するような私的集団の身勝手な主張と闘うため」に（のみ）必
要であり，「地球温暖化が現実に問題であると確信するまでは，経済
的コストを伴ういかなる手段も採るべきではない」というような「確
実性を求める傾向を予防原則が中和する」限りにおいて，予防原則は
承認されるべきである[153]ということになる。

　しかし，弱い予防原則は身勝手な主張に対する中和剤でしかないの
か。サンスティーンは，「われわれは徐々に多くのことを学ぶであろ
うと仮定してみよう。もしそうであれば，われわれは，"行動せよ，
しかる後に学べ"という原則に基づき，特定の措置を今とることを選
択できるだろう」，「われわれは知らないということを理解することは，
規制者は，ほとんど何もすべきではないということではなく，（規制
者は）損害は確率と大きさに関する現在の知見に照らし，いま予測す
るよりは大きいであろうというリスクに対する一種の保険として予防
的措置を採用し，徐々に段階ごとに行動すべきであることを意味する

（152）　Sunstein, supra note 21, at 23-24; サンスティーン（角松・内野監訳）・
　　前掲（注21）29-30頁。
（153）　Id. at 24; 同前29-30頁。サンスティーンは，「合理的な社会は損害に関
　　する明確な証拠などは求めない」（Id; 同前）ともいう。

第5章　予防原則をめぐる論争

のである」[154] とも述べている。しかし，これは予防原則の支持者が常に発する提言そのものではないのか[155]。

(2) 強いバージョンは機能不全である

サンスティーンの主張のなかで，もっとも多く引用されるのが，つぎのフレーズである。

> 「予防原則はどうしようもなく漠然としている，という異議を唱えたい誘惑にかられる。正しい予防とはどの位の予防か，予防原則は何も教えてくれない。……しかし，もっとも重大な問題は別のところある。真の問題は，予防原則がなんの指針も与えないこと，つまりそれが誤りだからではなく，規制を含むすべての行動の進行を禁止することである。予防原則は，まさに予防原則が求める処置を禁止するのである」[156]。

彼は，元の論稿では「クロスのいうことの多くは納得できる。しかし，私がここで強調したいことはまったく異なる。私は予防原則の認識論的根拠を強調し，そして予防原則が道理に反した方向に導くのではなく，まったく何の指針も与えないことを強調するのである」[157] と念押しをしている。ディナのいうように，予防原則が「まったく何

---

(154)　Id. at 118; 同前 160-161 頁。

(155)　Whiteside, supra note 35, at 50.「予防原則は，予防的規制政策がどうあるべきかという疑問には答えないが，規制政策は損害が発生する前に防止することをめざすべきであり，情報の改善のための終わりなき探究を理由に賢明な規制措置を無期限に延期すべきだという規制標的（とされた事業者・畠山）の頑固な要求を拒否すべきである，ということを思い起こさせるのに役立つ」（Percival, supra note 101, at 79）。「予防原則は"止まって考える"メカニズムを構築するものであり，そこでは，リスクを作り出す者がリスクを定量化し，重要なリスクデータを規制者に対して明らかにする責任を負う」（Sachs, supra note 41, at 1296）。

(156)　Sunstein, supra note 21, at 26; サンスティーン（角松・内野監訳）・前掲（注21）34 頁。本書 204 頁参照。

(157)　Sunstein, supra note 95, at 1004 n.4.

241

の指針も与えない」のであれば，予防原則が規制者を「道理に反した
方向に導く」こともあり得ない。したがって，サンスティーンの主張
は論理的には正しい。しかし，そうであれば，予防原則に積極的に反
対する理由（の大部分）も根拠を失うのではないか[158]。

　サンスティーンは，なぜ何の指針もあたえない（強い）予防原則を
執拗に批判するのか。彼は「実のところ，予防原則は具体的な指針を
提供するものと広く考えられている。なぜ，そうなるのか。私は，予
防原則を適用する人が目隠しをつけた場合（にのみ），つまり規制の
状況のある側面のみをとりあげ，その他の側面を軽視または無視した
場合にのみ，予防原則は機能すると主張したい」[159]からである。

　しかし，この主張は「予防原則の適用の裏にあるある特定の目隠し
の原因とは何なのかという別の疑問を引きおこす」。

　サンスティーンは，「もっとも強いバージョンが，最終的にはだれ
も支持しようとはしない立場を反映しているとしても，それはそれで
構わない。その欠点を理解することが，いかにリスクと恐怖に向き合
い前進するのかをより有用に理解し，予防原則を精緻にする道を拓
く」（本書147頁，172頁）という。予防原則に頼ろうとする人びとの
誤ったリスク理解の原因（予防原則の認識論的根拠）を明らかにし，公
衆の健康・環境保護のための具体的指針を与えるような新たな意思決
定ルールを提示すること，これこそが予防原則をサンスティーンが鋭
く批判する理由である[160]。

___

(158)　ディナは，サンスティーンが，予防原則は「合理的な優先順位の設定」
　　のために有効である，あるいは「利益団体による操作の危険」を増幅するな
　　どと記していることを指摘し，彼の主張の不一致を指摘している（Dana,
　　supra note 43, at 1318 & n.13）。
(159)　Sunstein, supra note 21, at 35; サンスティーン（角松・内野監訳）・前
　　掲（注21）45頁。
(160)　「リスクに対する賢明なアプローチは，公衆の恐怖がたとえ根拠のない
　　ものであっても，それを減らそうと試みるだろう。本書の目標は，そのこと

第5章　予防原則をめぐる論争

(3) 人びとはなぜ予防原則を支持するのか

　サンスティーンは OMB/OIRA からハーバード・ロースクールに
復帰すると「法と行動経済学研究プログラム」を立ち上げ，所長を務
めている。彼の行動経済学に対する関心は本物であり，その適用範囲
は，憲法理論（熟議民主主義，司法ミニマリズム論の再考），集合的意思
決定理論（リバタリアン・パターナリズム），個々人の生活設計（ナッ
ジ），さらに租税政策，環境政策にまで広くおよぶ。彼は，その手慣
れた手法を駆使し，予防原則の背後に潜む人びとの恐怖，国の対応
（政策），法制度に通底する「法」の中身を描き出す[161]。幸いなことに，
サンスティーンの著書の多くは日本語に翻訳されているので，詳しく
はそちらをご覧いただきたい。ここでは彼の予防原則批判の要点と，
それに対する反論の一部を取り上げる。

　まずサンスティーンは，「もしも予防原則が明確な指針を提示する
ようにみえるとしたら，それは単に人間の認知と社会的影響が，特定
の危険の原因（ハザード）を背景から突出させているからである」[162]
という理由から，人びとのリスク理解に誤りが生じる原因を明らかに
する。その原因とは，①利用可能性ヒューリスティクス（最近の事件
や顕著な事件をベースに判断すること）によるリスクの過大視，②確率
の無視，無理解，③損失回避性（同額の利得よりも同額の損失を強く評
価すること）による機会費用（規制により失われた便益）の無視，④自

　　　を否定するのではなく，困惑させられる予防原則の魅力を説明し，それが機
　　　能するよう手助けする戦略を切り離すことであった。……なるほど，合理的
　　　な国家は明らかに予防（対策）をとるべきである。しかし予防原則を採用す
　　　べきではない」(Id. at 64; 同前 83 頁)。

(161)　森脇敦史「キャス・サンスティーン」駒村圭吾・山本龍彦・大林啓吾
　　　編『アメリカ憲法の群像』255 頁，266-268 頁（尚学社，2000 年），中山竜一
　　　「予防原則と憲法の政治学」法の理論 27 号 77-93 頁（有斐閣，2008 年）など
　　　の明快な分析を参照されたい。

(162)　Sunstein, supra note 21, at 224; サンスティーン（角松・内野監訳）・前
　　　掲（注 21）316 頁。

243

然崇拝と新しい科学技術への警戒，⑤リスクがシステムの一部であること，およびトレードオフの無視の５つである[163]。

この個人的なリスク認知のメカニズムは，さらに利用可能性カスケード，集団極化（group polarization），メディアなどの社会的力によって影響され，最後は「個人と社会の両方が，実際には存在しない，または取るに足りないリスクを怖れ，同時に本当の危険を無視する」（リスクの過大な評価と不十分な評価）という「リスク・パニック」にまでいたる[164]。

なんとも背筋の凍る話ではある。しかし，行動経済学や認知心理学を縦横に駆使する彼の立論に問題はないのか。

(4) 熟議民主主義の限界，専門組織への高い信頼

サンスティーンは，従来主張されてきた予防原則を分解し，それを反カタストロフィー原則，安全領域を含んだ予防原則などに再構成するとともに，「何が問題となっているのかを見せるための手段」あるいは「人びとの恐怖を規律正しいものにする方法」[165]として，行政専門機関が駆使する費用便益分析がもっとも適切であることを主張する。彼の予防原則批判の眼目は，それを再構築するためというよりは，費用便益分析の正当性を主張するための地ならしであったともいえる。そのために，サンスティーンは，まず彼が主張してきた熟議民主主義の役割を限定し，規制の主役を一般大衆から専門家に委譲すべきことを主張する。そのロジックはこうである。

さて，民主主義政府は人びとの恐怖に対応する責任をおっているが，そこには２つの理念がある。第１に，政府は熟議民主主義をめざさなければならない。熟議民主主義は，リスクを減らすためではなく，人

---

(163) Id. at 35-64; 同前 45-83 頁。
(164) Id. at 1, 105; 同前 1 頁，143 頁。
(165) Id. at 130; 同前 178 頁。

第 5 章　予防原則をめぐる論争

びとの根拠のない恐怖を一掃し，人びとのパニック（リスク・パニック）を抑制するために，自身の制度を使わなければならない[166]。しかし，熟議が最善の解をもたらすとは限らない。熟慮の結果，集団が熟慮の前に共有していた意見や傾向をいっそう極端な方向へと変化させるという現象（集団極化）が生じることがあるからである[167]。

　では，法と政府は，確率の低いリスクに対する激しい感情的反応によって生じる人びとのパニックに，どう対処すべきか。相当の理由がないときに，政府は規制を求める人びとの要求に屈するべきではない。

　そこで下したサンスティーンの結論は，「もし規制に対する人びとの要求が正当化できない恐怖によって歪められやすいのなら，リスクが現実かどうかを判断するうえでより良い地位にある，より分離された公務員に，主要な役割が与えられるべきである」[168]というものである。良く機能する民主主義システムは，科学的知識と専門家の知見を非常に重視し，単純なポピュリズムを拒否するのであり，人びとの価値基準は尊重されるが，誤認された事実は重視されないのである[169]。

---

(166)　Id. at 1; 同前 1-2 頁。

(167)　この点は，本書では明確には述べられていない。那須・後掲（注 183）291 頁以下に詳しい説明があるので参照されたい。

(168)　Sunstein, supra note 21, at 126; サンスティーン（角松・内野監訳）・前掲（注 21）173 頁。ただしサンスティーンは，「法や政策は人びとの重大な誤りを反映すべきではない。民主主義は，市民の恐怖に（または恐怖の無自覚に）機械的に従うべきではない」としつつ，「ここで述べたことは，決して技術エリートによる支配の美徳を主張するものではな」く，リスクの質的な区分に関する熟慮された市民の価値基準は，傾聴するに値するともいう（Id. at 105-106; 同前 143 頁）。

(169)　Id. at 2; 同前 2-3 頁。「民主主義は，人びとの熟議された価値基準に大きな力をあたえる。しかし重要なのは，誤った事実ではなく価値基準なのである」（Id.; 同前 3 頁）。人びとの「確率」に対する無理解も，サンスティーンの批判の対象である。「専門家は事実に気付いているが，一般の人はそうでないことがしばしばである。その大きな理由は確率無視にある。価値基準

245

(5) 予防原則の再構築

サンスティーンは，予防することは賢明であり，予防原則には有益な目標が認められるので，予防原則の中心的発想（アイディア）を再構築する道筋が必要があるという。そこで彼は，リスクを，(1)カタストロフィーリスク（壊滅的リスク），(2)回復不可能（不可逆的）な損害，(3)カタストロフィーのおそれはないが，懸念すべき特別の理由があるリスクの３つに区分し，それぞれについて予防原則の再構築を試みる。以下，結論部分のみを要約する[170]。

まず，サンスティーンは，(1)について，壊滅的なリスク発生の可能性があり，確率を割り当てることができない場合は，「反カタストロフィー原則」を適用することが市民にとって賢明であり，規制主体が不確実性の条件のもとで活動している場合は，マキシミン原則に従い，最悪のシナリオを特定し，最悪の結果を取り除くようなアプローチを選ぶのが賢明であるという[171]。また，その具体的適用にあたっては，カタストロフィーを避けるべき措置がカタストロフィーを作りだしてはならない，費用対効果に敏感であるべきである，負担能力が小さい人の負担が極端にならないよう配慮しなければならない，予防の判断

の違いではなく，ある種の形態の不合理こそが，しばしば専門家と一般の人のリスク判断の違いを説明するのに役立つ」（Id. at 86; 同前 115 頁），「ポイントは，専門家が常に正しいということではなく，一般の人が専門家に賛成しない場合，その理由は価値判断の違いではなく，一般の人が確率無視のえじきに，よりなりやすいということにある」（Id. at 87; 同前 116 頁）。

(170)　サンスティーンは，その後に公刊された論文集 Cass R. Sunstein, Worst-Case Scenarios ch.3 (2007); キャス・サンスティーン（田沢恭子訳）『最悪のシナリオ―巨大リスクにどこまで備えるのか』第 3 章（みすず書房，2012年）で，彼の主張する「カタストロフィーな損害の予防原則」や「不可逆的で壊滅的な損害の予防原則」について，詳細で念入りな議論を展開している。しかし，ここでは以下に取り上げるサンスティーン批判論文と照合させるために，『恐怖の法則』の議論を紹介する。

(171)　Sunstein, supra note 21, at 109-115; サンスティーン（角松・内野監訳）・前掲（注 21）148-157 頁。

第5章　予防原則をめぐる論争

にあたり費用を考慮すべきであるなどの細かな条件が付く。

　(2)については，回復不可能な損害が真に注意するに値するか，反カ
タストロフィー原則または特別の予防措置をするのに十分か（どう
か）の判断にあたっては，単に回復不可能性の事実だけではなく，損
失の大きさにも目を向けるべきである[172]。

　(3)については，安全領域（安全マージン）を設けるのが賢明である。
重要なのは，安全領域をどれ位大きくするのか，どのリスクに対して
安全領域を適用するのかである。安全領域が生みだす費用とリスクを
個人も社会も注意深く考慮し，安全領域を選択すべきである[173]。

　サンスティーンの結論は，懸念すべき最小限の理由があれば，まず
研究資金増加型予防原則を適用し，規制手段の範囲の特定にあたって
は，危害の可能性があるがその確率が高くはなく，結果がカタストロ
フィーからはるかに遠いものについては情報公開型予防原則を，危害
の証拠が明確でその結果が非常に大きいものについては安全領域を大
きく取った全面禁止型予防原則を選択するのが賢明であるというもの
である[174]。しかし，上記(2)(3)の分類は，単なる「予防（対策）の分
析」にすぎず，再構築と称するほどの内容があるとはいえない。

　結局，サンスティーンがいう予防原則の再構築とは，(1)の反カタス
トロフィー原則につきる。反カタストロフィー原則は，不確実なカタ
ストロフィーの危険がある場合に，「真実の災害の可能性をさらに良
く理解するための一層の研究に支えられつつ，重要な（しかし莫大な

---

(172)　Id. at 116-117; 同前 158-159 頁。

(173)　Id. at 119, 122; 同前 163 頁，167 頁。「課題は，全領域（full universe）
　　のリスクを特定し，……安全領域を課すことである」（Id. at 122; 同前 67 頁，
　　本書 221 頁（注 109））。これは典型的なリスク・リスクトレードオフ論である。
　　しかし問題は，はたして関連する全領域のリスクや対抗リスクに十分に注意
　　した安全領域の設定が，現在の行政組織のもとで本当に（どこまで）可能か
　　ということである（本書 221-222 頁）。

(174)　Id. at 120-121; 同前 164-165 頁。

コストがかからない）措置を今とるべきことをそれらしく呼びかけることにより，規制の選択において役割を果たすに値する」[175]とサンスティーンはいう。

(6) 費用便益分析に対する強い確信

では，専門的公務員は，どのような方法によって公衆の誤ったリスク理解から公的価値基準を分別し，正しい判断にたどり着けるのか。ここに登場するのが費用便益分析である。「費用便益分析は，規制的介入によってなにが得られ，なにを失うのかという利害に関する理解を提供してくれるという簡単な理由で，非常に役に立つ手法である」[176]。費用便益分析を用いることにより，規制者はある技術や物質のリスク（損害発生の確率と大きさ）の計算値と生命身体に割り当てた個人の価値（大部分は市場行動を通して示される）とを比較し，リスク軽減措置の効率性を評価できるのである[177]。

> 「利用可能性ヒューリスティクスが人びとを確率について誤って評価に導くのであれば，費用便益分析は，人びとに保護が求められる実際の損害についてより正確な感覚（sense）を与えることができる。もし確率無視が，人びとの注意を，その確率を考えさせずに最悪のシナリオに向けさせるのであれば，費用と便益を強調することで，問題となっている利害のより鮮明な感覚を提供することができる。もし，人びとがトレードオフを無視してしまうのであれば，費用便益分析はあるべき是正方法である。……それ故，費用と便益の計算はリスク分析の重要な要素である。費用便益分析は算術による拘束服ではなく，な

---

(175) Id. at 114; 同前 155-156 頁。彼はその適用について細かな留保条件を付ける。しかし，その中身は，つぎに見る費用便益分析（＋リスクトレードオフ）そのものである。

(176) Id. at 225; 同前 316-317 頁。

(177) Id. at 131; 同前 180-181 頁；Dan M. Kahan, Paul Slovic, Donald Braman, & John Gastil, Book Review, Fear of Democracy: A Cultural Evaluation of Sunstein on Risk, 119 Harv. L. Rev. 1071, 1082 (2006).

第5章　予防原則をめぐる論争

にが問題かを示す方法であるべきである。それは人びとの恐怖を鍛錬（discipline）する重要な方法であり，システムⅠのヒューリスティクスとバイアスを是正するシステムⅡを作り出すのである」[178]。

『恐怖の法則』の眼目は，予防原則の再構築よりは，費用便益分析を予防原則に代わる意思決定原則として正当化するところに（おそらく）ある。そこで『恐怖の法則』に対する批判の大部分は，サンスティーンの信奉する費用便益分析に向けられる。しかし，合衆国における費用便益分析の利用には長い歴史があり，その功罪ついても，経済学，法律学，政策科学などの分野でさまざまな議論が繰り返されてきた。したがって，ここで議論の経緯や内容を手短に説明するのは容易でない。ここでは，法学者サンスティーンが費用便益分析の使用に対して述べた注意事項のいくつかを紹介するにとどめよう。

第1に，サンスティーンは「費用便益分析は，やみくもに"予防する"のではなく，規制の便益と費用を集計し，純利益を最大にする手段を選ぶべきであると主張する。このアプローチは，しばしば経済的効率性を根拠に正当化される。……私はこの見解を支持しない。効率性は重大な関わりをもつが，それが規制の唯一の目標であることは，ほとんどない」[179]という。これが，かれの議論の出発点である。

---

(178)　Sunstein, supra note 21, at 129-130; サンスティーン（角松・内野監訳）・前掲（注21）178頁。カーネマンの二重プロセス論（人の意思決定には直観と推理という2つの認知プロセスが関わっているという考え）をもとに，心理学者スタノヴィッチ・ウェストは直観のプロセスを「システムⅠ」，推理のプロセスを「システムⅡ」とよび，前者を，迅速な判断，自動的・反射的，連想的，直感的，後者を，遅い判断，統制的・思考的，規則的，柔軟性・応用性（サンスティーンは，計算的・統計的をくわえる）と特徴づける（Id. at 87; 同前116頁，友野・前掲（注103）93-96頁）。

(179)　Sunstein, supra note 21, at 129; サンスティーン（角松・内野監訳）・前掲（注21）177頁。「民主主義社会の市民であれば，たとえそうするのが彼らにとって効率的ではなくても，絶滅のおそれのある種や野生生物や未開発地域の保護を選ぶのはもっともである」（Id.; 同前）。サンスティーンは別著で，

249

第2に，サンスティーンは「これまでの議論は費用便益分析の認識論的根拠を証明しているとわたしは信じる。それは経済的効率性に基づく費用便益分析の議論ではなく，人間がリスクを考えるにあたり直面する問題に費用と便益の計算が対応できる可能性を強調する議論である」[180]という。しかし，経済的効率性ではなく，認識論的根拠によって費用便益分析を擁護できるかどうかは，費用便益分析の根本思想に深く関わる重要な問題である。

第3に，サンスティーンは費用便益分析に関する詳細な分析と提言をふまえ，規制および非規制の代替案の期待効果を金銭的集計ではない方法で提示し，さらにその効果を金銭等価に換算しなければならないとの検討課題を設定する。そのうえで（彼のいう）「簡単な説例」についてはWTP（支払意思額：それを持っていない場合に入手するために支払ってもよいと考える最大の値）を出発点とすべきであり，不利益をうける人びとが他の選択肢から大きな利得をうるのであれば，費用便益分析の結果に反してでもそれを選択するのが賢明である，と議論を締めくくる[181]。

壊滅的リスクや種の絶滅リスクのように，費用と便益の衡量について満足のいく理由がない場合は，予防原則に類似したものが道理にかなうともいう。Cass R. Sunstein, Lecture, Irreversible and Catastrophic: Global Warming, Terrorism, and Other Problems, 23 Pace Envtl. L. Rev. 3, 16 (2005-2006). ここで，サンスティーンが「動物の権利」の強固な擁護者であることを想起するのもよいだろう。Cass R. Sunstein & Martha C. Nussbaum eds., Animal Rights: Current Debates and Next Direction 251-262(2004); 畠山武道『アメリカの環境訴訟』363頁注52（北海道大学出版会，2008年）。

(180)　Sunstein, supra note 21, at 129; サンスティーン（角松・内野監訳）・前掲（注21）178頁。

(181)　Id. at 174; 同前242頁。とくに，「費用便益分析の結果が決定的であるべきではない。おそらく規制による便益をうける人は貧しく，費用を負担する人は裕福である。もしそうであれば，費用便益分析の中身にかかわらず規制は正当化できるだろう。さらに，人びとは（政治的な）市民であって，単なる消費者ではない。彼らの熟慮した判断によって費用と便益のバランスか

しかし，中段の選択肢の効果を金銭評価すべし，あるいは WTP を出発点とすべしという個所は，費用便益分析論争の中心的論点であり，サンスティーンの主張を鵜呑みにはできない（本書 258 頁）。

最後（第 4）に，サンスティーンは，費用便益分析が規制的決定をコントロールすべきではない，費用便益分析は選択のルールを定めるものではない，民主主義社会の構成員は，たとえ費用が便益を上回るときでも先に進むことを選択するかもしれないが，その場合に市民は費用便益分析が提供する情報を受け取ったうえでそうすべきである，規制者が期待利益に比べ不相応に費用を課す選択をするのであれば，その理由を説明すべきであるなど，費用便益分析の利用にさまざまな条件を付している[182]。

(7) リバタリアン・パターナリズム

では，費用便益分析から適切な情報を提供された民主主義社会の構成員は，リスクのコントロールについて，どのようにして賢明な判断に到達することができるのか，そのためにどのようなプロセスが必要なのか，その際政府はなにをすべきなのか。ここに登場するのが，サンスティーンの近時の持論であるリバタリアン・パターナリズム（ナッジ），デフォルトルールの利用である[183]。

らはずれた政策が支持されることがありうる」（Id. at 225; 同前 317 頁）という指摘は重要である。

(182) Id. at 130; 同前 178-179 頁。

(183) 那須耕介「可謬性と統治の統治——サンスティーン思想の変容と一貫性について」平野仁彦・亀本洋・川濱昇編『現代法の変容』285 頁以下（有斐閣，2013 年），川濵昇「行動経済学の規範的意義」同前書 405 頁以下が，明晰な検討をくわえている。熟議民主主義の見直しについては，田村哲樹『熟議民主主義の困難』（ナカニシヤ出版，2017 年）がある。なお，関連するサンスティーンの著書で翻訳されたものとして，リチャード・セイラー・キャス・サンスティーン（遠藤真美訳）『実践行動経済学』（日経 BP 社，2009 年），キャス・サンスティーン（伊達尚美訳）『選択しないという選択：ビッグデー

リバタリアン・パターナリズムとは，「比較的弱い，押しつけがましくないタイプのパターナリズム」[184]であり，「私的および公的な機関の両方が選択の自由を奪うことなく，人びとをより良い方向に仕向ける（操縦する）」[185]もので，「恐怖の過剰および恐怖の不足という2つの問題に対する並はずれて有望なアプローチ」である。また，デフォルトルールとは，選好や選択に影響をあたえるように仕組まれたルール（初期設定された決まり）をいう。ルールは，指導，推奨，提案，取り決め，法律，制度など，さまざまな形で現に存在する[186]。

サンスティーンは，人びとの恐怖心を和らげる方法としてのリバタリアン・パターナリズムの意義を詳細に（原書で約30頁，邦訳で約40頁にわたり）説明する。しかし，内容は抽象的かつ冗長で，健康・環境問題に関連するような事例はほとんど登場しない（本書259頁）。

12 『恐怖の法則』に対する批判

サンスティーン著『恐怖の法則』は，（強い）予防原則を徹底的に批判し破壊した後に，「恐怖の法（則）」として，反カタストロフィー原則，費用便益分析，リバタリアン・パターナリズムの3つを提唱したものである。そこには，彼が長年研究に携わってきた憲法，行政法などの研究成果だけではなく，最近傾倒する行動経済学や認知心理学の知見がちりばめられており，そのため，サンスティーンを批判する者も，法学者から，経済学者，リスク心理学など，幅広い分野におよぶ。ここでは，環境法・行政法学者の批判を中心に，その内容を簡単に紹介する。

タで変わる「自由」のかたち』（勁草書房，2017年）がある。

(184)　Sunstein, supra note 21, at 177; サンスティーン（角松・内野監訳）・前掲（注21）246頁。

(185)　Id. at 225; 同前317頁。

(186)　Id. at 187; 同前260頁。

第5章　予防原則をめぐる論争

　第1は，サンスティーンが，個人や集団のリスク認識バイアスを激しく批判し，その原因を，利用可能性ヒューリスティクス，確率無視，カスケード効果，集団極化などに求めたことに対する批判である。イエール大学の法心理学者カーンとリスク心理学の大家スロビックらは，個人の価値観や世界観がリスク認知におよぼす影響を強調する「リスクの文化認識」論の立場から，サンスティーンが展開する非合理的考量者理論，二重プロセス論，さらには，熟議プロセスの過小評価，費用便益分析に依拠した専門的判断の尊重などの主張を全般的に批判する。

　カーンは従来のリスク認知論を，合理的考量者理論（個人は，期待効用を最大にするために費用と便益を考量し，危険な活動を引き受けるかどうかを決定するというもの。感情はリスク認知には関係せず，情報処理に対する反応にすぎない），非合理的考量者理論（個人は期待効用を最大にするための情報処理能力をもたず，さまざまな要因に左右されてリスクの評価を誤るというもの。感情は一種のヒューリスティクスで，リスク認知の中心的要因である）に区分したうえで，新たに文化人類学の文化理論と計量心理学を融合し，文化的評価者理論（個人はしばしば期待効用の考量ではなく，個人の活動がもつ社会的意味の評価にもとづき危険な活動を引き受けるかどうかを判断するというもの。リスクに対する評価や感情は，個人的，文化的な価値観に影響される）を展開する[187]。

　しかし，カーンらの主張のこれ以上の紹介は筆者の手に余る。ここでは，「感情は思慮を欠いた反応の高まりではなく，社会規範によって形成された価値観を伴う判断である」，個々人のリスク認知は，保険数理的観点から評価すると正確ではなく，それに依拠した政策も厚生学的測定法によって評価すると社会にとって利益にならないことがあるが，「個々人が危険であると見なす活動や，効果的であると見な

---

(187)　Dan M. Kahan, Two Conceptions of Emotion in Risk Regulation, 156 U. Pa. L. Rev. 741, 745-752(2008).

253

す政策は，社会的正義や個人の善に関する首尾一貫した洞察力を具体化したものである」[188]というさわりの部分を紹介するにとどめる。

　つぎに，ディナは同じく行動経済学の観点から，「人びとは確率の低いリスクを過大に評価するという証拠がある」が，同様に「確率の低いリスクに直面すると，人びとはそれを考慮するのを拒否し，単になかったものとして扱うという証拠」もあること，不確実な損失よりも確実な損失の回避を優先させるというバイアスが（たとえ前者がより大であっても）働き，そのため環境政策の決定枠組みにおいては，健康・環境の損失の回避に比べて経済的損失の回避に不当なウエートが置かれる傾向があること，および合衆国の規制プロセスにおいては環境的価値が過小評価されがちであるという現実があることを指摘し，公衆の認知バイアスを是正し，便益と費用のバランスを回復するためにこそ予防原則が必要であると主張する[189]。

---

(188)　Kahan et al., supra note 177, at 1083-84, 1088.

(189)　Dana, supra note 43, at 1326 n.38., 1324-28, 1331-32, 1345. David Dana, The Contextual Rationality of the Precautionary Principle, 35 Queen's L. J. 67(2009) はさらに議論を発展させ，予防原則は文脈によって異なる役割（合理性）をもつことを，気候変動とナノテクノロジーを例に詳細に説明する。それによると，気候変動では，ヒューリスティクス・バイアスによって気候変動の防止や緩和に要する一定のコストが過大に評価され，破滅的温暖化のもたらす膨大なコストが過小に評価されるのに対し，ナノテクノロジーでは，市場の主導アクターが利潤に動機付けられており，製品の便益を証明しようと努めるが，その悪影響を検討しようとはしないので，費用便益分析を適用すると，将来のリスクが過小に評価される。そこで予防原則は，これら規制活動コストに関するわれわれの（誤った）認知と，規制しないこと（不作為）のコストに関するわれわれの理解および考慮との間の不均衡を正すことができるというのである（Id. at 96）。

　同じくピアスも，「もしも個人が環境リスクに対して非常に回避的なのであれば，それは予防原則に対する正しい根拠を述べている。実際，リスク実験とプロスペクト理論からの洞察は，とりわけ確率は低いが潜在的損害が大きい場合，リスクが強制的なものである場合，およびリスクが利得を失うリスクよりは損失を被るリスクである場合に，予防原則の魅力を説明するのに

第5章　予防原則をめぐる論争

これに対してサンスティーンは，「ある種のリスクについては，このような実際的観点からの擁護論も妥当ではないとはいえない」が，「このような擁護論の試みは，あるリスクに対する予防がほとんど常に他のリスクを生み出す，という予防原則の中心的問題を無視している」ことから，結局のところ予防原則を合理的に擁護することができないという[190]。ここにも，予防的行動は便益をこえる大きな対抗リスクを生みだすことがあるという観念に対するサンスティーンの強い固執がみられる[191]。

第2は，サンスティーンが人びとの誤ったリスク認知を正す方法として教育や情報公開の効果を疑問視し，集団極化などを理由に熟議民主主義の正統性を疑問視し，さらに専門家組織の役割を強調することに対する批判である。カーン・スロビックらは，サンスティーンが集団極化を理由に，熟議の効用に早々と見切りをつけた点を「文化的評価者モデル」に基づき縷々批判し，文化的同一性の範囲内であれば，システムⅠの認識は十分に変化しうるとする[192]。

また，ディナは，バイアスは人の頭脳の「ハードウェア制御」に根ざしており，専門家といえどもバイアスからフリーではない，環境・

非常に役立つ」（Pearce, supra note 127, at 144）と述べ，予防原則は行動経済学の観点から根拠付けられうると主張する。しかし，サンスティーンも「個人レベルでは，この戦略（予防原則）はまったく賢明でないわけではない。とくに十分な情報をもたない人，間近な状況のひとつの側面にのみ集中してベストを尽くさざるをえない人にとっては，そうである」（Sunstein, supra note 21, at 63; サンスティーン（角松・内野監訳）・前掲（注21）83頁）と述べている。そこで問題は「しかし政府にとって，予防原則は賢明なものではない」（Id.; 同前）と断言できるかどうかにある。

(190)　Sunstein, supra note 21, at 53; サンスティーン（角松・内野監訳）・前掲（注21）69頁。

(191)　Percival, supra note 101, at 31-32.

(192)　Sunstein, supra note 21, at 122-124; サンスティーン（角松・内野監訳）・前掲（注21）167-169頁，Kahan et al., supra note 177, at 1092-97, 1104-1105.

健康問題のような複雑な問題に当面すると，専門家は錯綜する情報や情報ギャップを整序する手段として認知ショートカットに頼る，専門家は（素人よりも）自らの判断を過信するなどの問題を指摘し，もっとも重要なのは，「環境政策は，公衆の意見，利益団体のロビイング，および個々の政治家，行政官および技術専門家からのインプットの複雑な寄せ集めから姿を現す」ことであるという[193]。

　第3は，サンスティーンが掲げる反カタストロフィー原則は，はたして予防原則に代わる（あるいはそれを再構築した）「法」や「法則」となりうるのか，という疑問である。

　サンスティーンは，「反カタストロフィー原則には予防原則そのものではなく，その適用範囲は，予防原則よりは，はるかに狭いものである」とし，その実際の適用に対してさまざまな条件を付ける（本書247頁）。しかし，彼が反カタストロフィー原則の適用例として唯一取り上げるのは，地球温暖化問題のみである。

　サンスティーンは，「反カタストロフィー原則は，現実の大惨事の可能性をより一層理解するためのさらなる研究に伴われつつ，重要な（しかし膨大な費用を要しない）手段をただちに取ることをそれらしく要求することによって，地球温暖化に関連する規制を含む規制の選択において役割を果たに値する」[194]という。しかし，地球温暖化問題は，はたして反カタストロフィー原則を適用し，対応を議論すべき問題なのか。

　地球温暖化問題に対する取り組みを加速すべきであるとのサンスティーンの主張に異論はないだろう（その点で，彼は凡百の温暖化懐疑論者とは明確に異なる）。しかし，予防原則によって地球温暖化問題に対処することは十分に可能であり，さらに予防原則がサンスティーン

---

(193)　Dana, supra note 43, at 1332-33.

(194)　Sunstein, supra note 21, at 114; サンスティーン（角松・内野監訳）・前掲（注21）155頁。

第5章　予防原則をめぐる論争

の掲げる（反カタストロフィー原則の）適用要件をクリアするのも難しくはないようにおもえる。地球温暖化問題に予防原則を適用した場合と反カタストロフィー原則を適用した場合とで，結果（政策のオプション）に違いが生じるのか。サンスティーンは，反カタストロフィー原則を適用した場合は，「マキシミン原則にしたがい，最悪のシナリオを特定し，最悪の結果を取り除くようなアプローチを選ぶのが賢明である」[195]と述べるが，これだけでは地球温暖化問題に反カタストロフィー原則をあえて適用するメリットが分からない。

　マンデル・ギャティーは，つぎのようにサンスティーンを批判する。

　　「反カタストロフィー原則は，不確実なカタストロフィーリスクのある脅威に対して，すべての重要なリスクを特定することができ[196]，脅威の危険を軽減する費用が莫大ではなく，そして対応費用がより急を要する必要から資源を振り向けない場合にのみ適用可能である。われわれは，このような限定された文脈における意思決定は通常は論を俟たず，ほとんど（サンスティーンの）力強い議論の主題ではなく，そして"恐怖の法則"で検討されたいかなる重要な脅威にも当てはまらないと考える。実際，サンスティーンは，彼が構築した反カタストロフィー原則に服するべきであると主張する脅威をなにも特定していない」[197]。

　第4に，費用便益分析を考えよう。費用便益分析をめぐる論点は，

---

(195)　Id. at 109; 同前 148 頁。

(196)　サンスティーンは「マキシミン原則を適用する，または予防策を命じるためには，一部ではなくすべての重要なリスクを特定する必要がある」(Id. at 111; 同前 150 頁）という。しかしマンデル・ギャティーは，特定されたリスクと定量化されないカタストロフィーリスクを比較することは困難であり，サンスティーンが強い予防原則を批判したように，機能不全におちいると批判する (Mandel & Gathii, infra note 197, at 1042)。

(197)　Gregory N. Mandel & James Thuo Gathii, Cost-Benefit Analysis Versus the Precautionary Principle: Beyond Cass Sunstein's Laws of Fear, 2006 U. Ill. L. Rev. 1037, 1044.

(1)便益と費用の評価における不確実性, (2)評価における WTP（支払意思）の意義付け, (3)時間（割引率）の 3 つが代表的なものである。サンスティーンは, これらの論点に周到な留保条件をつけつつ, 「恐怖の法」としての費用便益分析の役割を強調する。マンデル・ギャティーの指摘によると, サンスティーンは費用便益分析の適用について, リスクが不確実でないこと, 適応的選好が生じていないこと, 限定合理性が選好に影響をあたえていないこと, 個人の権利や社会的に合意されたモラルがリスクにより侵害されないこと, リスクの範囲が 1 万分の 1 から 10 万分の 1 の間にあることなど, 8 つもの（うんざりするような多くの）条件を付けている。しかし, マンデル・ギャティーは, これらの限定によって費用便益分析の適用範囲はごく少数の脅威に限られてしまい, サンスティーンが『恐怖の法則』で議論しているリスクの大部分には適用不能となると批判する[198]。

　またマンデル・ギャティーは, 適応的選好や限定合理性が WTP や費用便益分析の結論に与える基本的問題を論じたのちに, サンスティーンが「多くの場合に, 情報を与えられたうえで WTP を用いることが適応的選好の産物だと信ずべき理由はない」, 「これらはありうることである。しかし, 多くの場合, WTP は不十分な情報の結果ではなく, 限定合理性が人びとを誤りへと導いたのでもない」[199]と結論付けた点をとらえ, 予防原則の人びとに対する魅力が人びとの認知ヒューリスティクスやバイアス（とくに利用可能性ヒューリスティクスと損失回避性）の広範な影響の結果であると彼が批判してきただけに, このような根拠のない直感頼りの結論は当惑させられるものであり, 「なぜ, これらのヒューリスティクスやバイアスが"多くの場

---

(198)　Id. at 1051.
(199)　Sunstein, supra note 21, at 154-156; サンスティーン（角松・内野監訳）・前掲（注21）213-216 頁。

第5章　予防原則をめぐる論争

合"に重要ではないと見なしうるのかは不明である」[200]とも批判する。

　費用便益分析に関わる論争は，予防原則との関連にとどまらず，アメリカ環境規制法全体を視野に入れたうえで討議すべき重要問題である。詳細は前頁に示した(1)〜(3)の問題を含め，続刊〔アメリカ環境法入門3〕で議論する予定である。

　第5は，リバタリアン・パターナリズムに対する批判である。リバタリアン・パターナリズムは，「人びとの選択を阻止するのではなく，選択の自由を許す一方で，福祉を増大させる方向に人びとを動かす戦略」である[201]。しかし，サンスティーンが『恐怖の法則』で中心的に取り上げた災害，地球温暖化，農薬，核発電事故，それにテロリズムなどは，選択の余地がなく不本意に強制されたものであって，リバタリアン・パターナリズムとは「たいして重要ではない副次的な関係」[202]があるにすぎない。サンスティーンは，（個人的な選択の余地がある）肥満，喫煙，飲酒などにもふれているが[203]，逆に予防原則との関係がうすく，内容的にも中身のあるレベルに達していない[204]。

---

(200)　Mandel & Gathii, supra note 197, at 1050.

(201)　Sunstein, supra note 21, at 183; サンスティーン（角松・内野監訳）・前掲（注21）254頁。

(202)　Mandel & Gathii, supra note 197, at 1055.

(203)　Sunstein, supra note 21, at 181-182; サンスティーン（角松・内野監訳）・前掲（注21）252-253頁。

(204)　See Mandel & Gathii, supra note 197, at 1055. リバタリアン・パターナリズムを議論した『恐怖の法則』第8章の記述が環境問題に特化せず，多様な問題を扱っているのは，この章がセイラーとの共著であることにも理由があるだろう。これに比較すると，セイラー・サンスティーン（遠藤訳）『実践行動経済学』・前掲注(183)第12章には示唆に富む記述がみられる。

終章 アメリカ環境法学と予防原則

1 予防原則の復活か

(1) 予防原則の底流

1970年以降のアメリカ環境法は，予防原則批判者も等しく認めるように，いくつかの立法の中に，初歩的な形で予防的な理念や仕組みを取り入れてきた[1]。その代表例がFIFRA409条の定めるデラニー条項（前書48頁）である。同条項は，今日からみると，ゼロリスク基準，立証責任の転換，経済的考慮事項の排除など，（強い）予防原則批判者が攻撃する要素を見事に含んでいたといえる（本書20-24頁）。

アップルゲートは，それを「ハザードベースの予防」と名付け，リスクではなくハザード（危険の原因）の徴候が存在する場合に予防的措置が要求されること，新しい技術や大規模な人間活動を，環境状態を錯乱させ，人の健康や環境に対する予測不可能でしばしば否定的な結果を伴うものとみなすこと，環境損害が最適ではなく最小限に定められること，高度にリスク回避的であり，リスクの費用，便益，その他の構成物などの要素から損害の"正しい"または効率的なレベルを引き出すことをめざすアプローチを拒否すること，（批判者の好む非難であるが）必ずしも"ゼロリスク"世界を求めるのではないことなど

---

(1) ボダンスキー，クロス，ウィーナーらの評価はすでにふれた（本書168-171頁）。マーチャント（アリゾナステート大学）も，「現在の規制システムは，多くの異なる方法で予防原則を制度化している」と述べ，有害物質規制の上市前スクリーニング，"安全領域"を見込んだ規制基準の制定を要求した環境法規，リスク評価における"保守的"仮定，その他を例にあげる（Gary E. Marchant, The Precautionary Principle: An 'Unprincipled' Approach to Biotechnology Regulation, 4 J. Risk Research 143, 149-150 (2001)）。

をその特徴にあげる[2]。

　しかし，その後のアメリカ環境立法はリスク概念をベースとしたものへと変化し，ベンゼン事件最高裁判決（1980 年）によって，その流れが確定する。その経過は，再三にわたり述べたとおりである（前書108 頁，本書 67 頁）[3]。アップルゲートは，リスクベース環境規制の特色として，リスクの存在が証明される以前に先行的行動をとることにきわめて慎重なこと，予防の目標は，リスクゼロをめざすのではなく，技術が社会にあたえるリスクと便益を比較し，便益を最大限（最適）にすることにおかれ，当該のリスクが「社会的に受け入れられるかどうか」で規制の水準が定められること，具体的対策を定めるにあたっては，活動や製品の本来の危険性だけではなく，規制の内容，規制の性質や程度，規制のコスト，規制がもたらす別のリスク（代替リスク）の考慮が不可欠とされること，規制はこれらの重要事項の事前の徹底した考慮に基づくべきこと，市場メカニズムを信奉し，そのために予防的介入を正当化する責任が規制する側にあることなどをあげる[4]。

　日本の環境法学では，一般に，「ハザードからリスクへ」という環境問題の質的な変化が「未然防止から予防へ」という理念の転換をもたらしたと説明される。つまりハザード（危険）除去には未然防止原則が対応し，リスクの低減には予防原則が対応するという図式である。

---

(2)　John S. Applegate, The Taming of the Precautionary Principle, 27 Wm. & Mary Envtl. L. & Pol'y Rev. 13, 36-39(2002).

(3)　Id. at 44-48 & 44 n.128 の記述および同所に掲記された多数の文献参照。

(4)　Id. at 48-49. アップルゲートは，このアプローチを，「損害が発生する以前に損害発生源を規制するという基本理念を否定はしない」という点に着目し，「リスクベースの予防」と称するが，「予防」という表現は誤解をまねく。ここに示された内容はリスク評価および費用便益分析（およびリスクトレードオフ分析）そのものであり，予防的アプローチの要素はほとんど見られないからである。

終章　アメリカ環境法学と予防原則

本書の『環境リスクと予防原則』という書名も，そのような理解に基づいている。しかし，この構図がアメリカには当てはまらない。2002年のグラハム声明が自賛したように，アメリカでは，すでに1980年代に，環境リスクへの対応がリスク評価・費用便益分析という形で完成しており，（国内的な環境政策に関する限り）予防原則がそこに介入する余地はなかったからである（本書116-119頁，122-124頁）。

　そうしたこともあって，環境法学者のなかで予防原則を積極的に支持する者は（国際環境法分野を除くと），わずかなものであった。しかしアメリカでは，最近改めて予防原則の役割を見直す動きがでている。その前に，まずはその背景を考えてみよう。

(2) 環境問題の量的・質的な変化

　第1の，そして最大の理由は，リスクに対する社会の関心が質的に大きく変化したことであろう。すなわち，アメリカで厳格な健康ベース規制からリスクベース規制への移行を促したのは，有害化学物質，大気汚染物質，医薬品，農薬などの大量流通と，それが引きおこす健康リスク（発がんリスク）に対する人びとの関心（恐怖）の高まりであった（前書35頁）[5]。

　しかし，これらの化学物質リスクを規制するための手法は，1980年代末にはとりあえず完成し，1990年代になると，人びとの発がん

---

[5]　Nicholas A. Ashford, The Legacy of the Precautionary Principle in US Law: The Rise of Cost-Benefit Analysis and Risk Assessment as Undermining Factors in Health, Safety and Environmental Protection, in Nicolas de Sadeleer ed., Implementing the Precautionary Principle: Approaches from the Nordic Countries, the EU and the United States 356-366(2007) の説明が，端的にそれを物語る。このことは，（最近の気候変動訴訟判決を除くと）予防原則を議論した控訴裁判所判決の大部分が，殺虫剤，アスベスト粉じん・繊維，鉛，ベンゼン，PCB，オゾン，その他の大気汚染物質の規制に関わるものであったことからも明らかである。

263

物質に対する関心は遠のいた（本書102頁）。現在問題となっているのは，気候変動，生物多様性の消失などの地球環境問題，GM作物，ナノテクノロジーなど，従来型の化学物質リスクとは性質や規模が異なるリスクである。予防原則の擁護者であるアーシュフォードはつぎのように説明する。

　「科学と技術の進展により，HSEの保護を命じられた政府機関が直面する不確実性の種類は変化した。これには，古典的な不確実性（量反応関係の確率分布で表示され，十分で明確な情報の欠如，証拠の矛盾，または因果関係メカニズムや経路に関する知見の不足でおおい隠されている），不確定性（われわれは知らないということを知っている），それに不明（不知：われわれは知らないということを知らない）が含まれる。不確実性の一般的性質は，古典的な不確実性（それは当初予想したよりはもっと複雑で，多くの問題のある領域に適用することが困難なことが知られている）から不確定性（たとえば地球温暖化の規模）や不明（慎重に放出されたGM作物から生態系への潜在的リスク）へと転化したのである」[6]。

　ナッシュ（テュレーン大学）も，近時の予防原則に関する議論は，より範囲の狭い予防原則バージョンに向かっており，「予防原則の中心地は，リスクが効果的に評価されず，または確実にとらえることができない状況ーすなわち単なるリスクではなく不確実な状況ーまでを包摂する」[7]と述べる。しかし，これだけでは問題の所在が十分に理解しにくい。この問題は改めて議論しよう。

(3) 従来型手法の限界

　ここにいう「従来型」（conventional）の手法とは，リスク評価と費用便益分析の組合せをいう。なるほど，しばらく環境問題の最大の関

---

(6)　Id. at 352-353.

(7)　Jonathan Remy Nash, Standing and the Precautionary Principle, 108 Colum. L. Rev. 494, 503(2008).

終章　アメリカ環境法学と予防原則

心事であった化学物質発がんリスクについては，リスク評価によって
もっともらしいリスクの上限値を算定し，費用便益分析を駆使して実
際の規制基準を定めるという科学的手法が機能した。しかし，地球環
境問題，GM作物，ナノテクノロジーなどに関しては，この古典的で
従来型の手法が十分に機能しない。そこで最近，これらの領域ごとに，
リスク評価，費用便益分析および予防原則の適用の是非をめぐって議
論が沸騰し，多数の著書論文が刊行されている[8]。しかし今回はそれ
らに立ち入る余裕がないので，ホワイトサイドの一般的指摘を引用す
るにとどめる。

　ホワイトサイドは，エコロジーの観点から，従来型手法の限界を，
(1)潜在的な損害の大きさが，先例をみないほどに大きい（今の人間の
活動が，過去の世代に無償で提供してきた生態上の便益サービスを広範囲
に損傷できるほど強大である），(2)新しいリスクの損害が明確になるま
でに長い期間を要し，将来世代がその影響をこうむる（生態的プロセ

────────────

(8)　ワイツマン（ハーバード大学経済学部）は，気候変動がもたらす可能性
　の高いカタストロフィー事象は通常のリスクに比べてはるかに大規模で，予
　測が一層困難なので，最悪のシナリオ（そのプロセスはしばしば予防原則に
　結びついている）による注意深い考察の方が，結果主義者の定量的費用便益
　分析に比較し，より適切で実行性があるという（Martin Weitzman, On
　Modeling and Interpreting the Economics of Catastrophic Climate Change,
　91 Rev. Econ. & Stat. 1(2009), cited in John S. Applegate, Embracing a
　Precautionary Approach to Climate Change, in Economic Thought and U.S.
　Climate Policy 181(David M. Driesen ed., 2010)）。つぎに，GM作物の安全
　性評価について，OECDやアメリカの研究者は「正しい科学」に基づくリス
　ク評価を唯一の評価方法と主張するが，これについても多くの疑問が呈さ
　れており，合意には達していない（Aarti Gupta, Advance Informed
　Agreement: A Shared Basis for Governing Trade in Genetically Modified
　Organisms?, 9 Ind. J. Global Legal Stud. 265, 265-66 (2001)）。さらにナノテ
　クノロジーの安全性評価については，Fritz Allhoff, Risk, Precaution, and
　Emerging Technologies, 3(2) Studies in Ethics, L. & Soc'y 1 (2009) ほか，
　多数の論稿をインターネットをから入手することができる。

265

スの回復は，長期の蓄積プロセスと環境上の拡散を通してゆっくりとなされる），(3)新しい環境リスクは，イライラするほど不確実である（GM技術のように，その有効期間が短いために長期的かつ広範囲にわたる影響を試験する十分な時間がない，地球温暖化のようにメカニズムが複雑で，次世紀に生じる気候変動の確率や程度を正確に予測することが不可能である，自然システムは，ある転換点を越えると突然に急激に変化することがあり，それを現在の科学で予測することはできない，病原体に継続的に低用量で暴露された場合の発症機序に不確実さがある，関連科学ごとにデータの評価基準や試験指針が異なり，学際間の会話が進まないなど），倫理や政治を評価する能力を鈍化させる（直近のもっとも深刻なリスクに目が奪われ，将来世代にあたえる悪影響に無関心となる）などと指摘する[9]。

　つまり，気候変動，GM 作物，ナノテクノロジーなどが HSE（とくに規模の大きな生態系）にあたえる影響については，その規模が非常に大きく，メカニズムがきわめて複雑で，不明の部分があまりに大きいために，アメリカが確立した従来型の科学的手法を適用し，有意味な結論を引き出すことがほとんど不可能である。したがって，ナッシュがいうように「予防」の対象を狭い範囲の「リスク」から，より

---

(9) Kerry H. Whiteside, Precautionary Politics: Principle and Practice in Confronting Environmental Risk 30-36 (2006). ラザルスも，生態系損害の特徴（複雑系，科学的不確実性，ダイナミズム）を議論し，予防策が果たすべき役割をつぎのようにの述べる。「多数の生態的損害およびそれに付随する環境問題は，単純に直線的な形態で存続し，または増加するのではない。生態的損害は，逆にしばしば幾何級数的な成長により特徴付けられる。発生するリスクの頻度と脅かされる損害の大きさは，待てば待つほど大きくなる。比較的簡単に回復できると思われる明らかに小さな低い確率のリスクが，非常に規模の大きい高い確率のリスク——つまり除去しにくい，壊滅的で回復不可能な結果——になりうる。こうした理由から，慎重さは，未だ小さな，高い可能性のある，潜在的により危険な段階に達する前の予防的リスク規制を支持するのである。リスクが小さなうちに行動がなされるなら，失敗の悪影響は少なくとも環境損害に関しては最小限になる」(Richard J. Razarus, The Making of Environmental Law 23-24 (2004))。

266

終章　アメリカ環境法学と予防原則

広範囲の不確実な事象へと拡大した新たな予防原則（とその根拠付け）が求められるのである。

2　予防原則に対する環境法学者の関心

(1) 予防原則論争は政府規制をめぐる論争の代理戦争

サックスは，予防原則論争の内容と背景を，つぎのように要約する。

　「サンスティーン自身は弱い予防原則を受け入れるが，他の者は，30年にわたり学界の内外から予防原則に対して辛辣な議論をあびせてきた。研究者は，弱い予防原則がいかに執行されるべきか，それは定量的リスク評価や費用便益分析に適合するのか，またはそれに代わるパラダイムを提示しているのか，合衆国法を実際に活性化させるのか，または逆に不合理で厳格な"ハードルック"審査や裁判所の包括的な行政記録の要求を通して（合衆国法を）侵蝕してきたのかなどをめぐって対立してきた。ワシントンでは，弱い予防原則バージョンは環境ファクターにリスク意思決定における過大な"重み"を付与し，環境に対する無数の脅威に関する推測や憶測に基づく規制を後押しし，"正しい科学"の放棄を主導していると広く受けとめられている。……予防の意義に関するこれらの議論は，本質的に，政府規制はいかに厳しくあるべきか，どのような種類の安全領域が設けられるべきか，そしていつ配置されるべきかというより大きな議論のための代理戦争である」[10]。

アメリカにおける予防原則論争は，常に環境規制（政府規制）をめぐる政治的抗争の周辺に位置しており（本書101-108頁），そのため，法律学者，経済学者その他の社会科学者，自然科学者だけではなく，法曹，行政官，政治系・政策系シンクタンク研究者，評論家，コラムニスト，政治家，マスコミ関係者，環境活動家などが議論に関わり，百花斉放の議論をくり広げてきた。この点は，研究者による高尚な議

---

(10)　Noah M. Sachs, Rescuing the Strong Precautionary Principle from Its Critics, 2011 U. Ill. L. Rev. 1285, 1294.

論が中心をしめる欧州や豪州との大きな違いである。したがって，予防原則に対する批判・攻撃の多くは（勿論，まっとうな批判もあるが）レッセフェールまたはネオリベラリズム信奉者から発せられた，政治的，イデオロギー的なものであった。

　理論的に重要とおもわれるのは，(1)予防原則は具体的に何をすべきかを示さない，(2)予防原則を徹底すると，何も行動できなくなる，(3)予防原則は規制のコストやリスクトレードオフを否定する環境絶対主義であるなどであろう。これらの内容については，第5章で詳しく論じたところである。しかし，これらは法律学者の関心をひくような論点とはいえない。そこで，予防原則の積極的擁護者，（その逆の）積極的批判者，それに行動経済学に傾倒し，華々しい論陣をはるサンスティーンなどを除き，多くの環境法学者は予防原則論争に対する傍観ないし無関心を決め込んできたのである[11]。

(2) 弱いバージョンと強いバージョン

　予防原則に関するアメリカの論議は，予防原則を弱いバージョン（リオ宣言原則15など）と強いバージョン（ウイングスプレッド声明）に区分し，前者は問題がないが，後者は極端にすぎ，到底認められないという見解が大勢をしめる。このような議論の大勢に，法学者はいかに反応してきたの。ここでは，「法学界には数十人の弱い予防原則バージョン擁護者がいるが，強いバージョンの防衛を入念に議論する研究者はほとんどいない」[12]というサックスの主張を手掛かりに，法学者の見解を検討してみよう。

---

(11)　アップルゲートは，「ごく少数の注目すべき例外を除き，予防原則に関するアメリカの法律論文は，過酷なほど（harshly）批判的であった」（Applegate, supra note 8, at 172）と述べている。しかし，激しいバッシングというよりは，無関心というのが正確であろう。

(12)　Sachs, supra note 10, at 1294.

終章　アメリカ環境法学と予防原則

弱いバージョンは問題ない

　第1に，弱い予防原則の意義を正面から否定する法学者はおそらく見当たらない。サンスティーンの主張はすでに述べたとおりであるが（本書146頁，240頁），サンスティーンだけではなく，スチュアート，ウィーナー，ボダンスキーなどの予防原則批判者も，それぞれ弱い予防原則にいくばくかの意義があることを認める[13]。しかし，国際環境法学者を除くと，弱い予防原則バージョンの擁護者が「数十人（dozens）」（サックス）いると言い切れるかどうかは，やや疑問である。というのは，いくつかの環境法ケースブックを見ても，予防原則を教材に取り上げたものはごくわずかであり，また取り上げ方も，せいぜい化学物質規制に関連して（リスク評価とセットで），リザーブ・マイニングカンパニー事件やエチルコーポレーション事件判決に付随して，または，地球環境問題（モントリオール議定書，カルタヘナ議定書など），貿易と環境（成長ホルモン牛肉事件）などを扱うなかで，部分的に触れるにすぎないからである。この扱いは，日本やドイツの環境法教科書が予防原則を環境法全体に適用される法原則として位置づけ，詳しく説明するのとは大きく異なっている。

　第2に，「強いバージョンの防衛を入念に議論する研究者はほとんどいない」（サックス）という指摘は正当である。というよりは，大部分の法学者は，そもそも強い予防原則なるものが存在することを認めていないというべきであろう。

　サンスティーンの主張は，すでに紹介したようにきわめて明快で，

---

[13]　弱い予防原則は「不確実性はなにも行動しないことを正当化するという誤った主張に対する反証」になり，「不確実なリスクに対する行動を怠ることは，将来，対応しない過ち（フォールス・ネガティブ）の社会コストが生じることを意味する」（Jonathan B. Wiener, Precaution in a Multirisk World, in Human and Ecological Risk Assessment: Theory and Practice 1520 (Dennis J. Paustenbach ed., 2002)）。

強い予防原則を「HSE に対するリスクの可能性があるときは，たとえそれを支持する証拠が憶測にすぎず，また規制の経済的コストが高額であっても，常に規制が求められる」と定義し，「強いバージョンが，最終的には誰も支持しようとはしない立場を反映しているとしても，それはそれでかまわない。……その欠点を理解することが予防原則を精緻にする道を拓く」ことになるというのである（本書146-147頁，172頁，242頁）。

　しかし多くの法学者は，サンスティーンらが，このような「最終的には，誰も支持しようとはしない」ような極端な予防原則をとりあげ，予防原則を批判することに反対する。

強いバージョンは誇張されている

　まず，予防原則擁護者は，「予防原則は，しばしば活動または技術をすべて禁止または中止することを規制者に要求すると誇張され，これらの行動（たとえばGMOの禁止）を正当化するために用いられてきた。しかし，いかなる定式もそのような絶対的な言葉で語ってはいない。予防原則は，さまざまな要素（重大性，コスト，リスクトレードオフ）および柔軟なリスク回避の程度などを考慮することで，いろいろな種類の規制的対応を取り込んできた」[14]，「ラジカルな予防は（イメージとは逆に）それを実際に支持する者がほとんどいない。ごく少数のネオラッダイトがいまだ地上をうろつき，より質素な（しかしより危険な）時代のリスクのみを受け入れている。しかし，このような人は，人びとのごく少数の者を代表するにすぎず，国際協議や国内法において予防原則を採用してきた政府をまったく代表していない。ラジカルな予防は，言い換えるなら，わら人形である」（アップルゲート）[15]，「このような行き過ぎた予防原則のバージョンは，こじつけで

---

(14)　Applegate, supra note 2, at 19-20.

(15)　Applegate, supra note 8, at 174.

終章　アメリカ環境法学と予防原則

ある。しかし，批判者は，予防原則の支持が増加するのをくい止める
ために，予防原則のカリカチュアを創ることをしばしば意図してきた
ようにみえる」，「予防原則の批判者は，それ（予防原則）が実際に予
防的規制政策がいかにあるべきかを特定していないときは，過大規制
をもたらすだろうと主張することで，わら人形をやり玉に挙げたので
ある」（パーシヴァル）[16]などと反論している。

　この反批判に対し，スチュアートは，「予防原則擁護者は，私の強
い予防原則バージョンの特徴付けはあまりに厳格で極端であり，予防
原則の理念と実際のいずれも，私の分析が提案したよりは柔軟で融通
が利くと不満を述べるかもしれない。私の論稿は予防原則の"わら人
形"バージョンを攻撃するものであるという主張は，しかし正当でな
い」，「これらの（強いバージョンの）主張と提言を額面通りに受けとめ，
それとして評価しないのは失礼である」と述べ，強い予防原則の指示
（命令）を，きわめて広範囲な活動を含む可能性のあるすべての予防
原則リスクに全面的に適用されるべき規制のルールとして理解し，リ
スク評価を前提とした既成のシステムとの優劣を正面から議論すべき
であるという[17]。

　なるほど，スチュアートは紳士（真摯）である。しかし，はたして
「予防原則の支持者に対してさえ理論的魅力を欠く」（サンスティーン：
本書210頁）と評される予防原則の絶対的バージョンを「額面通りに
受けとめ」て議論することが真に生産的といえるのだろうか，見解の
分かれるところであろう。

　くわえて，アメリカ国内にあって厳格で極端な予防原則を主張する
のは，今のところウイングスプレッド声明（参加者）と少数の環境保

(16)　Robert V. Percival, Who's Afraid of the Precautionary Principle?, 23
　　Pace Envtl. L. Rev. 21, 29, 81(2005-2006).

(17)　Richard B. Stewart, Environmental Regulatory Decision Making Under
　　Uncertainty, 20 Res. L. & Econ. 79, 113 (Timothy Swanson ed., 2002).

271

護活動家に限られるようである（本書11-12頁，140頁，210頁）。しかも前者の声明には法律学者が参加していない。

法学者はウイングスプレッド声明に批判的

そこでサックスは，ウイングスプレッド声明を「過去の法律論文の隅にある原則を，法学界の外部で模したもの」[18]と評し，「ある者は，リスクを作り出す一切の活動は，それが安全であることが証明されるまで停止されるべきであると主張する。これらの高度にアグレッシヴなゼロリスク基準は否定されるべきである。これら部外者（outlier）が，なんらかの政治的実行可能性のある強い予防原則の探求から，われわれの注意をそらすべきではない。強い予防原則の擁護は，各自が，もっとも極端でリスクに不寛容な予防原則の定式と提携することを意味しない」[19]と述べ，彼らの主張とは距離をおく。

---

(18) Sachs, supra note 10, at 1290 n.23.「公式表明された予防原則は，一般に強いカテゴリーには属さない。もっとも強いバージョンは私的団体によって定式化されている。彼らの定式は原則の批判者によって頻繁に引用されるが，彼らは国際的または国内的な法的地位を有していない。地球憲章は地域ベースの環境団体であり，ウイングスプレッド声明は32名の科学者，学者，および環境活動家の会議から出現したものである」（Deborah C. Peterson, Precaution: Principles and Practice in Australian Environmental and Natural Resource Management, 50 Australian J. Agricultural & Resource Economics 469, 473(2006)）。「彼ら（批判者）は，ウイングスプレッド声明を，予防原則は損害を引きおこす可能性のあるいかなる活動も禁止することをめざしている，とほのめかすためのわら人形として利用している。しかしこのような（声明の）極端な解釈を大規模環境団体は受け入れておらず，規制政策決定者も採用していない」（Percival, supra note 16, at 29 n.42）。

(19) Sachs, supra note 10, at 1296 n.47. しかし，そもそもウイングスプレッド声明が本当に極端な内容のものかどうかが検討されるべきであろう。サックスも，サンスティーンの強いバージョンの定義（本書147頁，270頁）とウイングスプレッド声明（本書11頁）を比較し，声明は「証拠が憶測にすぎず，規制の経済コストが高額であっても，常に規制が求められる」とまでは述べておらず，サンスティーンの強いバージョンの方が「はるかに極端でリスク回避的である」（Id. at 1312）という。

終章　アメリカ環境法学と予防原則

(3) 大部分の法学者は中道をめざす

こうして，多くの法学者や政策科学者は，強いバージョンの急進的な個所や批判者の攻撃が集中する個所を削除し，予防原則を実行可能で，現在の法制度に適合するものに作り替えるというプラグマティックでリベラル（良識的）な立場を選択する。もっとも分かりやすいのは，マンデル・ギャティーのつぎのような主張である。彼らは，サンスティーン『恐怖の法則』の書評論文の中で，つぎのように述べる。

　「サンスティーンの脱構築理論には重大なギャップがある。彼はその分析を自身が特別に選び出した予防原則の弱いバージョンと強いバージョンに限定し，穏健な（moderate）バージョンを評価していない。穏健なバージョンは，予防原則を規範の表明として承認し，または強いバージョンを，よりリスクに根拠をおいた，科学とコスト・センシティブが優先する形式に刈り込むことができる。これらの中間のバージョンは，弱い形式の自明の理よりは内容があり，強い形式の一貫性のなさに悩まされることもない。予防原則を行動のための厳格なルールを命じるものと見るかわりに，それを奨励的または勧告的原則を提示するものと見ることも可能である。この観点からみると，原則は意思決定者を拘束しないソフトな規範である。この文脈で，原則は拘束力のある法的義務ではなく，価値の表明である」。「ソフトな規範としての予防原則は，個別の結果を予め決めることなく，不確実な健康および環境リスクに対する注意を喚起するプロセスおよび機会を提供するのに役立つ。かく解すると，意思決定者の裁量権に指針を与えることが原則の目標となる。つまり，その役割は，規制を絶対的に正当化するのではなく，単に付随的にまたは条件付きで正当化するにすぎない」[20]。

予防原則の代表的な擁護論者はアップルゲートである。そこで，彼の主張を年代をおって記してみよう。下記の文章のみから即断するこ

―――――――――

(20)　Gregory N. Mandel & James Thuo Gathii, Cost-Benefit Analysis Versus the Precautionary Principle: Beyond Cass Sunstein's Laws of Fear, 2006 U. Ill. L. Rev. 1037, 1071-72, 1078.

273

とはできないが，アップルゲートの強い予防原則に対するこだわりや
EU コミュニケーションに対する批判は，明らかにトーンダウンして
いるようにみえる（なお，本書 295-296 頁参照）。

　「予防原則は国際環境政策においてより広く受け入れられつつあるが，
強いバージョンは，いうならばトラから飼いネコへと，体系的に飼い
慣らされ，骨抜きにされてきた。……予防原則の構成要件は，より厳
格ではないものにするため，または原則の範囲を狭めるために時をこ
えて変更され，原則の不確実な側面は，もっと弱い原則へと押しやら
れてきた。……予防原則は，もはや環境規制のハザードパラダイムを
反映せず，明らかに異なるリスクパラダイムを表している」，「欧州委
員会（EU コミュニケーション）の妥協に屈したバージョンは，ハザー
ドパラダイムから離れ，リスクパラダイムの方向を断固としてめざす
ものであり，その結果，近年の予防原則のより弱いバージョンをめざ
し，初期のより強いバージョンから離れるものである。……それは一
般的な予防原則の飼い慣らしを強く反映している」，「（しかし）保護の
標準（スタンダード）に対するわれわれの核心的な誓約を守るために，
環境は飼いネコではなくトラを必要としている」[21]。

　「予防原則の文言またはその背後の事情のなかに，予防原則は軽率に
適用され，または人の健康および環境の保護という究極の目標もしく
は他のありうべき対抗的懸念を考慮せずに適用されるべきであると主
張するものはなにもない」，「原則の初期のバージョンや，とくに嫌わ
れる物質（たとえば有害廃棄物）を扱う条約のバージョンは，より強
い用語を使う傾向があったが，それらは時間とともに全般的に〝飼い
慣らされ〟てきた。……合衆国の文献はカリカチュアに固執している
が，予防原則のより最近のバージョンは，あるアメリカのコメンテー
ターが憂慮するような行き過ぎをきちんと回避することを意図した要
件をさらに付加している。欧州委員会は，その適用を制限し，さらに
リスクベース規制およびリスク管理のより大きな枠組みのなかにそれ

---

(21)　Applegate, supra note 2, at 15-16, 62. 本章（注4）で指摘したように，
　　アップルゲートのいう「リスクパラダイムの予防」とは，リスクベースの規
　　制をさしており，予防的アプローチとは異なるものである。

終章　アメリカ環境法学と予防原則

をおくことによって，原則を閉じこめることをめざしている。欧州委員会によれば，原則は特定の不確実性の特定の問題を取り上げるための特定の方法である。予防原則は，危険の認識とその輪郭の完全な理解との間の一時的なギャップを架橋するための一時的措置として役立つ」[22]。

ガーディナーは，極端に保守的（急進的）な予防原則と最低限の予防原則を比較したのちに，つぎのようにいう。

　「以上の検討から3つのことが分かる。第1は，誰も，いかなる種類の予防的措置も取るべきではないとは信じておらず，常に極端な予防を実行すべきであるとも主張していない。このような極端な見解は単なるわら人形であり，それ故に不必要な気まぐれ（迷惑）である。もし予防原則が政策において果たす役割に関心があるなら，われわれは，なんらかの中間的で穏便な形式を探索しなければならない。……すべての賢明な人びとは，極端に保守的な予防原則と最低限の予防原則を拒否し，その中間の見解を受け入れるであろう。これらを理由に予防原則に反対している者は，原則の基本的見解そのものに反対しているのではなく，実際はその適用要件の特定の強い解釈に反対しているのである」[23]。

サックスの「法学界には数十人の弱い予防原則バージョン擁護者が

---

(22)　Applegate, supra note 8, at 174, 175. なお，すでに部分的にふれたように，サンディン，アーテンスー，ノルケンパーなどのヨーロッパの研究者は，以前より，極端な予防原則をバランスのとれた予防原則に再構成する必要を主張していた。Per Sandin et al, Five Charges Against the Precautionary Principle, 5 J. Risk Research 287, 292, 296(2002); Marko Ahteensuu, Defending the Precautionary Principle Against Three Criticisms, 11 TRAMES 366, 378(2005); Andre Nollkaemper, "What you risk reveals what you value" and Other Dilemmas Encountered in the Legal Assaults on Risks, in The Precautionary Principle and International Law: The Challenge of Implementation 77-93 (David Freestone & Ellen Hey eds., 1996).

(23)　Stephen M. Gardiner, A Core Precautionary Principle, 14 J. Pol. Phil. 33, 38(2006).

いるが，強いバージョンの防衛を入念に議論する研究者はほとんどいない」という指摘にもどると，サックスは続けて，「強いバージョンへの関心のなさは，弱いバージョンがより "飼い慣らされ"（tame），または政策決定者に受け入れられやすいということの反映である」[24]と述べている。

3 予防原則の役割

(1) 予防原則の法的性質

アメリカでは，「予防」の概念や仕組みが，さまざまの形で環境法規や裁判例のなかに取り入れられてきたが，それは体系的なものというよりは，その都度の政治的・社会的事情を反映したものであり，さらにさまざまな制約を課されたものであった（本書20-22頁，29-31頁，66-69頁）。したがって，ヨーロッパ諸国，日本，および国際環境法における議論とは対照的に，アメリカでは，「予防」を個々の実定法の上位に位置する法原則や行政機関の個別の判断を拘束するルール（規範）と主張する法学者はほとんど見当たらない。

「予防的アプローチを支持するが，いかなる普遍的な予防原則も認めない」（グラハム：本書115頁），「定冠詞（the）のついた予防原則は存在せず，……ただひとつの予防原則が存在するという主張には疑問がある」（ストーン）[25]，「予防を，法原則ではなく政策決定のための一

---

(24)　Sachs, supra note 10, at 1294-1295. これを敷衍すると，UE運営条約191条が予防原則の定義を回避しながら，「EUの環境政策は予防原則に基づかなければならない」と定めているのも，強いバージョンよりは弱いバージョンがより妥当で，意思決定者に受け入れられやすいと言う条約当事国の判断の反映であるということになる。予防原則の適用指針を示したEUコミュニケーションが，内外から弱い予防原則と評価されていること（本書165頁）は，この見方を補強する。

(25)　Christopher D. Stone, Is There a Precautionary Principle?, 31 Envtl. L. Rep. 10790, 10799 (2001). 本書182頁参照。

般的な姿勢（posture）と特徴付けるように試みるのが有益である」
（ウィーナー）[26]などの批判が代表的なものである。

　予防原則擁護者も，こうした予防原則をとりまく厳しい状況を受け
とめざるをえない。アップルゲートの主張はすでに何度か引用したの
で，ここでは，以下の結論的な箇所のみを取り上げる。

　　「自然生態系の管理から汚染抑制基準やリスク評価手法にいたるまで，
　アメリカ環境法は，多数のいろいろな仕組みのなかに予防的要素
　（element）と目標を含めている。しかし，予防的アプローチは非常に
　薄められ，または妥協した形で示されている。まれな例外はあるが，
　合衆国法は予防と他の考慮（とくに重要なのが費用である）とのバラ
　ンスをとっている。それゆえ予防的要素は合衆国環境法のなかにしっ
　かりと根付いているが，それは予防原則というよりは，予防的優先事
　項（preference）を反映しているというのがより正確である」。「予防
　原則それ自身がアメリカ環境法のなかで機能しているというのはおそ
　らく正確ではない。それは，法が発展させた用語では示されておらず，
　せいぜい環境法が追い求めてきた多くの目標のひとつにすぎない。合
　衆国法において，予防は原則ではなく優先事項である」。「全体として，
　アメリカ環境法は，予防原則自体をはっきりと採用または拒否するよ
　りは，不確実性，時期，対応，および規制戦略に関する討議に予防原
　則の要素を反映させてきたというのがもっとも正確であろう」[27]。

---

(26)　Jonathan B. Wiener, Precaution and Climate Change, in Oxford
　Handbook of International Climate Change Law 168（Cinnamon Pinon
　Carlarne et al. eds., 2014）.

(27)　John S. Applegate, The Precautionary Preference: An American
　Perspective on the Precautionary Principle, 6 Human & Ecological Risk
　Assessment 413, 413, 438-439 (2000). パーシヴァルも「要素」という語を使
　用し，「予防原則はそれ自体は意思決定ルールではないが，依然として，現
　代環境法の重要な要素と考えられるべきである」（Percival, supra note 16, at
　23）という。

(2) 予防原則が担う役割

　では，予防原則が意思決定者に特定の施策内容を指示したり，実施を義務づけたりするものではないとすると，予防原則には，どのような法的意義や役割が残されているのか。これについては，予防原則擁護者の間でも意見が分かれる。

　第1は，予防原則から派生する手続的義務を強調するもので，その代表的論者が，マンデル・ギヤティーである。かれらは，「予防原則は，少なくとも2つの点で政府またはその他の関係者に指針を提供することにより，不確実なリスクのもとで，もっとも良く機能することができる」という。

　「第1に，原則は，リスクのもとでおよびリスクの確率に関する科学的情報がない場合に，決定に先立ちできるだけ多くの情報が意思決定者および公衆に提供されるべきことを勧告する。かく解すると，原則は，すぐにはカタストロフィーでないが，将来はカタストロフィーになりうるリスクに対してわれわれが敏感になるための感覚（インスピレーション）をあたえてくれる。……この点で，原則はある特定の結果を要求しないところの幅広い透明性またはプロセス安全装置である。
　第2の穏健でソフトな規範としての予防原則が提供できる指針は，特定の技術および製品の人の健康・環境への影響に関する議論を形作るための"政策および政治的対話（ディスコース）"において採用が可能な方法である。環境・健康影響をその他の優先順位項目と並んで考慮することが可能な言葉を提供することにより，予防原則は，新規のおよび改良された技術の費用と便益に関する問題と密接に関連させながら，環境および人の健康への影響が討議される推論的領域の一部を構成するのを助ける。ある意味，予防原則は，しばしば費用と便益の経済的ロジックにより第一義的に形作られた議論の内部に，市民の民主的選択を注入する」。
　「ソフトな規範としての予防原則は，なんらかの特定の成果を事前に決定することをせず，不確実な健康・環境リスクに注意を呼びかけるプロセスと機会を提供するのに役立つ。原則の目的は，意思決定者の

終章　アメリカ環境法学と予防原則

裁量権限をガイドすることである。その役割は，規制を，絶対的にではなく，一時的にまたは条件付きでのみ正当化することである。なぜなら，それは費用，便益，価値および分配効果の問題に注目するだけでなく，可能なかぎりすべてのリスクのすべての側面を十分に審査するという意識によって進められるからである」[28]。

　彼らの主張の意図は理解できるが，内容はいかにも抽象的である。これに比べると，つぎのディナの主張は，やや具体的な提言を含んでいる。ディナは，「もし環境政策の選択が，確信のないものよりは確信のあるものを，また将来のものよりは直近のものを優先するというバイアスによって影響されるとするなら，それについて何がなされうるのか，より正確にいうと，予防原則は（もしあるとして）どのような役割を果たすのか」と問題を提起し，つぎのようにいう。

　　「まず前置きとして，予防原則は，セイレンの誘惑に負けるのを防ぐために自らをマストに縛り付けたユリシーズの物語のように，意思決定者をバイアスのある決定をしないように拘束し，バイアスを克服することはできない。予防原則は，なんらかの厳格で実体的な結果を決定するという意味で自己拘束するのには適していない。原則は広く融通が利くので，このようには機能しない。……しかし予防原則は，2つの点でバイアス効果を減らすのを助ける。第1に，実体的決定を命令するのではなく，意思決定のための特定の"拘束性のある手続"を要求することにより，予防原則はより多くの情報を生産し，生産された情報をよりバイアスの少ない方法により評価することができる。第2に，拘束性のある手続がない場合でも，公衆の討議に予防原則を含めることは，生産された情報の量および情報分析の質を向上させるた

---

(28)　Mandel & Gathii, supra note 20, at 1072-73, 1078-79.「予防原則の基本的特徴は，それが特定の結果を約束することに関心をもつのではなく，決定がなされるプロセスに関心をもつことである」(Elizabeth Fisher, Risk and Environmental Law: A Beginner's Guide, in Environmental Law for Sustainability 118(Benjamin Richardson & Stepan Wood eds., 2006))。

めの推論的手段を，規制の提唱者に提供することができる」[29]。

　さらにカイザーの主張を引用しよう。彼の立場は，予防原則を広く「持続的発展法パラダイム」の一部を構成し，「生態的合理性」を表現するものと位置づける斬新なものであるが，ここでは以下の部分のみを引用する。

　　「予防原則は，しばしば粗野な絶対主義者の教義と誇張される。しかし予防原則擁護者は，予防原則をより洗練された規制プロセスの一側面にすぎず，予防原則は対応措置の比例性および時間をこえた適応性に関する視点をもって適用されるものと実際はみなしている。あたかもヒポクラテスの誓い“なによりも患者を傷つけるな”という予防的指令に無分別に一般的に従う内科医がいないのと同じように，既知の便益，新しい情報，および環境の変化に注意を払うことなく予防原則を遵守しようとする規制者はいない」。「予防的アプローチは，多くの環境問題における意思決定は，実体的合理性だけではなく，手続的および推論的（discursive）合理性を要求するという事実に対するきわめて大きな感応性を反映している。このことは，とくに持続的発展法のパラダイムによって提起され，そして費用便益最適化が分析的および民主的に不十分であることを明らかにしたある種の多次元的，長期的な問題に当てはまる。課題は，柔軟性と活力という環境管理の要求と，有意義な公衆のインプットという民主制の要求を調和させることである。予防原則それ自体はこの挑戦を解決しない。しかし重要なことは，そして費用便益分析と対照的なのは，予防原則がその存在と重要性を正しく認めることである」[30]。

　第2は，予防原則に，単なる手続的効果だけではなく，実体的な効果（内容）を持たせるべきであるという主張である。たとえばガーディナーは，予防原則を「シンプルな政治的予防原則」や「ピュアな

---

(29)　David A. Dana, A Behavioral Economic Defense of the Precautionary Principle, 97 Nw. U. L. Rev. 1315, 1327-1328(2003).

(30)　Douglas A Kysar, It Might Have Been: Risk, Precaution, and Opportunity Costs, 22 J. Land Use & Envtl. L. 1, 9, 10(2006).

280

終章　アメリカ環境法学と予防原則

手続的予防原則」に収れんさせるジョーダン・オリオーダンの意見を
「必要以上に収縮している」と批判し，さらに弱い予防原則・強い予
防原則に対するソールの批判を念頭に，ロールズの主張するマキシミ
ン原則（さまざまな行動方針のありうべ結果を評価し，個々の行動方針の
最悪の結果に焦点をあて，最悪の結果が最小限となる行動を選択すること
により，なにをすべきかを決定する）を，コアな事例から取り出した合
理的で直感的な要件に基づき適用することによって，折衷的な予防原
則を構築することができるという。それを，彼は「ロールズ主義的コ
ア予防原則」と称している[31]。

　サンスティーンはガーディナーを批判し，マキシミン原則に基づき
予防的措置がとられるべき場合の要件（とガーディナーが主張するも
の）を，①カタストロフィーになりうる結果に直面していること，②
発生確率を割り当てることができないこと，③マキシミン原則に従う
ことから生じる損失が他と比較して重大でないことの3つとしたうえ
で，③の要件が不要であると縷々主張している[32]。

　第3は，同じく予防原則に，さほど拘束力の強くない実体的義務を
組み入れようとする主張がある。その義務内容としてあげられるのが，
活動や新技術を提案する者（企業側）の説得義務と情報生成義務であ
る。説得義務とは，「いずれの当事者が推定事実を証明し，または論
駁する責任をおうのかを定めたもので，行動することを正当化するた

---

(31)　Gardiner, supra note 23, at 33-48, esp. 45.

(32)　Cass R. Sunstein, Laws of Fear: Beyond the Precautionary Principle
112-113(2007)；キャス・サンスティーン（角松生史・内野美穂監訳）『恐怖
の法則　予防原則を超えて』151-153頁（勁草書房，2015年）。またスチール
も，ガーディナーの主張するマキシミン原則の適用要件を4つに整理したう
えで，いくつかの要件は，予防原則が実際に適用されるべき場合（それが重
要性をもつ場合）において，ほとんど達成することが不可能なくらいに厳し
いと批判している（Daniel Steel, Philosophy and the Precautionary Principle:
Science, Evidence, and Environmental Policy 53-56(2015)）。

281

めに要求されるれ証拠（データや情報）の強さを意味する用語である
証明責任とは区別される」[33]。また，情報生成義務とは，規制者や公
衆が必要とする情報を収集・整理・提供する義務およびその費用を負
担する義務である[34]。

　第4は，司法審査訴訟の原告適格をカタストロフィー予防原則に基
づき根拠付けようとするナッシュの主張である。内容は，「人為的温
室効果ガスの排出はカタストロフィーで回復不可能な損害の可能性を
示しているが，損害が発生するかどうかは現在の科学的理解のもとで
は不確実である。そこで，損害が実際に伝統的な意味で"具体的"で
"切迫している"かどうかを明確に認定できなくても，裁判所は原告
が当事者適格を有すると結論付けることが許される」[35]というもので
ある。著者のねらいは，提言が Massachusett v. EPA（本書62頁）の
法理を拡大したものであり，あくまでも従来の原告適格法理の枠内に
とどまることを強調しようとするところにあるようである。

---

(33)　Nicholas A. Ashford, A Conceptual Framework for the Use of the
　　　Precautionary Principle in Law, in Protecting Public Health and the
　　　Environment: Implementing the Precautionary Principle 203-204(Carolyn
　　　Raffensperger & Joel A. Tickner eds., 1999).

(34)　「予防原則はそもそも意思決定ルールではなく，特定の方法論でもない
　　　（が），それは，説得責任を課し，および証拠の収集と分析の達成のために資
　　　源を提供する責任を配分することにより，議論の継続に要求される証明の水
　　　準に関わる重要な実践的意味を有している」(Andrew Stirling, Risk,
　　　Precaution and Science: Towards a More Constructive Policy Debate, 8
　　　EMBO Reports 309, 312(2007))。なお，本章（注43），（注55），（注62）が
　　　付された本文参照。

(35)　Nash, supra note 7, at 511-512. なお，予防原則に関するナッシュの理解
　　　は，後掲（注51）に記したように，大部分をサンスティーン・ウィーナーな
　　　どの批判および伝統的な経済理論に依拠したもので，あまり魅力を感じない。

4 予防原則の適用範囲——リスクから不確実への拡大

(1)「リスク」から「不確実」へ

最初に，サンスティーンのつぎのような記述を引用しよう。

> 「いくつかの状況では，リスクに関連する問題が発生確率を確定できるハザードや最悪のシナリオを含んでおり，これまでの議論は確定可能な確率を前提としてきた。……しかし経済学者フランク・ナイトが主張したように，われわれは，分析を試みても確率の範囲さえ特定できないという状況を想定できる。規制者は—そして一般の人も—自分が「リスク」の状況（結果を特定でき，さまざまな結果の発生確率を割り当てることができる状況）ではなく，「不確実性」の状況（結果を特定できるが確率を割り当てることができない状況）で行動している可能性がある。もっと悪いことに，規制者と一般市民は，しばしば「不明」の状態で行動している。悪い結果の確率または性質の両方を特定できず，彼らが直面する損害の大きさすら分からないのである。規制者が既存の知識を用いて結果を特定することはできるが，個々の結果の発生確率を特定できない場合（不確実性の状況・畠山）には，"最悪の結果がもっともましな政策を選択せよ"というマキシミン原則に従うのが合理的かもしれない」。「回復不可能でカタストロフィーな損害の予防原則は，最悪のケースの発生確率を十分な確信をもって特定できない場合や，リスクではなく不確実性を扱っている場合にも利用できるであろう」[36]。

（強い）予防原則を「回復不可能でカタストロフィーな損害の予防原則」に作り替えるべきであるという彼の主張は後に取り上げることにして，ここでは，サンスティーンが，リスク，不確実性，および不明の3つを区別し，議論を展開していることに注目しておきたい。

同じような区分は，「予防原則は，不確実および不明の条件のもと

---

(36) Cass R. Sunstein, Worst-Case Scenarios 146-147, 197 (2007)；キャス・サンスティーン（田沢恭子訳）『最悪のシナリオ——巨大リスクにどこまで備えるのか』154-155頁，206頁（みすず書房，2012年）。

で，生命と環境の保護に向け，いかに最善を尽くすのかの検討を促進するという任務にとりわけ適合したプラグマチックな意思決定ヒューリスティクスとして支持できる。予防原則は"例外なく予防的である"ことを規制者に主張するのではなく，特定の損害のカテゴリーに目を向け，それを人の知見や経験が発展する早期の段階において分離するのである」[37]というカイザーの主張や，ロールズ主義的コア予防原則は，不確実の状況にのみ適用すべきであり，リスクや不明の状況に適用すべきではないというガーディナーの主張にも見られる[38]。

(2) 「科学的不確実性」とは何か

リオ宣言原則15，気候変動枠組条約3条(3)，生物多様性条約前文などが明記するように，予防原則は「十分な科学的確実性がない」ことが適用要件のひとつである。議論の余地はあるが，これをフランス環境憲章のように「科学的不確実性」と言い換えることができるだろう。しばしば，「リスクの本質は不確実性にある」[39]，「予防原則は，……科学的不確実性を前提とする環境問題を対象とするものである」[40]といわれるのは，そのためである。

すでに述べたように，ナイトは「リスク」と「不確実」を厳格に区別した（前書9頁）。しかし，「不確実」をどのように定義し，どのように分類するのかについては，今もさまざまな議論がかわされている[41]。ここでは，もっとも分かりやすいものとして，スターリング

---

(37)　Kysar, supra note 30, at 14.

(38)　Gardiner, supra note 23, at 50.

(39)　日本リスク研究学会編『増補改訂版 リスク学事典』13頁（阪急コミュニケーションズ，2006年）。

(40)　植田和弘・大塚直監修／損保ジャパン環境財団編『環境リスク管理と予防原則——法学的・経済学的検討』はしがきⅱ頁（有斐閣，2010年）。

(41)　平川秀幸「リスクの政治学」小林博司編『公共のための科学技術』109-138頁（玉川大学出版部，2002年），中村和久・吉川肇子・藤井聡「不確実

終章　アメリカ環境法学と予防原則

（サセックス大学・英国）の 4 分類を利用しよう[42]。

「リスク」「不確実性」「多義性」「不明」

スターリングは，「不定性」（incertitude）という包括的概念を定め，良くないことが生起する確率を縦軸，結果の大きさを横軸にとって，「リスク」，「不確実性」，「多義性」，「不明（不知）」の 4 つを区別すべきことを提案する。まず(1)「リスク」とは，生起確率と結果の両方が特定できるものをいう。これは，大多数の者が主張する「リスク」の定義に適合する（前書 19 頁）。つぎに，(2)「不確実」とは，生起確率は特定できないが，結果が特定できるものをいい，(3)「多義的」（ambiguity）とは，逆に生起確率は特定できるが，結果が特定できないものをいう。最後に(4)「不明（不知）」（ignorance）とは，生起確率と結果の両方が特定できないものをいう。

(3) 予防原則の適用範囲を画定する

では，予防原則は，上記の 4 つの（広義の）科学的不確実性のうち，どれに適用できるのか（または適用されるべきか）。

第 1 に，もっとも分かりやすいのは，「リスク」についてはリスク評価や費用便益分析を適用し，それ以外のものに予防原則を適用すべきであるというものである。スターリングは，"正しい科学"を標榜するリスク評価は「リスク」に対してのみ有益な手段であって，それ

性の分類とリスク評価」社会技術研究論文集 20 巻 12-20 頁（2004 年），佐藤真行「予防原則，オプション価格，費用便益分析」植田＝大塚監修／損保ジャパン環境財団編・前掲（注 40）228-229 頁など。

(42)　スターリングは同趣旨の議論を随所で展開しているが，ここでは比較的新しいものとして，Stirling, supra note 34 に依拠した。スターリングの 4 分類については，本堂毅ほか編『科学の不定性と社会――現代の科学リテラシー』110-117 頁（信山社，2017 年）（中島貴子執筆）に適切な解説がある。スターリングの分類は，とくにリスク管理における行政的関与，住民参加，情報公開などのあり方を考えるうえで，たいへんに示唆的である。

285

以外の「不確実」,「多義的」,「不明」については予防原則が適用されるべきであると明確に述べており[43],ナッシュも,「予防原則の中心部分は,リスクが効果的に評価できず,または確実に画定できない状態,すなわち単にリスクではなく,不確実の存在が設定された状況を包含する」という[44]。

第2に,(狭義の)「不確実性」を予防原則の適用範囲に含めることについては,ほぼ意見が一致する。カイザーやガーディナーの主張は本書283-284頁で紹介した。

第3に,「多義性」や「不明」を含む事象については,見解が分かれる。スターリングは「多義性」と「不明」の両方を予防原則の適用範囲に含める[45]。カイザーは,「不明」に対する予防原則の適用を明確に肯定するが,「多義性」の扱いは明確でない。「回復不可能でカ

---

(43) Stirling, supra note 34, at 312, 314.

(44) Nash, supra note 7, at 503.

(45) 「社会的評価プロセスへの予防的アプローチの適用は,多義性と不明の問題に対する際だって合理的で役に立つ応答を示している」(Andy Stirling, Risk, Uncertainty and Precaution, in Negotiating Environmental Change 45-49(Frans Berkhout et al. eds., 2003). ただし,スターリングの主張は,やや分かりにくいところがある。Thomas Boyer-Kassem, Is the Precautionary Principle Really Incoherent?, 37 Risk Analysis, 2026, 2029(2017)は,「スターリング・ギーの見解は,予防原則が適用されるもっとも重要な事例は,結果が特定できない場合であるというものである」という。しかし,「結果が特定できない場合」は「多義性」または「不明」に区分され,「不確実性」は除かれることになる。Terje Aven, On Different Types of Uncertainties in the Context of the Precautionary Principle, 31 Risk Analysis, 1515(2011)も,予防原則の適用を可能にするのは,正確な予測モデルが存在しない場合であり,石油流出の魚類に対する影響のごとく,ある行動のありうる影響に関する科学者の見解が一致しない場合には,正確な結果が予測できないので(広義の)"科学的"不確実性に該当し,予防原則が適用されるべき場合に当たるという。不明と予防原則の関係は,Poul Harremoës, Ethical Aspects of Scientific Incertitude in Environmental Analysis and Decision Making, 11 J. Cleaner Production 705(2003)でも検討されている。

終章　アメリカ環境法学と予防原則

タストロフィーな損害の予防原則は，最悪のケースの発生確率を十分
な確信をもって特定できない場合や，リスクではなく不確実性を扱っ
ている場合にも利用できるであろう」というサンスティーンの主張は
（不確実性も発生確率を十分な確信をもって特定できない場合に該当するの
で）ロジカルではないが，「不明」を予防原則の適用範囲に含め，「多
義性」を除外するように読める。ガーディナーは，「不明」を明確に
予防原則の適用範囲から除外するが，「多義性」の扱いは明確ではな
い。

(4) カタストロフィー予防原則

本書264頁ではアーシュフォードの言を引用し，リスク管理の対象
が，従来型リスク（化学物質に起因する発がんリスク）から，規模が非
常に大きく，メカニズムがきわめて複雑なリスクに移行していること
を指摘した。これらの新しいリスクについては，確率を割り当てるこ
とができず，したがってアメリカで確立した従来型リスク規制手法
（リスク評価と費用便益分析）を適用することができない。さらに，こ
れらの新しいリスクを予防原則の適用対象に含めたとしても，おそら
く従来の予防原則の定式をそのままに適用することはできないだろう。
対象の構造的変化に対応した「新しい予防原則」の定立が望まれるの
である。

しかし，アメリカではそもそも予防原則擁護者が少数であることも
あって，上記の課題を包摂した「新しい予防原則」を発展させようと
する動きはまったくない。「不確実性の事例においては，合衆国のア
プローチ（リスク評価）もヨーロッパのアプローチ（予防原則）もうま
くいかない」（ファーバー）[46]が，打開策は見いだせないのである。

そんななかで，一部の論者は，予防原則一般を議論するのではなく，

──────────
(46)　Daniel A. Farber, Uncertainty, 99 Geo. L. J. 901, 904(2011).

対象をカタストロフィー（壊滅的な）な事象に限定し，従来とは異なる予防原則の定立を試みている。カタストロフィー予防原則の輪郭を最初に示したのはマンソンと思われるが[47]，それを詳細に検討したのは，いうまでもなくサンスティーンである。

サンスティーンの「カタストロフィーな損害の予防原則」

サンスティーンが，予防原則を攻撃する一方で，その再構築を試みていたことは，すでに触れた（本書246頁）。彼は『恐怖の法則』で示した案をその後発展させ，さらに内容の詳細なカタストロフィーな損害の予防原則の定立を試みている。その内容は，「規制者はカタストロフィーがほとんど起こりえない場合でも期待値を考慮すべきである」というもっとも控えめなバージョンから出発し，長大な適用留保条件が付せられた最終バージョンにいたるものである。しかし，その論証プロセスは，サンスティーン自身がいうように「長々とした，悲しむべきほど複雑」なものであり，最終バージョンも「あまりに漠然としているので，他のほとんどの予防原則と同様，意思決定ルールとはいえないもの」[48]である。

サンスティーンが気候変動問題を念頭に，「規制者が，さまざまな

---

(47) Neil A. Manson, Formulating the Precautionary Principle, 24 Envtl. Ethics 263, 273 (2002). マンソンは，カタストロフィー予防原則を「(1)環境影響が壊滅的であり，(2)ある活動が環境影響を引きおこす可能性があり，そして(3)是正措置がそれ以外の壊滅的な環境影響を引きおこす可能性がない場合は，(4)是正措置が課せられるべきである」と（とりあえず）定義しつつ，(3)を証明することは実際上不可能であり，この定義は行動手段としてのカタストロフィー予防原則を効果のないものにするので，さらに検討の余地があるという。なお，マンソンはカタストロフィー予防原則に関する簡単な議論を，すでに1999年にしているようであるが（The Precautionary Principle, The Catastrophe Argument, and Pascal's Wager, 4 Ends and Means xx (1999)）未見である。

(48) Sunstein, supra note 36, at 168-173, 279-281; サンスティーン（田沢訳）・前掲（注36）176-182頁，290-292頁参照。

結果に確信をもって発生確率を割り当てられなくても，問題に答えることはおそらく可能である」と主張することに異論はないだろう。しかし，費用便益分析やマキシミン原則を複雑に組み合わせた彼のカタストロフィーな損害の予防原則が，議論の「正しい出発点を提供する」[49]かどうかには，依然として疑問が残る。

　同様の主張はハーツェル＝ニコルズやナッシュ（後掲（注 51））にも見られる。前者は，「(1)何百万人もの人が重大な損害を被る可能性があり，(2)〜(7)の要件（省略）に該当する場合は，カタストロフィーの脅威に対して適切な予防的措置がとられるべきである」というものである。ここでは詳細を省略するが，スチールは，(1)は通常の予防原則に比べて適用範囲がはるかに狭く（有害化学物質や GMO が除かれる），その他の要件も高水準の証明を要求するものであって，ほとんどすべての予防措置を排除する効果があると批判している[50]。

　法と経済学の重鎮ポズナー（第 7 巡回区連邦控訴裁判所裁判官。2017年 9 月に退職）も『カタストロフィー：リスクと対応』（2004 年）と題する著書を刊行している。その内容は「予防原則を，特別な関心をはらう必要のあるリスクに対する回避性向を組み入れたひとつの形式の費用便益分析に変換しなければならない」というものであり，言い換えると，費用便益分析を人類の存続を脅かすおそれのあるリスク（カタストロフィー）に対して積極的に適用し，「思い切った推測」をすることによって，予防原則の役割を代替する（したがって予防原則を拒否する）というものである。ポズナーは，とくに，粒子加速器，バイオテロ，小惑星の衝突，ストレンジレット災害，気候変動の 5 領域を取

---

(49)　Id. at 168; 同前 176-177 頁。

(50)　Lauren Hartzell-Nichols, Precaution and Solar Radiation Management, 15 Ethics, Pol'y & Envt. 158, 160-161 (2012); Steel, supra note 32, at 49-52. スチールは，とくに「予防的措置は，それがどのようなものであれ，カタストロフィーの脅威を引きおこすいかなる可能性もないこと」という条件を批判する。

り上げ，規制によって得られる便益と失われる利益（費用）を比較し，それに基づき対応策を評価する[51]。

　最後に，ファーバーの最近の主張にもふれておこう。ファーバーによると，従来型リスク評価は，定量化されないリスクを無視し，意思決定にバイアスをあたえ，ありうる結果について公衆を誤らせるという弱点を有する。そこで，カタストロフィーなリスクに着目し，効用最大化（理論）をこえる手法の可能性を追究するサンスティーンの考察は，正しい方向を示してはいる。しかし，サンスティーンはカタストロフィーな損害の予防原則の具体的手法や適用領域について明確な指針を示していない。そこでファーバーが提唱するのが「α予防原則」である。これは，αマキシマムモデルといわれる「あいまいさ理論」（最善のシナリオを達成する機会を確保しつつ最悪のシナリオを回避するというもの）に基礎をおき，（近時の予防原則概念のように）単に有害な結果の不確実性に注目するのではなく，最悪のケースと最善のケースの両方のシナリオを考慮し，行動のコースを評価するというものである。従来の予防原則との違いは，カタストロフィーの違いに応

---

(51)　Richard A. Posner, Catastrophe: Risk and Response ch.3, esp. 140, 196-198(2004). ここでは，Sunstein, supra note 36, at 214-218; サンスティーン（田沢訳）・前掲（注36）224-228頁を参照した。ナッシュも，サンスティーンのカタストロフィーな損害の予防原則や，アロー・フィッシャーの提唱したオプション価値概念を使用することによって費用便益分析を不確実性下の意思決定に適用できるという経済学理論に依拠し，同じような主張をしている。つまり，予防は将来の回復不可能な損害を回避する機会を確保するという観点から正当化できるとしたうえで，とくにカタストロフィーな損害が想定される場合には，その確率が低くても，損害の費用がカタストロフィーをもたらす活動に関連する便益を上回るので，予防的規制が正当化されるというのである（Nash, supra note 7, at 503-504）。なお，オプション価値概念については，Sunstein, supra note 36, at 177-182; サンスティーン（田沢訳）・前掲（注36）187-191頁，佐藤・前掲（注41）234-237頁に詳しい説明がある。

終章　アメリカ環境法学と予防原則

じて予防の程度を調整できるところにある[52]。

5　正しい科学と予防原則

(1)「正しい科学」とは何か

　正しい科学（サウンド・サイエンス）とは，科学者，産業界，行政実務などによって広く支持されてきた従来型の（conventional）科学的規制手法の俗称で，具体的にはリスク評価と費用便益分析をさす。正しい科学は予防原則を環境規制に導入しようとする主張に対抗する理論的支柱であり，同時に環境規制を中止ないし遅延される企ての政治的別称でもあった（本書112頁）。したがって，これら正しい科学の信奉者にとって，予防原則は環境規制における科学（的判断）や科学的手法の役割を否定するものであり，とうてい受け入れられるものではなかった。

　　「予防原則に対する批判の大部分は，リスクの管理において確立した"正しい科学"の手法との非好意的な比較に基づいている。そこには，さまざまな形の科学実験とモデリング，確率・統計理論，費用便益分析，決定分析，ベイズ・モンテカルロ手法などを含む一連の定量的および／または専門的リスク評価テクニックが含まれる。これらの通常の手法は，意思決定に情報を伝達する包括的で厳密な基礎と（しばし

---

(52)　Farber, supra note 46, at 905, 909, 920, 930, 958. アルファ（α）は，最善なケースへの期待と最悪なケースへの恐怖のバランスによって測定される（Id. at 930）。ファーバーによると，「本稿が提示する新たな手法は，リスク評価の通常バージョンと予防原則の中間を占め，それが不適切な場合には詳細な確率の割り当てを要求しないが，意思決定者による不確実性の処理を援助するためのさまざまな数学的手法を用いる。それは，最近の経済・財政理論で用いられている通常のリスク分析に類似する」（Id. at 905）。なお，ファーバーは，Daniel A. Farber, Reviews: Rethinking the Role of Cost-benefit Analysis, 76 U. Chi. L. Rev. 1355, 1393-94（2009）でサンスティーンの主張するカタストロフィー的損害の予防原則にふれ，肯定的な評価を下している。

291

ば暗黙のうちに）みなされ，とりわけ適用可能で，適切で，完全な意
思決定ルールを備えたものとされた。それ故，予防原則の相対的長
所・短所を検討する際は，リスク評価に対する従来のアプローチに同
等の注意を払う必要があった」[53]。

アップルゲートは，「規制は"正しい科学"すなわち従来型の科学
的手法を用いた原因と結果の証明に依拠して正当化される。他の科学
的または非定量的方法論は，敵意とまではいえないが，疑念をもって
見られる」[54]というが，これは控え目な表現である。以下，まとめも
かねて，リスク評価および費用便益分析と予防原則の関係を簡単に整
理してみよう。

(2) 予防原則とリスク評価の関係
第1は，不確実性をはらむ事象については，リスク評価を適用すれ
ば事足りるので，予防原則を適用する余地はないという主張である。
ふたたびスターリングの記述をかりると，「正しい科学の手法である
リスク評価が，政策において使用するための包括的で合理的な"意思
決定ルール"をすでに提供しており，科学ベースアプローチが，不確
実性のもとでの意思決定のための強固で実際に機能する基盤をあたえ
ている，……もし予防原則がリスク評価に適用されるなら，それは有
用で定着したリスク評価技術を拒絶するおそれがある」[55]からである。

---

(53)　Stirling, supra note 34, at 309.

(54)　Applegate, supra note 2, at 49.

(55)　Stirling, supra note 34, at 309. ゴールドスタイン・カルース（ピッツバー
　　　グ大学公衆衛生大学院 & ロースクール）も，予防原則は公衆の健康と環境の
　　　保護に不可欠な科学的知見の取得と利用を本来的に制限し，科学の役割，と
　　　くにリスク評価の使用にとって脅威となり，新規の汚染削減技術の開発を妨
　　　げると説く（Bernard D. Goldstein & Russellyn S. Carruth, Implications of
　　　the Precautionary Principle: Is It a Threat to Science?, 17 Int'l J.
　　　Occupational Medicine & Envtl. Health 153, 153-156, 158(2004)）。

終章　アメリカ環境法学と予防原則

予防原則はリスク管理の一部である

したがって，もしも予防原則に存在意義があるとすれば，それは予防原則がリスク分析のなかに居場所をあたえられ，その範囲内であたえられた役割を果たしうる場合のみである。その見解の代表例がEUコミュニケーションである。

> 「予防原則の適用は，科学的不確実性がリスクの完全な評価を妨げる場合で，かつ環境保護または人・動物および植物の健康について選択される水準が危険となるおそれがあると考える場合の，リスク管理の一部である。委員会は，予防原則を適用する措置は，リスク分析とりわけリスク管理の一般的枠組みに属すると考える」[56]。

フォスターらはこれを歓迎し，「これら（5つの指針）は明確にリスク管理に向けられたものであり，コミュニケーションは，行動するかしないかの決定は本質的に政治的なものであることを強調している。予防原則を不確実性のもとでのリスク管理に関する暫定的決定をするためのプロセスの一部と解することは，予防原則のより極端な解釈に対するもっと強い批判または擁護からの非難を減らすことになろう」[57]という。グラハムも，「コミュニケーションは建設的な前進で

---

(56) Commission of the European Communities, Communication from the Commission on the Precautionary Principle, COM(2000)1 final (Feb. 2, 2000), at 10, available at http://europa/eu/int/comm/dfs/heaalth_consumer/library/pub/pub07_en.pdf (last visited Mar. 20, 2018)（本書第4章（注13）参照）。なお，リスク評価と予防原則の関係を論じ，EUコミュニケーションを解説した邦語文献として，本書131頁（注13）掲記の文献にくわえ，岸本充生「予防原則」中西準子ほか編集『環境リスクマネジメントハンドブック』411-412頁（朝倉書店，2003年），村木正義「予防原則の概念と実践的意義に関する研究(1)起源，適用，要素を踏まえて」経済論叢 178巻1号36頁（2006年）をあげておく。

(57) Kenneth R. Foster et al., Science and the Precautionary Principle, 288 Science, 979, 981(2000).

293

あり，この主題についてこれまで公刊されたなかで，もっとも進歩した実践的な声明である。なぜなら，それは予防原則をリスク分析のより大きなプロセスの文脈のなかで用いられるべきリスク管理手段と定めたからである。……欧州委員会は，予防に関する見識ある見解は，客観的科学的評価，リスク評価，費用便益分析，リスク管理，リスクコミュニケーション，またはその他リスク分析の確立した側面の拒絶を叫ぶものではないことを明確にした」[58]とご満悦である。

　グラハムは，別稿ではコミュニケーションの見解を5点に要約し，「第3に，予防的措置の採用には，リスク評価と代替措置の費用便益分析を含む客観的な科学的評価が先行すべきである」[59]という。しかし，リスク評価や費用便益分析を主軸に，予防原則はリスク管理の補完物である（にすぎない）という位置づけで本当に良いのか。

---

(58)　John D. Graham, A Future for the Precautionary Principle?, 4 J. Risk Research 109, 110(2001). マーチャントも，「欧州委員会は，予防原則は伝統的なリスク評価・リスク管理の枠組みの中で適用されなければならず，さらに原則の適用にあたり行動または不行動（不作為）の便益と費用の考慮が要求されるということを明確に支持した」とこれを歓迎しつつ，他方で「欧州委員会指針は，考慮されるべき"要素"を幅広い一般的な用語で説明しており，予防原則の正確な意味や要件に関して広範な多義性を残している」との不満を述べる（Gary E. Marchant, The Precautionary Principle: An 'Unprincipled' Approach to Biotechnology Regulation, 4 J. Risk Research 143, 147 (2001)）。

(59)　John D. Graham, The Perils of the Precautionary Principle, Lessons from the American and European Experience (Oct. 20, 2003), in Heritage Lectures, Jan. 15, 2004, at 1, 4. EU コミュニケーションの表現は「5.1.1. 潜在的な悪影響の特定——予防原則が援用される前に，リスクに関連する科学的データが，最初に評価されなければならない。しかし，この評価すなわちある現象の潜在的な悪影響の特定には，ひとつの要素が論理的かつ時間的に先行する。これらの影響をより一貫して理解するために，科学的検証をおこなうことが必要である」というものである。

終章　アメリカ環境法学と予防原則

予防原則にはリスク評価とは別の役割がある

　当然のことながら，急進的な予防原則擁護者は，これに強く反発する。たとえば，サンティロほかは，本書 236 頁の引用個所に続けて，つぎのように述べている。

　　「予防原則は，リスク評価メカニズムの下位に置かれることができず，また，置かれるべきではない。英国のリスク評価・管理指針のなかで最近示唆されているように，リスク評価がうまくいかないと判断された場合にのみ援用されるべきものではない。また，リスク評価は，リスク評価方法を完全に装備したひとつの手段であって，予防原則を執行する方法とみなされるべきではない。危険，暴露およびリスクの評価は，その表面的な客観性にもかかわらず，それだけでは決して環境保護の十分な水準を確保できないという事実を常に認識し，予防原則は機能すべきである」，「予防原則は，単なる理想とみなされ，記録されるが無視されるような地点にまで弱体化されるべきではない。さらに予防原則を費用便益分析にしたがわせ，またはその地位をリスクベースアプローチ内部の一組の手段のひとつにまで貶めるような企てには，強く抵抗すべきである。かかる変更は，予防原則が意図した本質的な役割に仕えることを妨げるおそれがある」[60]。

　アップルゲートは，「コミュニケーションの全般的かつ明確な要点は，強い予防原則の支持者がそうするように，予防原則をリスクパラダイムの代案として示すのではなく，予防原則をリスクパラダイムの内部に適応させることである。コミュニケーションは，予防原則がリスク管理のルールであって，リスク評価のルールでないことを繰り返し強調する。これは，予防原則の位置を，リスクパラダイムの内部ではなく，リスクパラダイムの好ましい手法のひとつの内部に移動するものである。予防原則をリスク評価の外部に置くことによって，コ

---

(60)　David Santillo et al., The Precautionary Principle in Practice: A Mandate for Anticipatory Preventative Action, in Raffensperger & Tickner eds., supra note 33, at 46, 48.

295

ミュニケーションは、リスクパラダイムがもつ伝統的な科学的基盤に加担する信号を送ったのである」[61]と述べ、EU コミュニケーションに対する強い不満を表明する。

スターリングも「予防はリスク管理にのみ関連しているという主張は、重要な知見を収集するためのより多様な方法に光をあてるという予防原則の真の価値を見誤るものである」と述べるが、彼の主張はとくに「不確実性」「多義性」「不明」のもとにおいて、予防原則はリスク評価の決定を補完し、その質を向上させるというものである[62]。そのうえで、スターリング・レン（シュツットガルト大学）らは、「予防原則とリスク評価を連動させるためのフレームワーク」を提示し、「予防原則は規範的意思決定ルールには欠けるが、より穏当で融通の利く、幅の広い、しかし高度に効果的な方法論と共通の質を提示する。一般的な断定とは逆に、予防原則はリスク管理だけではなく、リスク評価についても実践上の重要性をもつ」と主張する[63]。

第2は、リスク評価と予防原則は部分的に交錯しており、その交錯部分では相互補完的であるという考えである。

（1） まず、リスク評価を主軸に、予防原則はリスク評価の過程で評価者が不確実性に直面したときに補完的に適用すべきであるという考

---

(61)　Applegate, supra note 2, at 61; 本書 274 頁。

(62)　Stirling, supra note 34, at 312, 314. See also Stirling, supra note 45, at 41-47; 本書 286 頁。なお、老婆親切ながら、アップルゲートやスターリングらの主張を正確に理解するためには、リスク分析パラダイムの構造、とくにリスク評価とリスク管理の違い（前書 144 頁、148 頁）を念頭におく必要がある。

(63)　Id. at 314. なお、レンの主張はスターリングとは異なり、損失（または効用）に限度がなく、期待値を計算することが不可能な場合（重大かつ回復不可能な損害など）は、リスク分析（リスク管理）を、損害や発生確率が予想をこえたときに決定を迅速に変更できるような方法で、用心深く（prudent）実施すべきであるというものである（Ortwin Renn, Precaution and Analysis: Two Sides of the Same Coin?, 8 EMBO Reports 303, 304(2007)）。

296

え方がある。しかし，この考えには難点がある。というのは，従来型リスク評価手法自体が，リスク評価のステップごとに生じるさまざまな不確実性を想定し，それに対応する方法（デフォルトの設定，不確実性分析など）を備えているからである（前書213-215頁）。リスク評価の過程に予防原則が介入する余地は（理論上は）存在しないのである。

コミュニケーションは，「リスク分析における科学的不確実性の役割について，とくに，科学的不確実性が，リスク評価またはリスク管理のいずれに属するのかについて論争がある。この論争は，用心深い（prudential）アプローチと予防原則の適用との混同から生じている。この2つの側面は補完的ではあるが，混同されるべきではない。用心深いアプローチはリスク評価ポリシーの一部であり，なんらかのリスク評価がなされる前に決定され，5.1.3. に記述された要素に基づく。それは，従ってリスク評価者によって述べられる科学的見解を構成する一部である」と述べる。ここでいう「用心深いアプローチ」とはリスク評価における保守的仮説（デフォルト）をさすものと思われる。保守的仮説はリスク評価のポリシー（実施計画）の一部として，事前にリスク評価に組み込まれているという説明は正確である。

(2) つぎに，上述とは逆に，予防原則を主軸にして，予防原則を適用するにあたりリスク評価の結果が尊重されるという主張がある。たとえばサックスは，「予防原則は科学的リスク評価技術と十分に調和する。実際，科学的に正しいリスク評価は，どのリスクが"重大"で，規制上の注意に値するのかの特定にとって決定的である」[64]と述べており，EU コミュニケーションの「予防原則を適用するかどうかを決定する際に，実行可能な場合，リスクの評価が検討されるべきである(5.1.2)」という記述も，これを示唆するものと読める。

しかし，予防原則の適用要件該当性を判断するにあたり，詳細な定

_____

(64)　Sachs, supra note 10, at 1298.

量的リスク評価を実施し，その結果を待つというのでは予防原則の役割が大きく制約される。そこでは定量的リスク評価とは異なる，別の枠組みの科学的評価が用いられるべきであろう。

第3は，すでに述べたように，広義の不確実性（スターリングのいう不定性）を，「リスク」「不確実性」「多義性」「不明」に区分し，「リスク」については，すでに確立した伝統的手法（定量的・科学的リスク評価テクニック）を適用し，予防原則は，それ以外の「不確実性」「多義性」「不明」に適用されるという考えである(65)。この考えは，リスク評価と予防原則の棲み分けを意図したもので，すでにみたように，今日のヨーロッパで支持を拡げつつある見解である。

予防原則は既成の科学的手法への挑戦である

第4は，両者は完全に別物であり，「リスク」およびリスク評価に対しても予防原則を適用する余地があるとするものである。この考えは，第2の主張に外見上は類似するが，そもそもリスク評価自体に疑問を呈し，リスクの認識や評価について全面的に予防原則が適用されるべきであるというものである。伝統的リスク評価に代わる新しい科学的手法の役割を主張するウイングスプレッド声明などがこれに該当する。サンティロらの主張はすでに紹介したので，ここでは，ジョーダン・オリオーダンとティックナーの熱のこもった主張を引用しよう。

　「予防（原則）は，既成の科学的手法に挑戦する。それは，費用便益分析が疑いもなくもっとも不得意な分野（環境損害が回復不可能で，カタストロフィーのおそれがあり，またはまったく不明な状況）における費用便益分析の適用を検証し，責任・賠償・証明責任などの既存の法原則や実務の変更を呼びかけ，……現在の専門分野の限界と学問研究の還元主義的編成をあばき，将来世代および他の生物種の生活（生命）の質に関する難問を提起する。それは真にラジカルで，非常に不評な可能性がある。しかし，それは忍耐を要し，現代の不安に共鳴

───────────
(65)　Stirling, supra note 34, at 309, 314; 本書285-286頁，296頁。

終章　アメリカ環境法学と予防原則

するものである」[66]。

　「予防原則の運用は，リスク評価や費用便益分析などの現在の意思決定手段を無視することを意味しない。しかし，それらの手段は意思決定それ自体を形成するのではなく，単に健康と環境を保護するための意思決定に情報を伝達するために使用される。この意味で，これらの手段は意思決定プロセスにおける第2列に格下げされる。これらのテクニックは"受け入れることができる"リスクを定量化するために使うのではなく，あまり複雑ではなく，もっとはっきりした（つまり，それほど厳格な定量的分析を要求せず，不確実性が低い）活動に対する代替案の比較（または優先順位の設定）に用いるべきである」[67]。

　これらの試みは，ティックナーがいうように形成途上であり，いまだ多くの者の賛同を得ているとはいい難い[68]。しかし，現代社会が解決すべきもっとも重要な環境問題が古典的な「リスク」の枠を超えるものであり，問題解決に向けより一層の学際的協働や市民参加が望まれることを考えると，これらの提言を既成の伝統的な科学的手法（正しい科学）に反するという理由だけで退けることはできないだろう[69]。

---

(66)　Andrew Jordan & Timothy O'Riordan, The Precautionary Principle in Contemporary Environmental Policy and Politics, in Raffensperger & Tickner eds., supra note 33, at 17.

(67)　Joel A. Tickner, A Map Toward Precautionary Decision Making, in id. at 164.

(68)　ティックナーは，予防的政策をより効果的に支援する新しい環境科学（予防的科学）の必要性と課題を列挙し，「このより大きな課題に答えるために，科学者は，多くの分野で未だ十分に開発されておらず，他の科学的試みからは適切ではないとみなされる可能性のある手法を必要とする。個別学問分野で適用されたさまざまな手法や，新たな学際的アプローチの開発が必要であろう。このような改革は，海洋科学，気象学，疫学などの分野ですでに始まっている」という（Joel A. Tickner, The Role of Environmental Science in Precautionary Decision Making, in Precaution, Environmental Science, and Preventive Public Policy 7, 7-15 (Joel A. Tickner ed., 2003).

(69)　Stirling, supra note 34, at 309-314 を再度参照されたい。バレット・ラーフェンスパーガーは，リスク計算や費用便益分析などを包摂し，現代環境政策を支えている科学モデルを「機械論的科学」と名付け，科学に対するこの

299

（3） 予防原則と費用便益分析は和解できるのか

予防原則と費用便益分析の関係についても，前述(2)の場合と同様の論点整理ができる。なお，両者の関係については，すでに簡単に言及した（本書229-232頁）。以下の記述はそれを補うものである。

第1は，リスク管理原則にはすでに費用便益分析が組み入れられているので，予防原則は無用であるという主張である。「正しい科学」を機械的に信奉する者は，このような主張に傾く。また，予防原則の強いバージョンを「規制の要求を執行する規制コストを無視するか，または控え目に扱わなければならない」ことを要求すると性格付け，強く批判するスチュアートの主張（本書145頁）も，（強い）予防原則は費用便益分析を無視するものであり，拒否されるべきであるというメッセージを含む[70]。

しかし，費用便益分析を実施するためには（便益評価のために）被害の大きさが事前に数値で示される必要がある。そこで，損害の大きさ（規模）や発生確率を数値に換算できる「リスク」については，費用便益分析の適用が理論的に可能であるが，他方で，「不確実性」「多義性」「不明」な事象には費用便益分析が適用できず，また適用しても結果に大きな誤差が生じることになる[71]。

確信的な費用便益分析支持者であるポズナーは，本書289-290頁で

アプローチは，長期的，複雑で，高度に価値を含んだ環境・健康問題を議論するには不十分であると主張し，機械論的科学にかわる予防的科学の枠組みを主張する（Katherine Barrett & Carolyn Raffensperger, Precautionary Science, in Raffensperger & Tickner eds., supra note 33, at 108-120）。その内容は，自然科学と社会科学を結びつけ，科学的判断に市民の意見を反映させる試みとして興味深いものである。

(70) David M. Driesen, Cost-Benefit Analysis and the Precautionary Principle: Can They Be Reconciled?, 2013 Mich. St. L. Rev. 771, 792-793.

(71) Id. at 776-781 は，費用便益分析は定量的リスク評価の結果に依存しており，したがって定量的リスク評価のもつ不確実性は，費用便益分析による推定が加わることで，より大きな不確実性をもたらすという。

終章　アメリカ環境法学と予防原則

説明したように，確率を割り当てることができない巨大な規模の危険（ハザード）についても費用便益分析を適用し，対策を議論すべきであるという[72]。サンスティーンの説明によると，ポズナーは，予防原則を漠然としすぎているという理由で拒否し，費用便益分析を支持する。しかし，カタストロフィーなリスクへの対応は費用便益分析のみを参考に選択されるべきであるとは主張しておらず，対応には費用便益分析が必要不可欠であり，費用と便益を詳しく調べずに対応を評価し採用するのは愚かである，というのがポズナーの真意であるという[73]。

予防原則と費用便益分析は相互補完的

第2は，予防原則と費用便益分析は相互補完的である（べきである）という見解である。しかし，この議論にも，さまざまなバリエーションがある。

(1)　まず，費用便益分析を主軸におき，「予防原則は不確実性をともなう費用便益分析を補完する」というオーロフ（ウェスタンミシガン大学哲学部）の見解がある。内容は，環境保護をめぐっては「環境上の考慮事項の重み付け」こそが必要であり，もし予防的アプローチが「重み付け」を効果的に推進することにあるのであれば，それは費用便益分析を通して実施することが可能であり，費用や便益の評価に幅があるときは予防（策）を適用しリスク回避戦略をとるべきである，というもののようである[74]。

---

(72)　Posner, supra note 42, at 139-140, 171-175, 246, 264-265.

(73)　Sunstein, supra note 36, at 216; サンスティーン（田沢訳）・前掲（注36）226頁。なお，「ポズナーは，壊滅的なリスクに費用便益分析を適用しようとする努力は，非常に多くのあて推量を必要とすることを（しぶしぶ）認めている」(Id; 同頁)。See also John Walton, Catastrophe: Risk and Response, by Richard A. Posner, 46 Nat. Resources J. 279, 290 (2006).

(74)　Allhoff, supra note 8, at 22-23. ただし，自問自答を頻繁に繰り返すオーロフの論旨は明快とはいえず，筆者の誤解がありうる。

301

ガイストフェルドも，予防原則に配慮し，費用便益分析の一部を修正すべきであるという。すなわち，「費用便益分析はとくに人の健康をおびやかすリスクに適用された場合には，環境規制の分配的効果を定量化し，測定するための有益な方法であり，（他方で）潜在的な犠牲者の厚生に関する分配への配慮が，予防原則の動機付けとなる」。そこで，予防原則がもつ厚生分配への配慮を費用便益分析手法によって分析し，新しい規制ルールを作ることが必要であり，「規制ルールは，分配に対する予防原則の配慮を勘案すると，潜在的犠牲者が科学的不確実性によって不利益を被らないことを確保するための予防的措置を要求する。……予防原則に基づく規制ルールによって要求される費用対効果のある予防措置は，それゆえ厚生経済学の要求に適合する」[75]というのである。

　(2)　これとは逆に，予防原則を主軸に，費用便益分析が予防原則の適用を補完するという考えがある。しかしこの主張は，予防原則は費用便益分析の結果を尊重しながら適用すべきであるという主張でもある。リオ宣言原則15の「費用対効果のある措置」，気候変動枠組条約3条(3)の「気候変動に対処するための政策および措置は，……費用対効果のあるものとすべきである」などの規定がこの趣旨に読める（厳密にいうと，費用対効果分析と費用便益分析は異なるが）。

　(3)　上記とはニュアンスを異にし，予防原則と費用便益分析は，2つが合体することで双方の欠点を補い合うことができるという見解が

---

(75)　Mark Geistfeld, Implementing the Precautionary Principle, 31 Envtl. L. Rep. 11326, 11328-29, 11333(2001). 「科学的不確実性の状況において，予防原則は，争点となっている活動によって損害をうけた個人（とくに重大な身体的侵害や死亡のように，損害が重大または回復不可能な場合）に対して，科学的不確実性が不利益をあたえるべきではないことを要求する。この潜在的犠牲者の厚生に着目することで，個人の厚生に対する政府政策の評価に関する経済学の一分野（厚生経済学）から得られる費用便益分析手法に基づき，予防原則を検討することが可能になる」(Id. at 11328)。

終章　アメリカ環境法学と予防原則

ある。いわば両者の対等合併型といえる。「予防原則は、今日のもっとも複雑で社会的に重大な問題、とくに気候変動に対する途方もない挑戦を評価するために絶対に必要な手段である。本稿は、予防は費用と便益の定量的な比較考慮をすべて排除すべきであるという意見だけではなく、費用便益分析だけが環境上の基準の水準を指示すべきであるという主張も拒否する」[76]、「予防原則を、重大な環境問題に対する措置を回避するために科学的不確実性が利用されてはならないという原則と狭く理解すると、それは費用便益分析ーすなわち、はっきりしない損害を回避するために、いかに活動的に行動するのかの決定にあたり、費用を考慮すべきであるという基本的考えーと必ずしも衝突するものではない。……ワーストケース分析を用い、定量化できない規制の便益に十分な注意を払い、そして難解な割引を回避することによって、分析官は、費用便益分析と急進的ではない予防（原則）をおおよそ調和させることができる」[77]などの主張がこれに該当する。

　妥当な落としどころをねらった、異論を述べにくい見解である。しかし、「費用便益分析と予防原則を結びつけるのは、それほど簡単

---

(76)　Leslie Carothers, Upholding EPA Regulation of Greenhouse Gases: The Precautionary Principle Redux, 41 Ecology L. Q. 683, 686 (2014).

(77)　Driesen, supra note 70, at 826. ドリーセンは、費用便益分析と予防原則の問題点を、それぞれ、「費用便益分析の結論は、選択された措置の厳格さによって変化する。費用便益分析は、とくに多数の異なる利害関係者が多様な削減技術をもっており、同一の汚染物質を排出する費用がまったく異なるような典型的状況において、どの汚染物質を規制するのかを決定するための合理的根拠を一般に提示できない」(Id. at 783)、「予防原則は適切な規制水準をいかに設定すべきかという疑問に対する答を示さない。また、社会は費用を無視して安全水準を定めるべきか、排出を削減するすべての実行可能な技術を用いるべきか、限界領域で費用と便益のバランスを図るべきかなどについて見解を示さない。それは科学的不確実性を議論の場から取り除くだけで、費用を考慮すべきかどうか、どの程度考慮すべきかという問題を放置する」(Id. at 788) と説明する。

303

（simple）ではない」（サンスティーン）[78]。

EU コミュニケーションが示した妥協案

　予防原則と費用便益分析の結びつけに苦心するのが EU コミュニケーションである。コミュニケーションはいう。

　　　「とられる措置は，行動および不行動の便益・費用の検討を前提とする。この検討は，それが適切で実行可能なときは，経済的費用便益分析を含むべきである。しかし，さまざまな選択肢の効率および社会経済的影響に関する分析など，その他の分析方法もまた重要となりうる。さらに，意思決定者は一定の状況において，健康の保護のような非経済的考慮によって導かれることもできる」（6.3.4 ボックス）。「社会は，環境または健康のような優先順位を付けた利益を保護するために，より高い費用を進んで支払うことができる」（同本文）。

　欧州委員会の本音は（おそらく）予防原則を優先し，費用便益分析の適用に枠をはめることにある。しかしそうであれば，上記の指針はいかにも腰が引けている。サンスティーンがいうように，コミュニケーションからは，費用便益分析の結果がどのようなときに予防的措置をとるのかが明確ではない[79]。「社会は……支払うことができる（may）」という指摘も，いわずもがなであろう。多くの人が「民主主義社会の市民であれば，たとえそうすることが彼らにとって効率的ではなくても，絶滅のおそれのある種，野生生物，または未開発地域の保護を選ぶのはもっともである（might well）」[80]というサンスティーンの主張に賛成するからである。サンスティーンによれば，コミュニケーションは「ほとんど滑稽なほど役に立たない声明」[81]である。

---

(78)　Sunstein, supra note 32, at 121; サンスティーン（角松・内野監訳）・前掲（注 32）165 頁。

(79)　Id. at 121-122; 同前 165-166 頁。

(80)　Id. at 129; 同前 177 頁，本書 249 頁（注 179）。

(81)　Id. at 130; 同前 179 頁。

終章　アメリカ環境法学と予防原則

明瞭さを欠くサンスティーンの主張

　では，サンスティーン自身は，予防原則と費用便益分析との関係を
どう考えているのか。サンスティーンは費用便益分析の熱烈な支持者
であり，同時に予防原則の強力な批判者でもある。しかし，サンス
ティーンは，ポズナーのように予防原則を全面的に排除するようなこ
とはしない。「費用便益分析の適用にあたり，予防（とくに生じうるカ
タストロフィーに対する予防）が役割を果たすべきことに注意しながら，
費用便益分析を支持するほうがよい」[82]というのが，その基本スタン
スである。サンスティーンの費用便益分析に関する主張は，以下のよ
うに整理できる。

　(1)費用便益分析は，人びとの誤ったリスク認知，確率無視，リスク
トレードオフ無視を正すことができる。(2)費用便益分析はリスク分析
の重要な要素であり，リスクを考える際に有益な情報と広い視野をも
たらしてくれる。(3)しかし，費用便益分析が規制に関する決定をコン
トロールすべきではない。経済的効率性は規制の唯一の目的ではない。
(4)市民は，たとえ費用が便益を上回るために効率的ではない場合で
あっても（費用便益分析があたえる情報を受け取ったうえで）ある行動
を選択できる。(5)確率を割り当てることができないカタストロフィー
で不確実なリスクについては，反カタストロフィー原則を適用すべき
である[83]。

　しかし，(1)〜(4)からは，費用便益分析を「予防の役割に注意しなが
ら」適用するための基準が浮かび上がってこない。また逆に，(5)につ
いても，費用対効果や費用それ自体の考慮を求めるなど，費用便益分
析の制約から自由ではなく（本書246頁，256-258頁），両者の関係が

---

(82)　Id. at 130; 同前179頁。
(83)　とくに，Id. at 7, 109, 129-131, 174; 同前10-11頁，148頁，177-181頁，
　242頁。

305

簡潔に整理されているとはいいがたい[84]。

　サンスティーンの費用便益分析に関する主張は，とくに便益算定における人の生命価値の評価，費用算定に関する支払意思の評価，割引率の計算など，細かな技術論にまで及ぶ膨大なものであり，その当否は，別途詳しく論じるのが適切である[85]。

予防原則は費用便益分析を拒否する

　第3は，費用便益分析と予防原則は相容れないという予防原則擁護者の主張である。アップルゲートは，「費用便益分析は，明らかに誤っている自由市場仮説における環境的費用を正確に決定できると主張する。それとは反対に，予防的アプローチは不確実性を明確に計算に入れ，適切な保護行動に焦点をあてる。それは費用便益分析に基づく市場ベースアプローチに対する価値ある代案を提供する」，「予防的アプローチは，定量的な "科学的" アプローチを満たす数値を提供す

---

(84)　サンスティーンの主張は，一方で，ある特定の環境的危険は伝統的リスク評価の枠組みを超える（はみ出す）ことを認めつつ，他方で（伝統的な）費用便益分析が，予防原則などの新しいルールに優越すると主張するなど，きわめて分かりにくい。なぜ，このような複雑なロジックが必要なのか。ホワイトサイドは，「いかにサンスティーンが彼の定量的リスク評価に対する期待を穏便なものにしょうと試みても，かれは包括的合理性（※すべての重要な考慮事項は，もっとも望ましい社会的結果の特定へと導くような方法で，特定され，表記され，重み付けされなければならない）の魅力に結局抵抗できない」という（Whiteside, supra note 9, at 52）。「多数の学者が，極端な "包括的合理性とインクレメンタリズム" の中間の道を進もうと努力してきたが，費用便益分析と予防原則の HSE の文脈における議論は，今も対立したままである」（Kysar, supra note 30, at 4-5）。

(85)　サンスティーンの最近の主張は，Sunstein, supra note 36, ch.5; サンスティーン（田沢訳）・前掲（注36）第5章; Cass R. Sunstein, Valuing Life: Humanizing the Regulatory State chs. 2-5(2014); キャス・サンスティーン（山形浩生訳）『命の価値：規制国家に人間味を』第2章－第5章（勁草書房，2017年）などに示されている。

306

終章　アメリカ環境法学と予防原則

る数々の怪しい技術に頼ることはしない」と断言する[86]。

　アッカーマン・ハインツァリングは，費用便益分析批判の急先鋒であり，「費用便益分析的世界観（大多数の経済学者）にとって，予防原則を消化するのは難しい。予防的政策決定は，費用便益分析の定量的定式を拒否し，それを代りの定式に還元できない思考と熟議のプロセスに置き換える。ひとりの賛同する経済学者がいうように，"予防原則は，われわれはどれ位の有害物質と一緒に住めるのかを問うのではなく，どのような世界に住みたいのかを問い，それを手に入れるための意思決定枠組みを提供する"」[87]というが，それ以上に予防原則論争に深入りすることはない。それは，彼／彼女らの主張の主眼が，予防原則の弁護よりも，環境規制手法としての費用便益分析の根本的な欠陥をあばくことにあるからである。

　ディナは，予防原則を「環境または健康に生じうるリスクの費用が定量化されない場合，または定量化されても，（それが）リスクを緩和しもしくは回避するための規制措置をとらなかったことによるすべての費用を捕捉するのには不十分である可能性がある場合の分析定式」と定義し，「かく定義すると，予防原則は，費用・便益または費用・費用アプローチに比べ，より"合理的"なアプローチである。というのは，ある一定の状況において，環境または健康リスクに関係した費用は，予防原則を適用し非定量的なリスクを算定しなければ，相対的に低く評価される傾向があるからである」[88]という。ディナは行動経済学の立場から予防原則を擁護する立場をとるが（本書254頁），費用便益分析自体の意義は否定せず，予防原則によってその欠点を是

(86)　Applegate, supra note 8, at 171, 186. なお，本章（注54），（注61）が付された本文参照。

(87)　Frank Ackerman & Lisa Heinzerling, Priceless: On Knowing the Price of Everything and the Value of Nothing 118-119(2004).

(88)　David Dana, The Contextual Rationality of the Precautionary Principle, 35 Queen's L. J. 67, 69(2009).

307

正することができると主張するようである。

　最後に，カイザーの論稿を取り上げよう。カイザーは，とくにモラルの問題に焦点をあて，「費用便益分析は，まさにその設計により，底の深い科学的不確実性をつかみ取り，人の生命を的確に評価し，他の生物の存在を尊重し，将来世代の必要と権利に敬意をはらい，または未だ実現しない生存の道筋と手段を熟考し，討論し，追究する能力を十分に備えていない」[89]と費用便益分析を徹底的に批判する。そのうえで，カイザーは予防原則を環境保護のためのより広い法的パラダイムのなかに位置づけようとする。「費用便益分析と予防原則の対立は（予防原則の批判者がいうように）包括的分析モードと部分的分析モードの違いではなく，静的・最適化・定式的モデルと動的・漸進的・プラグマテイックモデルの違いなのである」[90]。

気候変動問題と予防原則

　カイザーは，それ以上に予防原則と費用便益分析の関係には触れておらず，もっぱら気候変動に焦点をあてながら，予防原則の意義・役割を強調する。以下の文は，やや長いが記憶する価値がある。

　　「複雑系理論からの重要な教訓は，気候変動に対する費用便益分析の表面上のコンセンサスは，単なる誤まりではなく，極端な誤りだということである。とくに，提案されている多くの炭素排出削減政策の執行に要する費用が相対的に少額であることに照らすと，人為的温室効果ガスの，不確実な，しかしカタストロフィーとなりうる結果を，単に期待値にまで減少させたり，費用便益分析の計算に含めたりすべきではない。

　　これら基本線に沿って，ますます多くの科学者と政策決定者が，真に破滅的な気候変動シナリオの可能性を除去するのに十分に低いと期

---

(89)　Douglas A. Kysar, Climate Change, Cultural Transformation, and Comprehensive Rationality, 31 B.C. Envtl. Aff. L. Rev. 555, 589-590(2004).

(90)　Kysar, supra note 30, at 9-10.

308

終章　アメリカ環境法学と予防原則

待される水準に温室効果ガス集積を安定させることに注意を向けはじめた。費用がいかなるものであっても，この臨界水準を超えることを回避するであろう地点まで人為的排出を制限するよう提唱することにより，提唱者は最適化に替えて，絶滅のおそれのある種の（保護のための）規制に関する経済学的文献では周知の"最低安全基準"アプローチにより密接に類似するものを採用するのである。気候変動は，種の保存と同じように，不確実性，回復不可能性，クリティカル閾値，およびその他の複雑性の顕著な性質によって特徴付けられることを認識し，提唱者は，"事実上可避できない不愉快な不意の事象（サプライズ）を目の前にし，地球の生命維持システムを守るための最低安全基準"（ポール・エーリック）を確立すべきである。この最低安全基準アプローチは，（ロールズのマキシミン原則などにより・畠山）長い間予防原則と関連づけられてきた。……少なくとも予備的なスタンスとして，極端なレベルのリスクの回避は，世界的気候，オゾン層，生物多様性，およびその他の自然システムに対して破壊的となりうる脅威に関わる政策決定にとって，適切なものであると予防原則擁護者は信じている」（強調は原文のもの）[91]。

6　結語——改めて予防原則の根拠を問う

本書の目的は，予防原則をめぐり，アメリカ合衆国の実定法制度，判例法，学界，法曹界，実業界，政界などにおいてどのような議論がなされてきたのかを，できるだけ客観的に記述することであった。ごくごくおおざっぱに要約すると，アメリカでは，環境政策や規制政策における意思決定手法として，リスク評価，費用便益分析，ゲーム理論，確率論，モンテカルロ分析，それに最近は行動経済学に根拠をおくプロスペクト理論などが広く支持されており，これらの科学的手法や数理モデルに比較すると，予防原則はいかにも簡潔で，緻密さに欠け，見劣りがするものであった。さらにそれがもつ規制指向性が嫌われ，予防原則は激しい批判をあびたのである。

---

(91)　Id. at 25-26.

その結果，予防原則は穏便で牙のない内容に作りかえられ，リスク
評価や費用便益分析との調整が図られ，あるいは特殊な事象のみを対
象とする「カタストロフィー予防原則」などに姿を変えてしまった。
これらの事情は，実定法規の解釈適用や法政策において今も予防原則
が重要性をもつヨーロッパ諸国とはおおいに異なる。

　では，アメリカとヨーロッパで，なぜこのような違いが生じたのか。
この点については，すでにさまざまな議論を取り上げてきたが（本書
122-124頁），ここではホワイトサイド（政治哲学）の記述に注目したい。
彼はこう述べる。

　　　「1970年代の初頭から，ヨーロッパ人は予防を原則に転化する努力
　　の最前線にいた。ある一定の状況において，予防は単なる政策の代案
　　や，一般的な高度のリスク回避の要求に還元することができない。
　　ヨーロッパにおける予防原則の歴史は，いかにして予防が特別の道徳
　　的重要性を獲得したのかを示している。予防原則は科学ベースのリス
　　ク評価に一律に取って代わることを意味するものではなく，リスク評
　　価は限界を有しており，その限界に達したときには特別の義務が生じ
　　るということを指し示している」[92]。

　このホワイトサイドの主張についても，当然さまざまな批判があり
うるだろう。しかし，ヨーロッパ（および日本）の予防原則論議に
あってアメリカの論議にはないもの，それは，おそらく予防原則をモ
ラルや倫理によって根拠付けようとする試みである。

　ホワイトサイドは，ヨーロッパにおける予防原則の源泉のひとつが
ハンス・ヨナス『責任という原理』（1979年）にあるという[93]。ヨナ

---

(92)　　Whiteside, supra note 9, at 62.

(93)　　Id. at 95. ホワイトサイドは，すぐに「しかし，ヨナスの思想は異常な末
　　路をたどった。ヨナスの影響に言及する者の多くは，急いで彼の見解に距離
　　をおく。しかし実際は，ヨナスの推論は多くの者が認める以上に予防原則の
　　哲学的歴史（系譜）において決定的な意味をもっている」と付け加える。
　　　「予防原則を哲学・倫理学的に捉え返そうという指向性が英米に比べると

終章　アメリカ環境法学と予防原則

スの先見とは、「重大な帰結をもたらしかねない事柄については，幸運の予言よりも威嚇的警告のほうを重視せよ。そして，黙示録的な災厄が見通されるなら，たとえ終末論で約束された究極的充足を取り逃がすことになっても，その災厄を避けよ」，「物ごとを始めるに当たっては用心深くあれという義務が，ますます重要性を増している。真面目な考察に基づいて十分な根拠を示せる（単なる空想上の恐怖とはちがった）不吉な可能性を，希望──たとえ現実化する根拠が示せるという点で，これが劣ったものでないにせよ──に優先させる用心深さが重要である」というものである[94]。

　ヨナスの「責任原理」については，すでの多くの邦語文献があるので，ここで詳細を述べる必要はない。また，世代間倫理と予防原則の関連についてもいくつかの議論があるが，ここでは，「世代間倫理を具体化したものが予防原則である」[95]という一般的な理解に従っても

フランスではきわめて高く，しかもそのときにはハンス・ヨナスの『責任という原理』と対照させて予防原則の内実を解明しようとする傾向が顕著である」（伊東真紀・柏葉武秀「予防原則の倫理学的含意：BSE 対策を事例として」社会哲学研究資料集Ⅲ『21 世紀日本の重要諸課題の総合的把握を目指す社会哲学的研究』112-122 頁（2004 年）（http://hdl.handle.net/2115/14830）（last visited June 15, 2018））。ヨナスと予防原則をめぐっては，戸谷洋志「不確実な未来への責任──ヨナスの「恐怖に基づく発見術」再考」21 世紀倫理創成研究 9 号 82 頁（2016 年）が詳しい。

(94)　Hans Jonas, Das Prinzip Verantwortung: Versuch einer Ethik für die technologische Zivilisation(1979); ハンス・ヨナス（加藤尚武監訳）『責任という原理──科学技術文明のための倫理学の試み』57 頁，58 頁（東信堂，2010 年）。

(95)　蔵田伸雄「『未来世代に対する倫理』は成立するか」加藤尚武編『環境と倫理』102 頁（有斐閣，1998 年），同「責任・未来──世代間倫理の行方」鬼頭秀一・福永真弓編『環境倫理学』89 頁（東京大学出版会，2009 年），山本剛史「予防原則の倫理学序説──欧州の実践と責任倫理を手掛かりに」上智大学哲学会『哲学論集』36 号 75 頁（2007 年）などを参照。

　なお，北村教授も，未然防止アプローチの対象世代が現在世代であるのに対し，予防的アプローチの対象世代が現在世代および将来世代であることを

問題はないだろう。

アメリカの予防原則論は，新たな法原理の確立をめざし，これまで無視されてきた人権，道徳，倫理，公正などの論拠の上に再構築される必要があるだろう。なるほど，抽象的な願望だけで，リスク評価，費用便益分析，意思決定理論，経済理論モデルなどで理論武装した従来の政策決定モデルに対抗するのは容易ではない。しかし，作業はなされつつある。カイザーの以下の主張は，ひとつの曙光である。

「(サンスティーンの主張する) 費用便益国家とは異なり，予防的アプローチを採用し執行する政治共同体は，自身が共同体のより大きな地政学的・時間的共同体の一員であるという認識をもって行動する。予防的配慮に基づくと，HSE 規制は単に個人的選好または利益の現在の組合せを最大化する機会ではなく，現在および将来の構成員，他の政治共同体，およびその他の生物種に対する規制組織の責任を考慮する瞬間である。このような明確な集合的責任の観念は，ドイツの予防原則の元来の表現である事前配慮原則 (Vorsorgeprinzip) に示されている。それは文字通りに訳すると，"事前の配慮と心配の原則" であり，"面倒をみるまたは世話をする，心配するまたは気に病む，食糧を得るまたは準備する" という観念を含む。これらの合理的な制約を通して，予防原則は，適切な政治共同体の決定は，集合的アイデンティティ，つまり重要かつ不可避な意識のなかに共同体が保有しなければならないアイデンティティを表現していることを，ほのかにではあるが，変わることなく思い出させるのである」[96]。

もうひとつ，ヨーロッパ予防原則論議にあってアメリカのそれにな

明言している (北村喜宣『環境法 (第4版)』76頁 (弘文堂，2017年))。
(96)　Douglas A. Kysar, Regulation from Nowhere: Environmental Law and the Search for Objectivity 64 (2010). ただし，個人の道徳的義務と国家の道徳的義務を同一視するカイザーの主張には，いくつかの批判がある (Daniel A. Farber, Book Review: Taking Responsibility for Planet, 89 Tex. L. Rev. 147, 157-165 (2010))。

終章 アメリカ環境法学と予防原則

いものは，過去の経験や失敗に学ぶという謙虚な姿勢である[97]。ホワ
イトサイドは，「必要なことは，過去の誤りを考慮にいれ，予防的リ
スク管理の成功と失敗から教訓を引き出すことである。予防原則は
もっとも一般的な形式による新たな責務である。重大な長期の不確実
な脅威に直面した場合，われわれは，リスク管理の従来型方法の潜在
的な欠点を特別に考慮し，予防および保存を支持するリスク管理に傾
く正当な理由があることを明確に理解している」[98]という。ヨーロッ
パの（学者以外の）市民や政治家が予防原則を支持するのは，一部の
哲学者の影響というだけではなく，過去の成功・失敗例に学び，試行
錯誤の末にえられた長年の知恵（経験知）でもある[99]。

---

(97) Percival, supra note 16, at 23, 37, 50, 75-80; Daniel A. Farber, Eco-
pragmatism; Making Sensible Environmental Decisions in an Uncertain
World 16, 201-206(1999).

(98) Whiteside, supra note 9, at 38. See also id. at 61-62.

(99) ヨーロッパの研究者がしばしば Poul Harremoës et al. eds., The
Precautionary Principle in the 20th Century: Late Lessons from Early
Warnings (2002); 欧州環境庁編（水野玲子ほか訳）『レイト・レッスンズ：
14 の事例から学ぶ予防原則』（七つ森書館，2005 年）を引用するのも（そし
てアメリカの予防原則批判者がほとんど無視するのも），これが理由であろう。

313

事 項 索 引

〔あ行〕

アセスメント ························· 133
イーユー（EU）コミュニケーション
················· 131, 134, 154, 164, 195,
274, 276, 293, 296, 297, 304
ウイングスプレッド声明·····11, 99, 127,
140, 144, 149, 151,
173, 192, 236, 272
エチルコーポレーション事件···· 39, 43,
64, 68
オゾン層の保護 ······················· 74
温室効果ガス·················· 62, 64, 87
科学的不確実性 ········ 73, 111, 129, 153,
266, 284, 293, 297, 302

〔か行〕

カタストロフィーと費用便益分析
······································ 289, 301
カタストロフィーな損害の予防原
則（サンスティーン）········· 128, 246,
283, 288, 290
カタストロフィー予防原則 ········· 287,
288, 310
金持ちほど健康テーゼ ·········· 180, 227
カリフォルニア州提案65············· 32
カルタヘナ議定書······ 12, 129, 135, 144,
147, 152, 160, 171
環境影響評価·················· 23, 133, 152
環境憲章（フランス）········ 15, 191, 284
機会費用 ························· 211, 212

機会便益 ····························· 211, 243
気候変動問題（地球温暖化）· 63, 68, 85,
131, 254, 256, 264-266, 308-309
グッド・サイエンス→よい科学
クリントン政権 ················ 104, 105
原則とルール→ルールと原則
行動経済学 ······· 243, 254, 255, 259, 307
コモンロー ················· 30, 31, 131, 159

〔さ行〕

サウンド・サイエンス→正しい科学
事前配慮原則················· 5, 15, 146, 312
ジャンク・サイエンス ················ 112
集団極化····················· 244, 245, 255
十分な安全領域 ············· 29, 53, 61, 95
十分な余裕のある安全領域······ 29, 48,
52, 57, 95
熟議民主主義··························· 244
種の保存→生物多様性
証明責任の転換···34, 45, 46, 91, 95, 158,
159, 162, 169, 205, 238
生態系→生物多様性
生物多様性（種の保存, 生態系）
（73, 128, 236, 264, 266, 309
成長ホルモン牛肉（事件）··· 78, 83, 121
世界自然憲章··············· 4, 129, 171, 180

〔た行〕

代替リスク→対抗リスク
対抗リスク（代替リスク）···97, 98, 173,
177, 184, 201, 211, 215,

事項索引

216, 219, 224, 247, 255
大転換テーゼ（ヴォーゲル）···· 19, 117
大統領命令 12291·················· 105
大統領命令 12866·················· 105
多義的→不確実
正しい科学（サウンド・サイエンス）
·· 54, 103, 109, 110, 114, 124, 232, 291
地球温暖化→気候変動問題
地球環境問題 ····················· 265
地球憲章（ユネスコ） ··········· 13, 272
強い予防原則····· 100, 133, 136, 147, 149,
155, 166, 167, 207, 241, 270, 272

〔な行〕

鉛工業協会事件 ················· 52, 64
ニクソン政権····················· 25
二重プロセス論 ·················· 249, 255

〔は行〕

ハザードベースの規制 ··········· 261, 274
反カタストロフィー原則·· 239, 246, 247,
256, 257, 305
費用便益分析····· 111, 122, 123, 229, 239,
248, 254, 257, 263, 302, 306
費用便益分析法案 ················· 106, 108
不確実（多義的，不明） ········· 283, 285
複雑系理論 ······················ 266, 308
付随的便益 ······················ 225
ブッシュ（W）政権··········· 62, 112, 114
ブッシュ（H・W）大統領··· 77, 87, 113
不明→不確実
フレーミング効果 ················· 219
米加五大湖水質協定 ·············· 88
ベンゼン事件 ···················· 55, 67
包括的合理性·················· 111, 306, 308

〔ま行〕

マキシミン原則·· 246, 257, 281, 283, 309
未然防止アプローチ ················· 30

〔や行〕

よい科学（グッド・サイエンス）·· 103,
109
予防原則決別宣言（グラハム）·· 34, 114
予防原則と科学的判断····· 233, 291, 298
予防原則と費用便益分析······· 229, 300
予防原則とリスク評価········· 292, 295
予防原則にたいする批判 ··········· 175
予防原則の定義 ····················· 3, 191
予防的アプローチ ·········· 66, 115, 306
弱い予防原則 ··········· 136, 149, 240, 269

〔ら行〕

リオ宣言原則 15 ········· 9, 127, 128, 130,
135, 140, 143, 155, 302
リザーブ・マイニングカンパニー
事件 ························ 41, 50
リスク管理 ······· 264, 291, 293, 294, 296
リスクトレードオフ ······· 97, 214, 222,
224, 228, 231, 247
リスク評価 ······· 103, 111, 123, 263, 296
リスク評価法案 ············ 104, 106, 110
リスクベースの規制 ······· 236, 262, 272
リバタリアン・パターナリズム ··· 239,
251, 259
ルールと原則（ドゥオーキン）······ 197
レーガン政権························· 101, 105

〔わ行〕

ワシントン条約（CITES）········· 14, 72

316

〈著者紹介〉

畠 山 武 道 (はたけやま　たけみち)

1967 (昭和42) 年北海道大学法学部卒業，1972 (昭和47) 年北海道大学大学院法学研究科博士課程修了 (法学博士)。北海道大学法学部助手，立教大学法学部専任講師，同助教授，同教授，北海道大学法学部教授，上智大学大学院地球環境学研究科教授，早稲田大学大学院法務研究科教授。2015 (平成27) 年同大学退職。北海道大学名誉教授。

〈主要著作〉『アメリカの環境保護法』(北海道大学図書刊行会，1992年)，『自然保護法講義〔第2版〕』(北海道大学出版会，2005年)，『アメリカの環境訴訟』(北海道大学出版会，2007年)，『考えながら学ぶ環境法』(三省堂，2013年)『環境リスクと予防原則 I リスク評価』(信山社，2016年)

〈現代選書〉

環境リスクと予防原則
II 予防原則論争〔アメリカ環境法入門2〕

2019(平成31)年1月30日　第1版第1刷発行

Ⓒ著 者　畠 山 武 道
発行者　今井 貴・稲葉文子
発行所　株式会社 信 山 社
〒113-0033　東京都文京区本郷 6-2-9-102
Tel 03-3818-1019　Fax 03-3818-0344
笠間才木支店　〒309-1611 茨城県笠間市笠間 515-3
Tel 0296-71-9081　Fax 0296-71-9082
笠間来栖支店　〒309-1625 茨城県笠間市来栖 2345-1
Tel 0296-71-0215　Fax 0296-72-5410
出版契約 No.2019-3435-01011

Printed in Japan, 2019 印刷・製本 ワイズ書籍(M)／渋谷文泉閣
ISBN978-4-7972-3435-0 C3332 ¥2900E 分類 323.916 環境法
p.336 3435-01011；012-080-020

JCOPY 〈(社)出版者著作権管理機構 委託出版物〉
本書の無断複写は著作権法上での例外を除き禁じられています。複写される場合は，
そのつど事前に，(社)出版者著作権管理機構(電話03-3513-6969, FAX03-3513-6979,
e-mail: info@jcopy.or.jp)の許諾を得てください。

「現代選書」刊行にあたって

物量に溢れる，豊かな時代を謳歌する私たちは，変革の時代にあって，自らの姿を客観的に捉えているだろうか。歴史上，私たちはどのような時代に生まれ，「現代」をいかに生きているのか，なぜ私たちは生きるのか。

「尽く書を信ずれば書なきに如かず」という言葉があります。有史以来の偉大な発明の一つであろうインターネットを主軸に，急激に進むグローバル化の渦中で，溢れる情報の中に単なる形骸以上の価値を見出すため，皮肉なことに，私たちにはこれまでになく高い個々人の思考力・判断力が必要とされているのではないでしょうか。と同時に，他者や集団それぞれに，多様な価値を認め，共に歩んでいく姿勢が求められているのではないでしょうか。

自然科学，人文科学，社会科学など，それぞれが多様な，それぞれの言説を持つ世界で，その総体をとらえようとすれば，情報の発する側，受け取る側に個人的，集団的な要素が媒介せざるを得ないのは自然なことでしょう。ただ，大切なことは，新しい問題に拙速に結論を出すのではなく，広い視野，高い視点と深い思考力や判断力を持って考えることではないでしょうか。

本「現代選書」は，日本のみならず，世界のよりよい将来を探り寄せ，次世代の繁栄を支えていくための礎石となりたいと思います。複雑で混沌とした時代に，確かな学問的設計図を描く一助として，分野や世代の固陋にとらわれない，共通の知識の土壌を提供することを目的としています。読者の皆様が，共通の土壌の上で，深い考察をなし，高い教養を育み，確固たる価値を見い出されることを真に願っています。

伝統と革新の両極が一つに止揚される瞬間，そして，それを追い求める営為。それこそが，「現代」に生きる人間性に由来する価値であり，本選書の意義でもあると考えています。

2008 年 12 月 5 日　　　　　　　　　　　　信山社編集部

◆ドイツの憲法判例〔第2版〕
　ドイツ憲法判例研究会 編　栗城壽夫・戸波江二・根森健 編集代表
・ドイツ憲法判例研究会による、1990年頃までのドイツ憲法判例の研究成果94選を収録。
ドイツの主要憲法判例の分析・解説、現代ドイツ公法学者系譜図などの参考資料を付し、
ドイツ憲法を概観する。

◆ドイツの憲法判例Ⅱ〔第2版〕
　ドイツ憲法判例研究会 編　栗城壽夫・戸波江二・石村修 編集代表
・1985〜1995年の75にのぼるドイツ憲法重要判決の解説。好評を博した『ドイツの最新憲
法判例』を加筆補正し、新規判例を多数追加。

◆ドイツの憲法判例Ⅲ
　ドイツ憲法判例研究会 編　栗城壽夫・戸波江二・嶋崎健太郎 編集代表
・1996〜2005年の重要判例86判例を取り上げ、ドイツ憲法解釈と憲法実務を学ぶ。新たに、
基本用語集、連邦憲法裁判所関係文献、1〜3通巻目次を掲載。

◆ドイツの憲法判例Ⅳ
　ドイツ憲法判例研究会 編　鈴木秀美・畑尻剛・宮地基 編集代表
・主に2006〜2012年までのドイツ連邦憲法裁判所の重要判例84件を収載。資料等も
充実、更に使い易くなった憲法学の基本文献。

◆フランスの憲法判例
　フランス憲法判例研究会 編　辻村みよ子編集代表
・フランス憲法院(1958〜2001年)の重要判例67件を、体系的に整理・配列して理論的に解説。
フランス憲法研究の基本文献として最適な一冊。

◆フランスの憲法判例Ⅱ
　フランス憲法判例研究会 編　辻村みよ子編集代表
・政治的機関から裁判的機関へと揺れ動くフランス憲法院の代表的な判例を体系的に分類して
収録。『フランスの憲法判例』刊行以降に出されたDC判決のみならず、2008年憲法改正によ
り導入されたQPC（合憲性優先問題）判決をもあわせて掲載。

◆ヨーロッパ人権裁判所の判例
　戸波江二・北村泰三・建石真公子・小畑郁 編集代表
・ボーダーレスな人権保障の理論と実際。解説判例80件に加え、概説・資料も充実。来たる
べき国際人権法学の最先端。

◆ヨーロッパ人権裁判所の判例Ⅱ〔近刊〕
　戸波江二・北村泰三・建石真公子・小畑郁・江島晶子 編集代表

信山社

法律学の森シリーズ
変化の激しい時代に向けた独創的体系書

新　正幸　憲法訴訟論〔第2版〕

戒能通厚　イギリス憲法〔第2版〕

大村敦志　フランス民法

潮見佳男　新債権総論Ⅰ　民法改正対応

潮見佳男　新債権総論Ⅱ　民法改正対応

小野秀誠　債権総論

潮見佳男　契約各論Ⅰ

潮見佳男　契約各論Ⅱ　（続刊）

潮見佳男　不法行為法Ⅰ〔第2版〕

潮見佳男　不法行為法Ⅱ〔第2版〕

藤原正則　不当利得法

青竹正一　新会社法〔第4版〕

泉田栄一　会社法論

小宮文人　イギリス労働法

芹田健太郎　国際人権法

高　翔龍　韓国法〔第3版〕

豊永晋輔　原子力損害賠償法

信山社

◆ 法律学の未来を拓く研究雑誌 ◆

憲法研究　辻村みよ子 責任編集

〔編集委員〕山元一／只野雅人／愛敬浩二／毛利透

行政法研究　宇賀克也 責任編集

ＥＵ法研究　中西優美子 責任編集

民法研究 第2集　大村敦志 責任編集

民法研究　広中俊雄 責任編集

消費者法研究　河上正二 責任編集

メディア法研究　鈴木秀美 責任編集

環境法研究　大塚 直 責任編集

社会保障法研究　岩村正彦・菊池馨実 責任編集

法と社会研究　太田勝造・佐藤岩夫 責任編集

法と哲学　井上達夫 責任編集

国際法研究　岩沢雄司・中谷和弘 責任編集

ジェンダー法研究　浅倉むつ子・二宮周平 責任編集

法と経営研究　加賀山茂・金城亜紀 責任編集

信山社

21世紀民事法学の挑戦
― 加藤雅信先生古稀記念 上・下

加藤新太郎・太田勝造・大塚直・田髙寛貴 編

民商法の課題と展望
― 大塚龍児先生古稀記念

大塚龍児先生古稀記念論文集刊行委員会 編

人間の尊厳と法の役割
― 民法・消費者法を超えて　廣瀬久和先生古稀記念

河上正二・大澤彩 編

法律学の森シリーズ 最新刊 **新債権総論 I・II**

潮見佳男 著

法学六法

池田真朗・宮島司・安冨潔・三上威彦・三木浩一・小山剛・北澤安紀 編集

信山社

環境法研究

大塚直 責任編集

防災の法と社会 ― 熊本地震とその後
林秀弥・金思穎・西澤雅道 著

防災法 生田長人

不法行為法 藤岡康宏

国際環境法 磯崎博司

EU権限の法構造 中西優美子

◇ 法律学講座 ◇

憲法講義（人権）
赤坂正浩

行政救済法 〔第2版〕
神橋一彦

信山社

現代選書シリーズ

未来へ向けた、学際的な議論のために、
その土台となる共通知識を学ぶ

2019.1 最新刊

畠山武道 著	環境リスクと予防原則	
	－Ⅰリスク評価〔アメリカ環境法入門〕	
畠山武道 著	環境リスクと予防原則	
	－Ⅱ予防原則論争〔アメリカ環境法入門2〕	
中村民雄 著	EUとは何か（第2版）	
森井裕一 著	現代ドイツの外交と政治	
三井康壽 著	大地震から都市をまもる	
三井康壽 著	首都直下大地震から会社をまもる	
林 陽子 編著	女性差別撤廃条約と私たち	
黒澤 満 著	核軍縮入門	
森本正崇 著	武器輸出三原則入門	
高 翔龍 著	韓国社会と法	
加納雄大 著	環境外交	
加納雄大 著	原子力外交	
初川 満 編	国際テロリズム入門	
初川 満 編	緊急事態の法的コントロール	
森宏一郎 著	人にやさしい医療の経済学	
石崎 浩 著	年金改革の基礎知識（第2版）	

信山社